钢筋混凝土原理与分析

陶慕轩 编著

中国建筑工业出版社

图书在版编目（CIP）数据

钢筋混凝土原理与分析／陶慕轩编著. — 北京：
中国建筑工业出版社，2022.5
ISBN 978-7-112-28303-3

Ⅰ. ①钢… Ⅱ. ①陶… Ⅲ. ①钢筋混凝土结构 – 研究
Ⅳ. ①TU375

中国版本图书馆 CIP 数据核字（2022）第 252683 号

本书从"压弯"和"剪切"两条主线分别讨论了钢筋混凝土的基本原理以及相应的分析模型和本构关系。在"压弯"部分，重点讨论了"集中塑性铰"和"分布塑性铰"、"宏观截面模型"和"纤维截面模型"、"基于位移的单元"和"基于力的单元"，并就"受压约束效应"和"受拉刚化效应"展开讨论。在"剪切"部分，重点讨论了"共轴"和"非共轴"、"转动裂缝"和"固定裂缝"，并就"拉压耦合效应"和"拉剪耦合效应"展开讨论。本书适合从事结构工程研究的研究生以及相关科研和工程技术人员阅读。

责任编辑：刘瑞霞　梁瀛元
责任校对：党　蕾

钢筋混凝土原理与分析

陶慕轩　编著

*

中国建筑工业出版社出版、发行（北京海淀三里河路 9 号）
各地新华书店、建筑书店经销
北京红光制版公司制版
临西县阅读时光印刷有限公司印刷

*

开本：787 毫米 ×1092 毫米　1/16　印张：12½　字数：307 千字
2023 年 3 月第一版　　2023 年 3 月第一次印刷
定价：99.00 元
ISBN 978-7-112-28303-3
（40693）

前　　言

2014 年，我正式成为清华大学的一位教师，当时给我安排的课程是《钢筋混凝土原理与分析》，这是一门富有历史性的课程，我丝毫不敢怠慢。我研究了当时已有的教材，总体的感觉是离研究生的实际研究距离比较远，一方面，当前纯做钢筋混凝土研究的比较少，另一方面，同学们平时用到更多的是钢筋混凝土方面的有限元分析，所以我思考再三，决心对这门课做个"大手术"，通过回顾研究历史、梳理基本理论框架、反思设计和分析方法中的问题，帮助学生体会钢筋混凝土乃至结构工程科学研究的一般方法和乐趣，较好地实现了研究生课程"夯实研究基础、激发学术志趣、启蒙创新思维"的教学目标。经过多年的努力，随着课程内容的不断充实，逐步形成了这本教材。

在改革这门课程的过程中，我也带着研究生完成了许多钢筋混凝土方面的研究工作。我觉得做学术研究一定要在一个非常宽松、放松、轻松的环境里完成，如果脑子里总是想着我能否在某年某月内得到我想要的结果、这个研究能不能发表在好的期刊上、发表之后能不能被别人引用这些问题，你是很难发自内心沉浸其中并达到忘我的境界，也很难真正体会到学术研究最原本的乐趣。上我这门课的学生都是刚刚接触科研的新生，如何通过这门课促进学生们尽快在科研上入门是我教学中经常思考的问题。我常常回顾自己当年初涉科研研读学术论文时，其学术的乐趣往往隐藏在八股式的文字和艰深的公式背后，对于初入科研没有太多功力的人来说，对这些学术论文颇有种"望而却步"的感觉。所以我写这本书语言尽量轻松，希望给那些觉得自己不适合从事土木工程专业研究的人一种鼓舞。

在本书撰写的过程中，参考了前辈过镇海教授编写的《钢筋混凝土原理》以及易伟建教授编写的《混凝土结构试验与理论研究》，在此深表感谢。同时，还要感谢赵继之博士帮助撰写的第 10.6 节和附录 4 代码。本书的出版承蒙国家自然科学基金（51878378）和清华大学研究生教育教学改革项目的资助，特表感谢。

限于作者水平，本书有诸多不足之处，望同行批评指正！

陶慕轩

2022 年 9 月于清华园

目　　录

前言

第1章　概述 ·· 1

压　弯　篇

第2章　压弯构件的基本模型——静定结构 ······································ 4

2.1　求解静定结构压弯构件的基本流程 ······································ 4

2.2　由简支梁的曲率分布求解跨中挠度 ······································ 6

2.3　纤维截面模型与楼板膜效应 ··· 9

2.4　DIY：纤维截面模型的编程实践 ··· 13

第3章　压弯构件的基本模型——超静定结构 ································· 21

3.1　杆系模型的历史演化 ·· 22

3.2　基于位移的纤维模型 ·· 24

3.3　DIY：MSC. Marc 二次开发实现基于位移的纤维模型 COMPONA-FIBER ·· 30

3.4　从基于位移到基于力 ·· 31

3.5　Neuenhofer 和 Filippou 的一个算例 ······························· 34

3.6　OpenSees 中基于位移和力的混合单元 ································ 39

第4章　受压混凝土的力学行为和等效单轴本构关系 ······················ 41

4.1　受压混凝土的基本力学指标 ·· 41

4.2　受压混凝土单调曲线 ·· 44

4.3　螺旋箍筋柱与圆钢管混凝土柱 ··· 52

4.4　混凝土的三轴试验及三轴抗压强度 ······································ 55

4.5　由 Mander 等人模型的不足看 Legeron 和 Paultre 的模型 ······· 58

4.6　实体有限元中的约束混凝土本构 ··· 61

4.7　圆钢管混凝土轴拉构件的约束效应 ······································ 64

4.8　受压混凝土滞回曲线：刚度退化和强度退化 ·························· 67

4.9　DIY：复杂混凝土滞回准则的程序实现 ································· 74

4.10　如何选择受压混凝土的滞回模型？ ····································· 77

第5章　裸钢筋（材）和受拉素混凝土单轴力学行为和本构关系 ········· 85

5.1　裸钢筋（材）的材料性能试验 ··· 85

5.2　软钢的单调性能及其模型 ··· 89

5.3　硬钢的单调性能及其模型 ··· 91

5.4　钢筋（材）滞回模型的包辛格效应 ······································ 93

5.5　DIY：钢筋（材）滞回模型的程序实现 ················· 95

5.6　如何选择钢筋（材）的滞回模型？ ················· 97

5.7　断裂能 G_f 和受拉素混凝土的 $\sigma\text{-}w$ 模型 ················· 100

第6章　钢筋-混凝土组合受拉的裂缝模型 ················· 104

6.1　组合受拉的基本受力特征 ················· 105

6.2　Bazant-Oh 弥散化裂缝带模型 ················· 106

6.3　Belarbi-Hsu 受拉刚化模型 ················· 117

6.4　基于三大基本方程的 β-椭圆模型 ················· 121

6.5　平均裂缝间距 ················· 125

6.6　补记：捏拢效应与拉压过渡 ················· 129

第7章　压弯篇总结 ················· 131

剪　切　篇

第8章　基于宏观试验的钢筋混凝土梁受剪承载力 ················· 132

8.1　无腹筋梁剪切的三种典型破坏形态 ················· 133

8.2　中国标准建议的无腹筋梁受剪承载力计算公式 ················· 135

8.3　Kani 建议的剪切破坏谷 ················· 136

8.4　ACI 建议的无腹筋梁受剪承载力计算方法 ················· 139

8.5　有腹筋梁的受剪承载力公式 ················· 141

第9章　基于微观试验的本构关系 ················· 146

9.1　钢筋混凝土薄膜单元试验 ················· 146

9.2　混凝土裂面剪切试验 ················· 150

第10章　剪切有限元数值模型 ················· 153

10.1　主应力和主应变方向的共轴转动条件 ················· 153

10.2　剪切有限元的 4 大类模型 ················· 155

10.3　Rots 的剪切模型 ················· 157

10.4　修正压力场与软化桁架模型 ················· 161

10.5　Maekawa 等人的剪切有限元模型 ················· 165

10.6　DIY：MSC. Marc 二次开发实现平面剪切壳单元 COMPONA-SHELL ················· 166

第11章　剪切篇总结 ················· 169

杂　论

第12章　节点域的剪力计算 ················· 170

第13章　强柱弱梁控制 ················· 177

附录 ················· 185

附录 1　MSC. Marc 二次开发实现基于位移的纤维模型 COMPONA-FIBER 源
程序代码 ················· 185

附录2　复杂混凝土滞回准则的源程序代码 ···························· 185

附录3　钢筋（材）滞回模型的源程序代码 ···························· 185

附录4　MSC. Marc 二次开发分层壳模型 COMPONA-SHELL 主程序代码 ·············· 185

参考文献 ·· 186

第1章 概　　述

关于钢筋混凝土的研究，大体上可以分为时间无关（time-independent）性能的研究以及时间相关（time-dependent）性能的研究。其中时间相关性能的研究包括：收缩徐变、耐久性、爆炸冲击、疲劳性能等，而时间无关性能的研究又可分为压弯（beam-column）和剪扭（shear/torsion）两条主线，如图1-1所示。

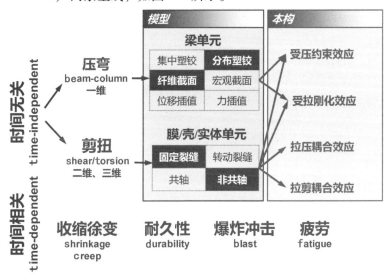

图1-1　钢筋混凝土研究的主要脉络

首先，压弯问题是一维的平截面问题，可以用梁单元来模拟，其中包含三组重要的概念，第一是集中塑性铰还是分布塑性铰；第二是纤维截面模型还是宏观截面模型；第三是位移插值单元还是力插值单元。我们的主张是分布塑性铰纤维截面模型，而位移插值单元还是力插值单元取决于对软化段的模拟需求。由于压弯问题是一维问题，因此只需要压和拉两种本构关系。对于受压，单独的钢筋并不擅长受压（容易屈曲），但它能作为横向钢筋帮助混凝土受压，这就是受压约束效应；而对于受拉，素混凝土不擅长受拉（容易开裂），但它能外裹在钢筋外面帮助钢筋受拉，这就是受拉刚化效应。"受压约束效应"和"受拉刚化效应"是钢筋与混凝土协同工作的最重要的两个效应，也是分布塑性铰纤维截面模型中的材料本构需要重点考虑的两个效应。

下面，我们再看看"剪扭"这条主线，剪扭问题是二维或三维问题，斜裂缝的出现瓦解了"截面"的概念，因此要用膜、壳或实体单元来模拟，其中包含两组重要的概念，第一是固定裂缝模型还是转动裂缝模型；第二是共轴模型还是非共轴模型。这里，我们的主张是非共轴固定裂缝模型。对于本构关系，除了压弯问题中需要考虑的受压约束效应和受拉刚化效应，还要考虑拉应变对其垂直方向受压本构的影响，即拉压耦合效应，以及法向拉应变对裂面剪切本构的影响,即拉剪耦合效应。可以说,拉压耦合效应和拉剪耦合效应在钢筋混凝土剪切研究中具有里程碑式的意义。

  以上对钢筋混凝土研究脉络的梳理主要基于我个人对钢筋混凝土的理解,未必十分严谨,但能帮助我在本书中较有条理地展开对钢筋混凝土的讨论。本书的讨论不涉及时间相关性能的内容,只包含时间无关性能的内容,按照压弯篇和剪切篇两大部分进行叙述,分别讨论需要用到的模型和本构关系。

压 弯 篇

我们把整个"压弯篇"要讨论的对象限定为可忽略剪切非线性的、以轴力和弯矩为主导内力的结构构件。当然，这只是一个非常笼统的界定，更具体的界定标准可以从国内外的规范中找到一些依据。

《混凝土结构设计规范》GB 50010—2010[1]将跨高比小于 5 的受弯构件称为深受弯构件，并区别于普通的受弯构件进行单独的规定。ACI318-14《Building Code Requirements for Structural Concrete》[2] 18.6.2 条的条文说明认为**长高比（length-to-depth）**小于 **4** 的承受往复荷载的连续构件，和更"细长"的构件性能有极大的区别（significantly different）。根据这些信息再综合工程实践经验不难判断：**长高比大于 5 的细长构件可以用"压弯篇"的一维方法来解决，长高比小于 4 的肥短构件无法用"压弯篇"的一维方法来解决，必须采用"剪切篇"的二维方法来解决，至于长高比为 4 ~ 5，应该就是一个过渡区域，用"压弯篇"的一维方法究竟会有多大的误差目前并没有完全搞清楚。**

整个"压弯篇"的目标，就是希望能详细地告诉各位读者，对于一个结构体系中常规的框架梁和框架柱，如何能够科学合理地实现全过程非线性模拟（图 0-1）。

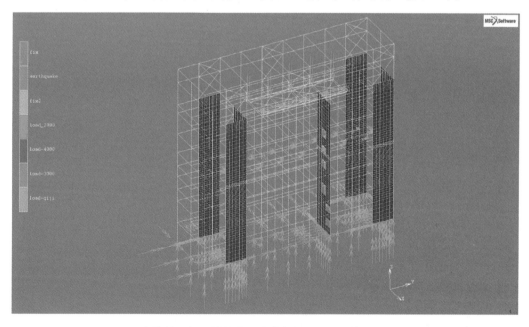

图 0-1 压弯篇的目标：结构体系中常规框架梁和框架柱的非线性模拟

第 2 章　压弯构件的基本模型——静定结构

静定结构在实际工程中应用十分有限，譬如一根简支梁，一根悬臂柱，通常我们只能在结构实验室里看到。虽然这个问题非常简单，但其中蕴含的许多基本概念和道理，却是我们后面要详细展开的超静定结构压弯有限元分析的重要基础。所以，本章我们要解决的是非常简单的问题，如图 2-1 所示，一根承受竖向集中荷载的简支钢筋混凝土梁，或是一根承受水平侧向荷载的钢筋混凝土悬臂柱，我们该如何求解荷载-位移非线性全过程曲线？

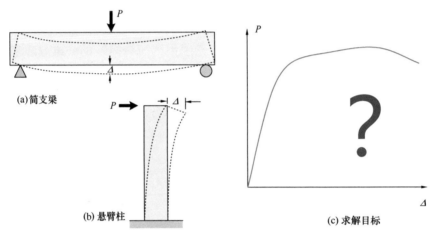

(a)简支梁　　(b) 悬臂柱　　(c) 求解目标

图 2-1　本章要解决的问题

本章涉及的重要概念和关键词包括：
- ◆ 三大基本方程
- ◆ 挠度-转角-曲率关系
- ◆ 纤维截面模型
- ◆ 楼板膜效应
- ◆ 二分搜索法
- ◆ 牛顿-拉弗森迭代法
- ◆ 局部化网格依赖

2.1　求解静定结构压弯构件的基本流程

首先，我们先来看一种最简单的情况，荷载随位移非线性强化，而没有软化，求解可以按以下三个步骤进行（见图 2-2）：

步骤一：由外荷载 P 得到梁的弯矩分布 $M(x)$；

步骤二：由梁的弯矩分布 $M(x)$ 得到梁的曲率分布 $\phi(x)$；

步骤三：由梁的曲率分布 $\phi(x)$ 得到跨中挠度 Δ。

因为结构表现出强化行为，那么一个外荷载 P 就唯一对应跨中挠度 Δ，这里之所以从外荷载 P 出发求解挠度 Δ，而不是倒过来由挠度 Δ 出发求解外荷载 P，是因为由跨中挠度推算梁的曲率分布需要额外假定一个挠曲线的分布函数，而这个分布函数并不太容易确定，从而可能造成较大的误差。

以上三个步骤中，第一个步骤其实是一个平衡条件，第二个步骤其实是截面的本构关系，也就是物性条件，第三个步骤其实是变形协调条件。因此，从这个非常简单的例子中，我们就可以很直观地体会结构工程研究的一个很基本的方法：**"平衡-物性-协调"三大基本方程的联立。**

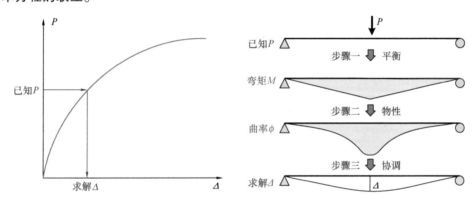

图 2-2　无软化效应的求解步骤

下面我们来看更复杂的情况，就是有软化效应，荷载随位移先强化后软化，如图 2-3 左侧图所示，这也是实际结构计算中经常遇到的情况。对于强化段，仍然可以用上述图 2-2 所示的三个步骤进行计算，但对于软化段，这三个步骤中的第二个步骤，也就是由弯矩 M 求解曲率 ϕ 这一步需要重新斟酌如下。

对于一根钢筋混凝土简支梁，荷载 – 位移曲线进入软化段意味着结构破坏，跨中截面附近的某一范围内（也就是等效塑性铰长度 L_p 范围内）形成塑性铰，弯矩 – 曲率关系进入软化段，曲率迅速增大。而对于等效塑性铰长度外的梁段，根据其和跨中截面平衡关系可知，弯矩还未达到极限弯矩就要卸载，曲率减小。因此，如图 2-3 所示，需

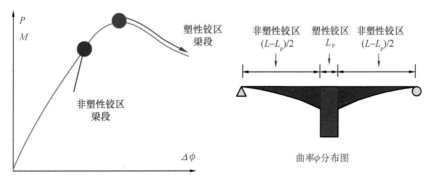

图 2-3　有软化效应的求解思路

钢筋混凝土原理与分析

要人为定义等效塑性铰长度 L_p 将整根梁划分为塑性铰区和非塑性铰区，塑性铰区的梁段选择弯矩-曲率关系的软化段，非塑性铰区的梁段选择弯矩－曲率关系的卸载段，塑性铰区的曲率迅速增大和非塑性铰区的曲率减小意味着曲率突变，这种特征有学者用英语描述为 sharp jump，这种曲率突变也反映了软化问题所特有的局部化（localization）特征。

因此，对于有软化效应的问题，关键在于预先假定一个**等效塑性铰长度**，这也是为什么有很多文献研究等效塑性铰长度。

以上三个步骤中，第一个步骤就是一个最简单的结构力学问题，自然不必多说，下面我们就详细说一下第二个和第三个步骤。下面的两个章节就分别讲解第三个步骤和第二个步骤。

2.2　由简支梁的曲率分布求解跨中挠度

这个问题用经典材料力学的单位荷载法就能解决：

$$\Delta = \int \phi_p(x) \overline{M}(x) \mathrm{d}x \tag{2-1}$$

式中：$\phi_p(x)$ 就是已知荷载 P 作用下的曲率分布；$\overline{M}(x)$ 就是求解挠度的位置处施加单位荷载后的弯矩分布。

为了方便应用，可以把式（2-1）转换成图乘法的格式：

$$\Delta = \sum A(\phi_p) \cdot \Omega_{\overline{M}} \tag{2-2}$$

式中：$A(\phi_p)$ 为曲率图面积；$\Omega_{\overline{M}}$ 为曲率图面积形心位置处对应的单位荷载弯矩图上的值。

下面我们用图 2-4 这个例题来说明式（2-2）图乘法的用法，上图就是外荷载 P 作用下的曲率分布图，下图就是跨中挠度位置对应的单位荷载作用下的弯矩图。曲率分布图左右对称，每一侧都可近似分解为一个三角形加上一个矩形（这种局部突变的曲率分布模式后面会有更详细的讨论），根据简单的几何关系，两者的形心位置分别对应单位荷载弯矩图上的值分别为 $1/8L$ 和 $7/32L$（L 为梁跨度）。由式（2-2）可知，跨中挠度为：

$$\Delta = 2\left(\frac{1}{2} \cdot \frac{3}{8}L \cdot \phi_1 \cdot \frac{1}{8}L + \frac{1}{8}L \cdot \phi_2 \cdot \frac{7}{32}L\right) = \frac{3}{64}L^2\phi_1 + \frac{7}{128}L^2\phi_2 \tag{2-3}$$

下面我们来讨论另一个方法，叫曲率面积法，这是一个非常经验性的简化方法，很实用，但其实限制很多，而且如果不了解这个方法的前因后果来死记硬背地用，非常容易出错，那我为什么还要在这里讲这个方法呢？还是想帮助读者强化理解**变形量的基本关系**，这些基本关系非常有用。

我们用图 2-5 所示的简支梁来说明曲率面积法的两个基本定理：

定理 1：A 到 B 切线转角 = AB 点之间曲率图面积

定理 2：A 到 B 切线挠度 = AB 点之间曲率图面积对 A 点取矩

6

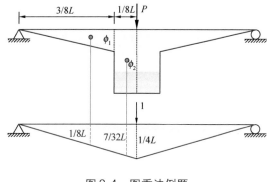

图 2-4　图乘法例题

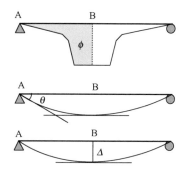

图 2-5　曲率面积法示意图

在证明上述定理之前，我们先引入以下材料力学的基本方程：

$$\theta = \frac{\mathrm{d}\Delta}{\mathrm{d}x} \ , \ \phi = \frac{\mathrm{d}\theta}{\mathrm{d}x}, \ \phi = \frac{\mathrm{d}^2\theta}{\mathrm{d}x^2} \tag{2-4}$$

由以上基本方程，定理 1 就显然得证：

$$\theta_A = \int_0^{L/2} \phi(x)\,\mathrm{d}x + \theta_B \tag{2-5}$$

下面我们重点证明定理 2。由基本方程式（2-4）可得：

$$\Delta_B = \int_0^{L/2} \theta(x)\,\mathrm{d}x + \Delta_A \tag{2-6}$$

这里需要用到分部积分法，这也是整个证明过程的关键：

$$\Delta_B = x\theta(x)\,\big|_0^{L/2} - \int_0^{L/2} \theta'(x)x\,\mathrm{d}x + \Delta_A \tag{2-7}$$

由于 B 点的转角为零，那么式（2-7）的第一项就为 0，只剩下第二项再利用基本方程式（2-4），即可得到：

$$\Delta_B = - \int_0^{\frac{L}{2}} \phi(x)x\,\mathrm{d}x + \Delta_A = - \frac{\int_0^{\frac{L}{2}} \phi(x)x\,\mathrm{d}x}{\int_0^{\frac{L}{2}} \phi(x)\,\mathrm{d}x} \cdot \int_0^{\frac{L}{2}} \phi(x)\,\mathrm{d}x = -d \cdot \varOmega \tag{2-8}$$

式中：d 为曲率图的形心到起点 A 点的距离，$\varOmega$ 为曲率图的面积，两者相乘就是曲率图对 A 点的面积矩，故定理 2 得证。这里要特别强调的是，在整个证明过程中式（2-7）的第一项为 0 的条件必须满足，也就是**选取的计算点 B 转角必须为零，然后对起始点 A 取矩**，这就是曲率面积法求挠度的适用条件。清楚了这一点，对于如图 2-6 所示承受侧向荷载的悬臂柱，应该把固支端选为计算点 B，因为固支端转角为 0，而悬臂端选为起始点 A，曲率图应该向悬臂端取矩，许多人由于不了解曲率面积法背后的推导过程，错误地对固支端取矩。

我们重新用曲率面积法计算图 2-4 这个例题，如图 2-7 所示，分别对两块曲率面积取矩，可得以下结果，和用图乘法的计算结果完全相同。

$$\Delta = \frac{1}{2} \cdot \frac{3}{8}L \cdot \phi_1 \cdot \frac{1}{4}L + \frac{1}{8}L \cdot \phi_2 \cdot \frac{7}{16}L = \frac{3}{64}L^2\phi_1 + \frac{7}{128}L^2\phi_2 \tag{2-9}$$

式（2-4）中变形量的基本方程是非常有用的。例如，我曾经研究预应力连续组合梁的极限状态设计法[3,4]，为此提出了一个理论模型，可以求解极限状态下沿梁纵向的曲率分布，但如何检验这个理论模型的准确性却成了一个难题，因为试验难以准确测得梁的曲率分布，即使能测到也需要付出很大的代价。于是，我采用数值模拟的方法来验证理论模型，建立了如图2-8所示的精细有限元模型，并获得了极限状态下沿梁纵向的挠度分布 $f(x)$，然后根据式（2-4）曲率 $\phi(x)$ 是挠度 $f(x)$ 的二阶导数，采用如下中心差分法得到了梁的曲率分布，并和理论模型的结果进行对比，如图2-9所示，吻合较好，从而证明了理论模型结果的可靠性。

$$\phi(x_i) = \frac{2}{x_{i+1} - x_{i-1}}\left[\frac{f(x_{i+1}) - f(x_i)}{x_{i+1} - x_i} - \frac{f(x_i) - f(x_{i-1})}{x_i - x_{i-1}}\right] \tag{2-10}$$

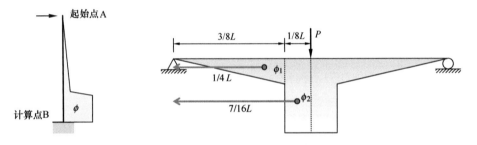

图 2-6　承受侧向荷载的悬臂柱　　　　图 2-7　曲率面积法例题

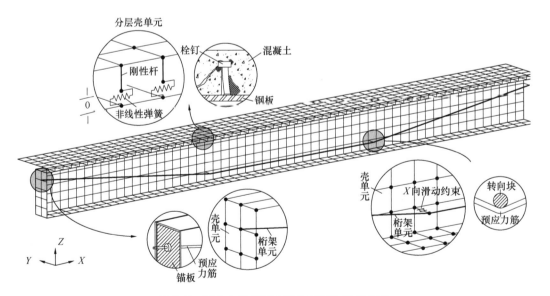

图 2-8　预应力连续组合梁的精细有限元模型

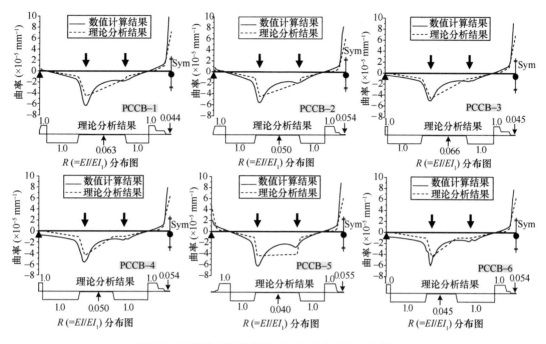

图 2-9　理论模型和数值模型极限状态曲率分布的对比

2.3　纤维截面模型与楼板膜效应

截面的本构关系，也就是截面的弯矩 M 和曲率 ϕ 之间的关系，可以用两种方法得到：（1）**宏观截面模型，英文为 resultant section model，**从这个英文就可以形象地看出这种模型是根据试验或理论方法直接写出弯矩-曲率关系，这个模型的本身就是我们要的结果（resultant）；（2）**纤维截面模型，英文为 fiber section model，**把截面离散成不同材料的纤维，将纤维的本构模型集成起来形成截面的本构模型。纤维截面模型有很强的通用性，应用很广，下面对其进行重点讨论。

这里以单向压弯构件为例，其纤维截面模型的概念如图 2-10 所示，钢筋混凝土截面离散成一系列混凝土纤维和钢筋纤维，并遵循以下两个假定：（1）每根纤维仅承受轴向力；（2）满足平截面假定，不考虑钢筋和混凝土之间的滑移。由于采用了平截面假定，一个截面上只需两个独立的应变量即可得到整个截面的应变分布。通常两个独立的应变量可取为轴向应变 ε_N 和曲率 ϕ，对应的两个独立的内力分量为轴力 N 和弯矩 M。

有了上述概念，我们就用纤维模型来求解以下两个问题：

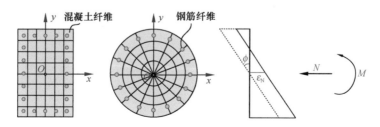

图 2-10　单向压弯构件的纤维截面模型概念图

问题 1：固定 N，求 M-ϕ 曲线

首先初始一个 ϕ（可以取为较小的值），此时还需要预设一个 ε_N，从而可以通过平截面假定将截面离散成纤维，得到所有纤维的应变，然后根据纤维所对应材料的单轴应力-应变关系，求得所有纤维的应力，将所有这些纤维应力进行积分，可得截面的轴力 N_0，根据平衡条件，截面的内轴力应该等于外轴力 N，所以可以设定内外轴力的误差 $|N-N_0|$ 的容许限值 ε，若未达到这一限值，则需要重新调整 ε_N（可用二分法或牛顿-拉弗森迭代法，后面会详细讲解），再重新进行上述纤维离散和集成的过程直至收敛到误差限，最后将收敛后的纤维应力进行积分，得到截面弯矩 M，从而得到第一个 M-ϕ 曲线点。

然后增加一个 $\Delta\phi$，重复上一段落的所有过程，又可以得到一个 M-ϕ 曲线点。最后随着不断增加 $\Delta\phi$，可得到一系列 M-ϕ 曲线点，最终得到 M-ϕ 全曲线。求解框图见图 2-11。

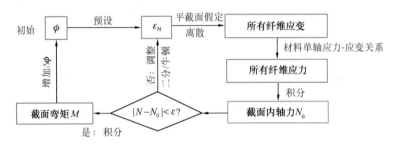

图 2-11　问题 1 的求解框图

对于钢筋混凝土构件，有个非常重要的特性值得讨论。若截面承受的轴力 N 为 0，截面的轴向应变 ε_N 是否为 0？问得更通俗一些，就是钢筋混凝土构件在仅受弯矩作用时截面形心位置的中轴线是伸长？还是缩短？还是不变？这一问题可以用图 2-12 所示截面平衡条件进行分析。钢筋混凝土梁在弯矩作用下底部受拉钢筋提供的拉力 T 以及顶部受压混凝土提供的压力 C 形成一对力偶，由于截面轴力为 0，则拉力 T 等于压力 C，又由于混凝土材料的开裂效应，拉区混凝土退出工作，其刚度小于压区。我们知道，在同等力作用下，刚度小的变形大，刚度大的变形小，因此梁截面的受压边缘应变小于受拉边缘应变，最后根据平截面假定可知截面的轴向应变 ε_N 大于 0，也就是说**钢筋混凝土构件在弯矩作用下会伸长**。在实际的结构体系中，楼板及楼盖梁等钢筋混凝土受弯构件由于受到周围构件（例如框架柱）的约束，无法自由伸长，也就是轴向应变 $\varepsilon_N = 0$，同样根据上述分析，截面的压力 C 大于拉力 T，因此截面不仅承受弯矩作用，还承受轴压力作用，根据钢筋混凝土构件的压弯关系可知，截面的轴压力会显著提高截面的受弯承载力，**这种由轴压力导致的**

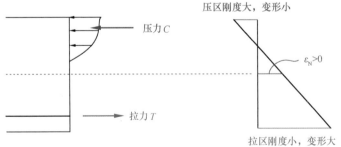

图 2-12　楼板膜效应的机理

钢筋混凝土构件受弯极限承载力的提高效应可称为楼板的膜效应（membrane action）。

历史上一个典型的楼板膜效应的应用实例就是 Vecchio 和 Collins 对 1978 年 1 月 4 日加拿大 Kimberley-Clark 仓库倒塌事故的调查[5]。该仓库建于 1944 年，为钢筋混凝土板柱结构，在三层楼板上方堆满了重镍片，而下方是纸业公司，存在着粉尘爆炸和火灾隐患。1978 年 1 月 4 日，三层大部分楼板发生倒塌破坏，柱、板、圆桶一直坠落到地下室，破坏同时还发生大爆炸，大火席卷整个结构并持续燃烧 48 小时，造成 2 人死亡。纸业公司认为是镍片超重导致结构破坏并引发爆炸和大火，镍片公司却认为是大火产生高温削弱结构导致破坏，法律诉讼持续十余年。现场证据已不复存在，事故不能重现，或重现的成本太高，非线性有限元成为事故调查的主要手段。Vecchio 和 Collins 的非线性有限元分析结果表明：镍片重量虽然超过了三层无梁楼盖设计荷载（设计荷载为：恒载 4.8kN/m² + 活载 6.0kN/m²，实际堆载 48kN/m²），但考虑楼板的膜效应后，仍未超过结构极限荷载 50kN/m²，因此最终的调查结论是：纸业公司的火灾触发了结构的倒塌破坏。可见，楼板的膜效应作为楼板设计的储备帮助镍片公司赢得了这场诉讼。为了更深入地研究楼板膜效应的内在机理，Vecchio 和 Tang[6] 又开展了模型试验，进一步验证了他们采用非线性有限元计算楼板膜效应的准确性。对这一实例的相关内容感兴趣的读者可以进一步阅读文献[6]。图 2-13 所示为 Vecchio 和 Tang 绘制的楼板膜效应原理图。

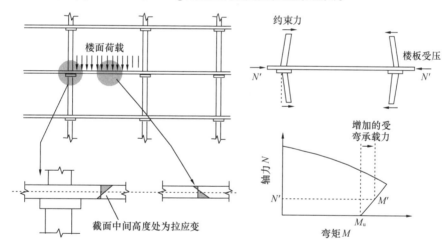

图 2-13　Vecchio 和 Tang 绘制的楼板膜效应原理图[6]

此外，在单向楼板的设计中，同样可以利用楼板膜效应来挖掘结构的承载潜力。如图 2-14 所示，由于楼板受周围梁的约束，无法自由伸长，从而产生可观的轴压力，此时板的实际承载力高于按规范纯弯构件的计算值，因此，四周与梁整体连接的板，中间跨的跨中截面及中间支座，弯矩设计值可减少 20%，而边跨跨中截面、第一内支座截面由于受到的约束效应不强，可不予折减。

所谓"膜效应"，其实就是"轴力"效应。以上讨论的是钢筋混凝土受弯构件达到极限承载力时轴压力导致的膜效应，而钢筋混凝土构件达到极限承载力之后荷载-挠度曲线会先下降，又重新上升，由梁机制转变为悬链线机制，构件内的钢筋全部受拉且迅速下挠，直至达到倒塌状态，这就是倒塌时轴拉力引起的另一种楼板膜效应。以上两种膜效应的原理可总结为图 2-15。倒塌时的楼板膜效应同样有重要的应用价值。譬如，在组合楼盖

图 2-14 楼板膜效应在楼板内力计算中的应用实例

的抗火设计中，如果充分利用倒塌时楼板膜效应对楼板承载能力的贡献，可以允许次梁不做防火保护，而只对主梁进行防火保护，显著减少了防火设计的代价[7]。

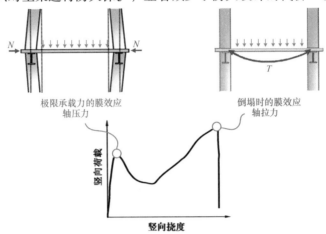

图 2-15 两种膜效应的原理对比图

问题 2：求解极限 *M-N* 相关曲线

求解这个问题的关键仍然是要牢记：两个独立的应变量决定所有纤维的应变。这里求解的是极限状态，那么混凝土受压边缘的应变就成为已知量，可设为压溃应变 ε_{cu}，从而只剩下一个未知量为曲率 ϕ。因此只需不断增加曲率 ϕ，对每个曲率按照平截面假定进行纤维离散，得到所有纤维应变，再根据材料单轴应力-应变关系，得到所有纤维应力，最后对所有纤维应力进行积分，得到极限状态下截面的轴力 N 和弯矩 M。和问题 1 不同，这个问题不需要迭代求解。求解思路见图 2-16。

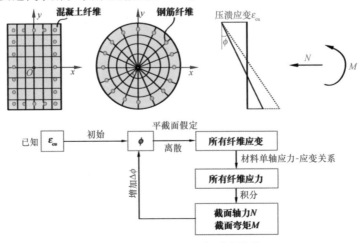

图 2-16 求解极限 *M-N* 相关曲线的思路

2.4 DIY：纤维截面模型的编程实践

下面我们根据纤维截面模型的基本原理，以如图 2-17 所示的钢筋混凝土单向受弯板为例，编程实现极限承载力和全过程曲线的求解。

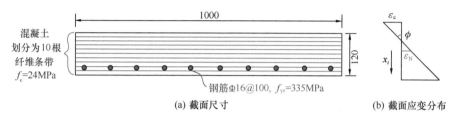

(a) 截面尺寸   (b) 截面应变分布

图 2-17 纤维截面模型编程实践例题

任务 1：求解极限承载力（采用 Excel 表）

这里首先还是要强调平截面假定意味着 2 个独立的应变分量即可决定所有纤维的应变，由于求解的是极限状态的承载力，混凝土上边缘的压应变 ε_c 已知等于压溃应变 ε_{cu} 取为 0.0033，因此已经有一个应变量已知，只需寻找另一个应变量。

下面分两种情况进行讨论，第一种情况是考虑膜效应，也就是楼板轴向受到约束无法自由伸长，楼板的轴向应变 $\varepsilon_N = 0$，这样就找到了另一个独立的应变量，根据平截面假定，每根纤维的应变 ε_i（i 为纤维编号，本例题共 11 根纤维）均可按照线性分布求得，然后分别将混凝土纤维和钢筋纤维的应变代入相应材料的本构关系，求得每根纤维的应力 σ_i，将 σ_i 乘以对应纤维的面积 A_i，得到每根纤维的力 F_i，最后对所有纤维的力进行集成，即可得到极限状态下截面轴力 N 和弯矩 M。以上整个过程不需要迭代，具体的求解方程详见表 2-1 的左栏。

是否考虑楼板膜效应的求解方程对比   表 2-1

考虑膜效应 $\varepsilon_N = 0$	不考虑膜效应 $\boxed{N = 0}$
$x_i = -\left[\dfrac{1}{2}h - \dfrac{h}{10}(i - 0.5)\right]$	$x_i = -\left[\dfrac{1}{2}h - \dfrac{h}{10}(i - 0.5)\right]$
$\phi = \dfrac{\varepsilon_N - \varepsilon_{cu}}{0.5h}$	$\boxed{\text{假定 } \phi,\ \varepsilon_N = 0.5h\phi + \varepsilon_{cu}}$ ◄
$\varepsilon_i = \varepsilon_N + \phi x_i$	$\varepsilon_i = \varepsilon_N + \phi x_i$
混凝土：$\sigma_i = \begin{cases} f_c & \varepsilon_i \leqslant \varepsilon_0 \\ f_c\left[\dfrac{2\varepsilon_i}{\varepsilon_0} - \left(\dfrac{\varepsilon_i}{\varepsilon_0}\right)^2\right] & \varepsilon_0 < \varepsilon_i < 0 \\ 0 & \varepsilon_i \geqslant 0 \end{cases}$	混凝土：$\sigma_i = \begin{cases} f_c & \varepsilon_i \leqslant \varepsilon_0 \\ f_c\left[\dfrac{2\varepsilon_i}{\varepsilon_0} - \left(\dfrac{\varepsilon_i}{\varepsilon_0}\right)^2\right] & \varepsilon_0 < \varepsilon_i < 0 \\ 0 & \varepsilon_i \geqslant 0 \end{cases}$
钢筋：$\sigma_i = \begin{cases} f_{yr} & \varepsilon_i > \varepsilon_{yr} \\ E_r\varepsilon_i & \varepsilon_i \leqslant \varepsilon_{yr} \end{cases}$	钢筋：$\sigma_i = \begin{cases} f_{yr} & \varepsilon_i > \varepsilon_{yr} \\ E_r\varepsilon_i & \varepsilon_i \leqslant \varepsilon_{yr} \end{cases}$
$F_i = \sigma_i A_i$	$F_i = \sigma_i A_i$
$N = \displaystyle\sum_{i=1}^{11} F_i$	$N = \displaystyle\sum_{i=1}^{11} F_i$ $\boxed{= 0?\ \text{若不满足重新调整 } \phi}$
$M = \displaystyle\sum_{i=1}^{11} F_i x_i$	$M = \displaystyle\sum_{i=1}^{11} F_i x_i$

考虑楼板膜效应求解极限承载力的 Excel 表　　　　　　　　　　　　　表 2-2

ε_{cu}	ε_N	h	ϕ	f_c	f_{yr}	A_s	ε_{yr}
−0.0033	0	120	0.000055	−24	335	2011	0.00168
i	A_i	x_i	ε_i	σ_i	F_i	$F_i x_i$	
1	12000	−54	−0.00297	−24	−288000	15552000	
2	12000	−42	−0.00231	−24	−288000	12096000	
3	12000	−30	−0.00165	−23.3	−279180	8375400	
4	12000	−18	−0.00099	−17.9	−214553	3861950	
5	12000	−6	−0.00033	−7.3	−87199.2	523195.2	
6	12000	6	0.00033	0	0	0	
7	12000	18	0.00099	0	0	0	
8	12000	30	0.00165	0	0	0	
9	12000	42	0.00231	0	0	0	
10	12000	54	0.00297	0	0	0	
11	2011	35	0.001925	335	673685	23578975	
					−483.2	**64.0**	
					N	M	

不考虑楼板膜效应求解极限承载力的 Excel 表　　　　　　　　　　　　表 2-3

ε_{cu}	ε_N	h	ϕ	f_c	f_{yr}	A_s	ε_{yr}
−0.0033	0.00244	120	0.0000957	−24	335	2011	0.00168
i	A_i	x_i	ε_i	σ_i	F_i	$F_i x_i$	
1	12000	−54	−0.00273	−24	−288000	15552000	
2	12000	−42	−0.00158	−22.9	−275141	11555942	
3	12000	30	−0.00043	−9.2	−110301	3309031	
4	12000	−18	0.00072	0	0	0	
5	12000	−6	0.00187	0	0	0	
6	12000	6	0.00302	0	0	0	
7	12000	18	0.00416	0	0	0	
8	12000	30	0.00531	0	0	0	
9	12000	42	0.00646	0	0	0	
10	12000	54	0.00761	0	0	0	
11	2011	35	0.00579	335	673685	23578975	
					0.2	**54.0**	
					N	M	

下面看一种更复杂的情况，就是不考虑楼板膜效应，也就是一块理想的简支板，沿轴

向可以自由伸缩，但截面轴力 N 为 0。在这个问题里，我们只知道一个应变量（混凝土受压边缘达到极限压应变 ε_{cu}），需要再假定另一个独立的应变量（我们这里选择曲率 ϕ），才能使用平截面假定求解出每根纤维的应变 ε_i，然后采用和第一种情况相同的方法求得截面轴力 N 和弯矩 M，如果 N 不为 0，则需要重新调整曲率 ϕ，再次检验轴力 N 是否为 0，整个过程就是通过不断调整曲率 ϕ 直到轴力 N 为 0。作为对比，我们将不考虑楼板膜效应的具体求解方程列在了表 2-1 的右栏，为了便于读者理解，我们将右栏和左栏的不同之处用绿色标出，左右两栏最大区别在于是否需要迭代试算。

以上所述的求解流程可用 Excel 表格工具来实现，表 2-2 为考虑楼板膜效应的极限承载力求解结果，表 2-3 为不考虑楼板膜效应最终收敛到轴力为 0 时的极限承载力求解结果。上述两个表中的灰色部分即为截面受压区高度范围，考虑楼板膜效应时的受压区高度恰为截面高度的一半，而相比之下，不考虑楼板膜效应时的受压区高度显著减小。对于这个算例来说，不考虑楼板膜效应的极限受弯承载力为 54kN·m，而考虑楼板膜效应的极限受弯承载力为 64kN·m，楼板膜效应对极限受弯承载力的提高幅度非常可观，可达 19%。

任务 2：求解 M-ϕ 全过程曲线（采用 Matlab）

在讨论这个任务之前，我们需要定义一个反力函数：Function[N,M,Nt] = Reaction(eN,fai)，这个函数的含义是：已知截面轴向应变 eN 和曲率 fai，求解截面轴力 N、弯矩 M 和轴向切线刚度 Nt，可能读者会不太理解这里为什么要引入轴向切线刚度 Nt，这里只能先打个伏笔，在后面说到牛顿-拉弗森迭代法时就会用到。表 2-4 为反力函数 Reaction 的 Matlab 详细代码及注释。

反力函数 Function[N，M，Nt]=Reaction(eN，fai)具体代码　　　　表 2-4

代码	注释
function [N，M，Nt] = Reaction(eN，fai)	
N = 0	初始化轴力为 0
M = 0	初始化弯矩为 0
Nt = 0	初始化轴向刚度为 0
h = 120	定义截面高度
fc = −24	定义混凝土轴向抗压强度为
e0 = −0.002	定义混凝土轴向抗压峰值应变为
fyr = 335	定义钢筋屈服强度
Er = 200000	定义钢筋弹性模量
eyr = fyr/Er	定义钢筋屈服应变
As = 2011	定义钢筋截面面积
Ac = 12000	定义混凝土截面面积
x = zeros(11，1)	初始化纤维位置坐标向量
e = zeros(11，1)	初始化纤维应变向量
s = zeros(11，1)	初始化纤维应力向量
Et = zeros(11，1)	初始化纤维切线刚度向量
for k = 1：1：10	逐个集成前 10 根混凝土纤维
x(k) = −(0.5 * h − h/10 * (k − 0.5))	计算混凝土纤维位置
e(k) = eN + fai * x(k)	计算混凝土纤维应变
if e(k) < = e0	根据 Rüsch 建议的本构计算混凝土纤维应力和切线刚度
s(k) = fc	
Et(k) = 0	

| ```
    elseif e(k) > =0
        s(k) =0
        Et(k) =0
    else
        s(k) =fc * (2 * e(k)/e0 - (e(k)/e0)^2)
        Et(k) =fc * (2/e0 -2 * e(k)/e0/e0)
    end
    N = N + s(k) * Ac
    M = M + s(k) * Ac * x(k)
    Nt = Nt + Et(k) * Ac
end
``` | <br><br><br><br><br><br><br>集成截面轴力<br>集成截面弯矩<br>集成截面轴向刚度 |
| ```
    x(11) =35
    e(11) =eN + fai * x(11)
    if e(11) > eyr
        s(11) =fyr
        Et(11) =0
    else
        s(11) =Er * e(11)
        Et(11) =Er
    end
    N = N + s(11) * As
    M = M + s(11) * As * x(11)
    Nt = Nt + Et(11) * As
``` | 以下集成第 11 根钢筋纤维<br>定义钢筋纤维位置<br>计算钢筋纤维应变<br>按照理想弹塑性模型计算钢筋纤维应力和切线刚度<br><br><br><br><br><br>集成截面轴力<br>集成截面弯矩<br>集成截面轴向刚度 |

下面我们首先讨论一种简单的情况，也就是考虑楼板膜效应的情况。由于我们求解的是弯矩-曲率全过程曲线，也就是逐级增加曲率 ϕ，求解对应的弯矩 M，因此对于某一级已知的曲率 ϕ，只需再找一个独立的应变量即可确定截面所有纤维的应变，而考虑楼板膜效应恰恰可以给出这个独立应变量的取值，即轴向应变 $\varepsilon_N = 0$。整个求解过程无需迭代，可参考表 2-5 的具体代码及注释。

考虑楼板膜效应的弯矩-曲率全过程曲线求解 表 2-5

| ```
clear
h =120
fai = zeros(100, 1)
N = zeros(100, 1)
M = zeros(100, 1)
Nt = zero(100, 1)
eN =0
for i =1: 1: 100
    fai(i) =0.000001 * (i -1)
    [N(i), M(i), Nt(i)] = Reaction(eN, fai(i))
    N(i) = N(i)/1000
    M(i) = M(i)/1000000
    ecu = -fai(i) * h/2
    if ecu < -0.0033
        break
    end
end
``` | <br>定义后面计算用到的板厚参数<br>初始化曲率向量<br>初始化截面轴力向量<br>初始化截面弯矩向量<br>初始化截面轴向刚度向量<br>**考虑楼板膜效应的条件：轴向应变为 0**<br>将整个曲率计算范围分成 100 份，逐级增加<br>计算第 $i$ 个曲率<br>计算第 $i$ 个轴力、弯矩、轴向刚度<br>将轴力单位由 mm 转换为 m<br>将弯矩单位由 N·mm 转换为 kN·m<br>计算混凝土受压边缘应变<br>若混凝土受压边缘应变超过压溃应变，则完成计算退出程序 |
```

下面讨论更复杂的情况，就是不考虑楼板膜效应。如前所述，不考虑楼板膜效应的条件是轴力 N 为 0，将 N 看作所有纤维力的累加，并考虑平截面假定，可得：

$$N = \sum F_i = \sum \sigma_i(\varepsilon_i)A_i = \sum \sigma_i(\varepsilon_N + \phi x_i)A_i = 0 \qquad (2\text{-}11)$$

在式（2-11）所示的方程中，针对每一级确定的曲率 ϕ，只有轴向应变 ε_N 这一个未知量。因此，这个问题的本质就是求解关于 ε_N 的非线性方程：

$$N(\varepsilon_N) = 0 \qquad (2\text{-}12)$$

下面我们讨论两种求解方法：

1. 二分搜索法

为求非线性方程 $f(x) = 0$ 的根，可采用二分搜索法如图 2-18 所示，具体步骤为：

（1）选定上下界 x_a 和 x_b，满足 $f(x_a) \cdot f(x_b) < 0$

（2）计算 $x_c = 0.5(x_a + x_b)$

（3）若 $|f(x_c)| \leqslant \in$，$x = x_c$，否则

（4）缩小上下界范围（若 $f(x_a) \cdot f(x_c) > 0$，$x_a = x_c$，否则 $x_b = x_c$），并重复步骤（2）和（3）

采用上述方法求解式（2-12）非线性方程的根，即可得到每一级曲率 ϕ 对应的轴向应变 ε_N，进而求得截面弯矩 - 曲率全过程曲线，表 2-6 详细给出了实现代码及注释。

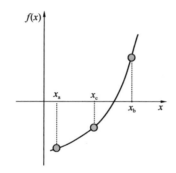

图 2-18 二分搜索法

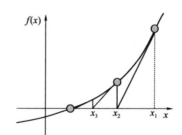

图 2-19 牛顿-拉弗森迭代法

采用二分搜索法求解不考虑楼板膜效应的弯矩-曲率全过程曲线 表 2-6

clear	
h = 120	初始化板厚参数
Na = 0	初始化二分搜索法中的上下界及中间点参数
Nb = 0	
eNc = 0	
Ma = 0	
Mb = 0	
Mc = 0	
Nta = 0	
Ntb = 0	
Ntc = 0	
fai = zeros(100, 1)	定义曲率向量
M = zeros(100, 1)	定义弯矩向量
eN = zeros(100, 1)	定义轴向应变向量

for i = 1：1：100	将整个曲率计算范围分成100份，逐级增加
fai(i) = 0.000001 * (i − 1)	
eNa = 0	初始下界 $\varepsilon_{N,a}$
eNb = 0.01	初始上界 $\varepsilon_{N,b}$
Nc = 1000	初始中间轴力 N_c
while abs(Nc) > 100	开始二分搜索迭代，误差限值取为100N
[Na，Ma，Nta] = Reaction(eNa, fai(i))	上界轴力
[Nb，Mb，Ntb] = Reaction(eNb, fai(i))	下界轴力
eNc = 0.5 * (eNa + eNb)	中间应变
[Nc，Mc，Ntc] = Reaction(eNc, fai(i))	中间轴力
if Na * Nc > 0	缩小上下界范围
eNa = eNc	
else	
eNb = eNc	
end	
end	
eN(i) = eNc	收敛的轴向应变
M(i) = Mc/1000000	收敛的弯矩
ecu = eN(i) − fai(i) * h/2	若混凝土受压边缘应变超过压溃应变，则完成计算退出程序
if ecu < − 0.0033	
break	
end	
end	

2. 牛顿-拉弗森迭代法

二分搜索法存在的主要不足是：上下界确定需要估计，无法程序化，收敛速度较慢，因此在数值计算领域用得并不多，而应用更为广泛的是牛顿-拉弗森迭代法。

牛顿-拉弗森迭代法的基本原理如图2-19所示，其本质就是在上一步得到近似解的邻域范围内不断采用泰勒展开的前两项近似原来的方程，得到新的近似解，直至最后收敛。假设 x_n 是第 n 步得到的方程 $f(x) = 0$ 的近似解，对于 $f(x)$ 在 x_n 处进行泰勒展开，取前两项，即可得到如下线性方程：

$$f(x_n) + f'(x_n) \cdot (x_{n+1} - x_n) = 0 \tag{2-13}$$

由此线性方程可得第 $n+1$ 步近似解 x_{n+1} 为：

$$x_{n+1} = x_n - \frac{f(x_n)}{f'(x_n)} \tag{2-14}$$

按照以上迭代式不断计算近似解并收敛到允许误差内。具体到本算例，式(2-14)所示的迭代式应改写为：

$$\varepsilon_{N,n+1} = \varepsilon_{N,n} - \frac{N(\varepsilon_{N,n})}{N'(\varepsilon_{N,n})} \tag{2-15}$$

在上述迭代式中，不仅要求解轴力，还需要求解轴力对轴向应变的一阶导数，也就是轴向切线刚度，这也是为什么表2-4中的反力函数Reaction要引入轴向切线刚度Nt的原因。那么如何利用纤维模型的概念求解轴向切线刚度呢？可以从式(2-11)入手如下：

$$\frac{dN(\varepsilon_N)}{d\varepsilon_N} = \sum \left(\frac{d\sigma_i}{d\varepsilon_i} \cdot \frac{d\varepsilon_i}{d\varepsilon_N} \right) A_i \tag{2-16}$$

式中：$\mathrm{d}\sigma_i/\mathrm{d}\varepsilon_i$ 为第 i 根纤维的切线刚度，记作 $E_{\mathrm{t},i}$；根据平截面假定，$\mathrm{d}\varepsilon_i/\mathrm{d}\varepsilon_{\mathrm{N}}=1$。

因此，轴向切线刚度可按下式计算：

$$\frac{\mathrm{d}N(\varepsilon_{\mathrm{N}})}{\mathrm{d}\varepsilon_{\mathrm{N}}} = \sum E_{\mathrm{t},i}A_i \qquad (2\text{-}17)$$

由上式可见，截面的轴向切线刚度其实就是所有纤维对应材料的轴向切线刚度的总和，表 2-4 中反力函数 Reaction 的轴向切线刚度 Nt 就是照此思路集成的。采用牛顿-拉弗森迭代法求解不考虑楼板膜效应的弯矩-曲率全过程曲线的代码及其注释详见表 2-7。

采用牛顿-拉弗森迭代法求解不考虑楼板膜效应的弯矩-曲率全过程曲线　　　表 2-7

`clear`	
`fai = zeros(100, 1)`	初始化曲率向量
`h = 120`	初始化板厚参数
`M = zeros(100, 1)`	初始化弯矩向量
`eN = zeros(100, 1)`	初始化轴向应变向量
`for i = 1：1：100`	将整个曲率计算范围分成 100 份，逐级增加
`    fai(i) = 0.000001 * (i - 1)`	
`    Nj = 1000`	初始化轴力
`    if i = = 1`	初始化轴向应变
`        eNj = 0`	
`    else`	
`        eNj = eN(i - 1)`	
`    end`	
`    while abs(Nj) > 100`	牛顿－拉弗森迭代法，误差限设为 100N
`        [Nj, Mj, Ntj] = Reaction3(eNj, fai(i))`	
`        eNj = eNj - Nj/Ntj`	
`    end`	
`    eN(i) = eNj`	收敛的轴向应变
`    M(i) = Mj/1000000`	收敛的弯矩
`    ecu = eN(i) - fai(i) * h/2`	若混凝土受压边缘应变超过压溃应变，则完成计算退出程序
`    if ecu < - 0.0033`	
`        break`	
`    end`	
`end`	

图 2-20 为考虑膜效应和采用牛顿-拉弗森迭代法计算得到的不考虑膜效应对应的截面弯矩－曲率关系曲线。图 2-21（a）所示为考虑楼板膜效应时截面轴力随曲率的变化曲线，图 2-21（b）所示为不考虑楼板膜效应时截面轴向应变随曲率的变化曲线。

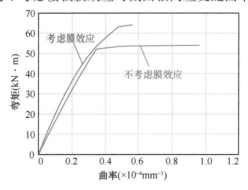

图 2-20　考虑膜效应和采用牛顿-拉弗森迭代法计算得到
不考虑膜效应的截面弯矩-曲率关系

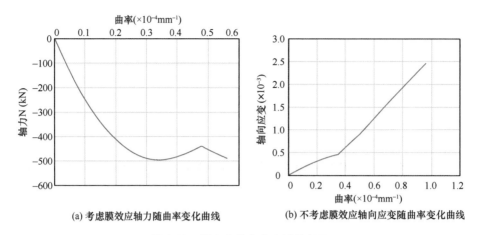

(a) 考虑膜效应轴力随曲率变化曲线　　　(b) 不考虑膜效应轴向应变随曲率变化曲线

图 2-21　轴力和轴向应变计算结果

第3章 压弯构件的基本模型——超静定结构

有了上述静定结构模型的基础，下面我们将讨论的范围扩大到超静定结构。实际工程中的结构体系绝大部分都是超静定结构，我们需要引入有限元法这一更普遍适用的手段，求解各类由压弯构件组成的钢筋混凝土结构体系在任意荷载作用下的非线性响应。

对于这部分讨论的模型，不同学者给予了许多不同的叫法，譬如：beam-column element、discrete finite element（member）model、"line" element model、梁单元、杆系模型等。其实，这些名词的内涵是相同的，就是用一个杆状的有限单元来模拟钢筋混凝土压弯构件，它既不同于采用许多实体单元的模型虽然精细程度高但计算效率较低，也不同于"糖葫芦串"层模型虽然计算效率很高但模拟结果较为粗糙，而是在"精度"和"效率"之间找到了一种平衡，从而实现对大型结构体系既精细又高效的模拟。

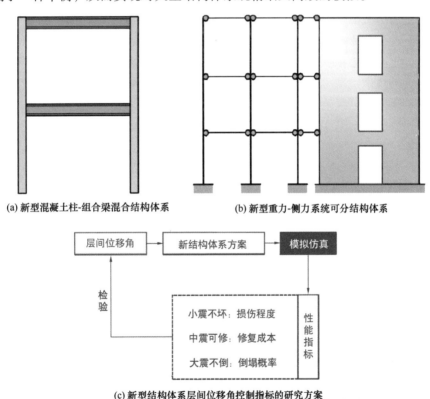

(a) 新型混凝土柱-组合梁混合结构体系　　(b) 新型重力-侧力系统可分结构体系

(c) 新型结构体系层间位移角控制指标的研究方案

图 3-1　结构体系层面的高效模拟技术应用案例

这里想特别强调的是，结构体系层面的高效模拟技术是结构体系层面研究的必备工具。注意，这和结构构件层面的研究是不同的。结构构件层面的研究往往由模型试验主导，辅以数值模拟，但结构体系层面的研究往往受限于成本，只有数值模拟这一条路可走。例如，工程实践中常常会遇到各种现行标准所无法涵盖的新型结构体系，譬如图 3-1（a）的新型混凝土柱-组合梁混合结构体系以及图 3-1（b）的新型重力 – 侧力系统可分结构体系。如何合理确定这些新型结构的层间位移角限值是抗震设计的关键，也是难点。如果我们有强大的结构体系的数值模拟技术，就可以对采用不同层间位移角限值设计出来的结构方案进行地震作用下的仿真，从而得到结构体系在不同地震水准下的性能指标，最后就可以对预先假定的层间位移角限值进行检验和校准，整个过程如图 3-1（c）所示。可见，**结构体系层面的精细化高效模拟技术**，也就是本篇要重点讨论的内容，可以使结构体系层面的设计方法少了些"定性"和"拍脑袋"，多了些"定量"和"科学化"。

本篇要重点讨论以下三组概念：

- 集中塑性铰和分布塑性铰
- 宏观截面模型和纤维截面模型
- 位移插值单元和力插值单元

3.1 杆系模型的历史演化

杆系模型的历史演化可详见 Taucer、Spacone 和 Fillippou 所发布的技术报告（报告编号：UCB/EERC-91/17）[8]中的 1.2 节 Literature Survey of Discrete Finite Element Models。此处，为了让读者更快地抓住重点，我仅列举几个有里程碑意义的时间点。

最早的能够模拟混凝土构件弹塑性行为的杆系模型来源于对试验现象的直观观察。在一个典型的框架中，框架梁或柱的非线性行为主要集中在构件两端的塑性铰区，而其他部位基本还在弹性阶段。基于这样的观察，很容易想到可以采用一根弹性梁单元并在其两端各增加一个模拟塑性铰区的非线性弹簧，这就是**集中塑性铰模型（lumped plasticity model）**的基本概念，如图 3-2（a）所示。对于非线性弹簧，可以根据试验或理论的方法直接给出弯矩 M 和转角 θ 的非线性关系，这就是**宏观截面模型（resultant section model）**的基本概念，如图 3-2（b）所示。集中塑性铰模型 + 宏观截面模型是一种最简单的非线性杆系模型，最早由 Giberson[9] 于 1967 年正式提出。尽管这种模型简单易用，效率高，颇受欢迎，但其缺点也是非常明显的：

（1）集中塑性铰意味着塑性铰只能在预设的位置出现，对于简单常规的情况，可以将塑性铰位置设在构件两端，但在实际工程中仍然有很多时候塑性铰并不产生在构件两端（例如：无楼板约束梁在跨中附近出现横向弯曲塑性铰），在建模的时候无法预判塑性铰的真实位置。

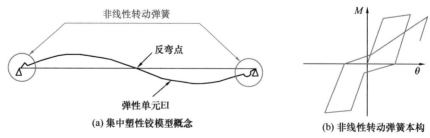

(a) 集中塑性铰模型概念　　　　　　(b) 非线性转动弹簧本构

图 3-2　集中塑性铰模型 + 宏观截面模型[8]

（2）宏观截面模型意味着通用性较差。不同的截面形式、不同的加载路径都需要采用不同的宏观截面模型，而当遇到轴力和弯矩耦合的情况，要给出准确的宏观截面本构（即弯矩-转角关系）就变得更为困难，有时不得不搬出复杂的经典弹塑性理论。

针对集中塑性铰模型 + 宏观截面模型的上述两点不足，不少学者提出了颇有成效的改进建议。譬如：1984 年 Lai 等人[10]将梁端的非线性转动弹簧修改为多个只承受轴力的弹簧，如图 3-3 所示，形成了**纤维截面模型（fiber section model）**的雏形，有效解决了宏观截面模型的不足，但集中塑性铰的不足仍然存在；1979 年 Takayanagi 和 Schnobrich[11]提出沿梁长分成多个节段，每个节段上都设置一个非线性转动弹簧，如图 3-4 所示，形成了**分布塑性铰模型（distributed plasticity model）**的雏形，这样就可以预测任意位置出现的塑性铰，解决了集中塑性铰模型的不足，但宏观截面模型的不足仍然存在。

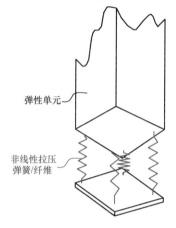

弹性单元

非线性拉压
弹簧/纤维

图 3-3　1984 年 Lai 等人的模型[8]

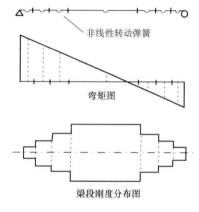

非线性转动弹簧

弯矩图

梁段刚度分布图

图 3-4　1979 年 Takayanagi 和 Schnobrich 的模型[8]

随着研究的逐步深入，学术界逐渐认识到，要彻底克服集中塑性铰 + 宏观截面模型的不足，应采用**分布塑性铰 + 纤维截面模型**，这种模型和有限元技术相结合，近年来得到了快速发展，目前已成为应用最为广泛的压弯构件非线性分析手段，以至于大家现在常常用**"纤维模型（fiber model）"**作为这种模型的简称。为了便于叙述，本书中所有出现的"纤维模型"，若没有特别说明，都是指"分布塑性铰 + 纤维截面模型"。

纤维模型之所以流行甚广，是由于模型中的所有概念都能在实际结构中找到对应关系，从而非常便于理解。正如图 3-5 所示，一个结构体系由不同构件组成，一个构件又由

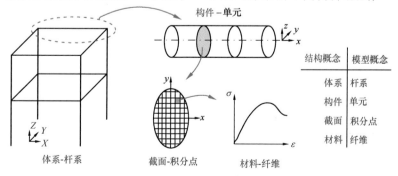

构件 - 单元

结构概念	模型概念
体系	杆系
构件	单元
截面	积分点
材料	纤维

体系-杆系　　截面-积分点　　材料-纤维

图 3-5　纤维模型的基本概念

钢筋混凝土原理与分析

不同截面组成，一个截面又由不同材料组成，"材料、截面、构件、体系"这四个层面的结构概念恰好一一对应于"纤维、积分点、单元、杆系"这四个层面的模型概念。

3.2 基于位移的纤维模型

这里我们首先要定义不同层面"力"和"位移"向量，以便后面更清楚地说明基于位移的有限元法与纤维模型结合的具体原理。以下定义中的坐标系，如图3-5所示。

（1）体系层面：在整体坐标系下，每个节点位移和节点反力向量分别记作 p 和 P，其中包含3个平动分量和3个转动分量如下：

$$p = \{u_x, u_y, u_z, \theta_x, \theta_y, \theta_z\}^T \tag{3-1}$$

$$P = \{F_x, F_y, F_z, M_x, M_y, M_z\}^T \tag{3-2}$$

（2）构件层面：通过将整体坐标系的节点位移和节点反力向量转换到单元局部坐标系下，并去除单元的刚体位移，即可得到每个单元的节点位移和节点反力向量 q 和 Q，对于一根空间梁单元，包括1个轴向变形分量，一端的2个弯曲变形分量以及另一端的2个弯曲变形分量共5个分量如下：

$$q = \{u_x, \theta_{y1}, \theta_{z1}, \theta_{y2}, \theta_{z2}\}^T \tag{3-3}$$

$$Q = \{N, M_{y1}, M_{z1}, M_{y2}, M_{z2}\}^T \tag{3-4}$$

（3）截面层面：每个积分点的广义应变和广义应力向量 d 和 D，包含1个轴向应变分量和2个方向的曲率分量如下：

$$d = \{\varepsilon_N, \phi_x, \phi_y\}^T \tag{3-5}$$

$$D = \{N, M_x, M_y\}^T \tag{3-6}$$

（4）材料层面：截面所有 n 根纤维的轴向应变向量 e 和轴向应力向量 E 如下：

$$e = \{\varepsilon_1 \cdots \varepsilon_k \cdots \varepsilon_n\}^T \tag{3-7}$$

$$E = \{\sigma_1 \cdots \sigma_k \cdots \sigma_n\}^T \tag{3-8}$$

传统的有限元方法都是基于位移的，也就是已知外力 P^*，求解对应的位移 p，即求解以下非线性方程组：

$$P(p) - P^* = 0 \tag{3-9}$$

我们可以用牛顿-拉弗森迭代法求解，由式（2-14）可知求解迭代式为：

$$p_{i+1} = p_i + \frac{P^* - P(p_i)}{K_s(p_i)} \tag{3-10}$$

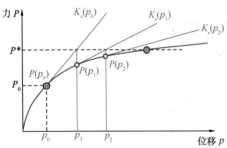

图3-6 基于位移的有限元计算中的牛顿-拉弗森迭代法

式中：K_s 为结构刚度矩阵。

采用式（3-10）进行迭代的过程可以形象地由图3-6所示，关键是要在给定结构节点位移 p 的情况下求解结构节点反力 P 和结构刚度矩阵 K_s，也就是图3-7中的①号箭头，这个过程也就是求解结构体系层面的本构关系。

然而，由于结构体系的复杂性，很难直接确定其本构关系。为此，可以将结构节点位移 p 拆解成每个单元的节点位移 q（图3-7中的②

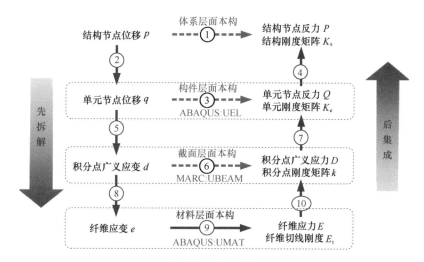

图3-7　基于位移的纤维模型原理图

号箭头），拆解的过程就是将整体坐标系转换为单元局部坐标系并去除单元刚体位移，然后由单元节点位移 q 求得单元节点反力 Q 和单元刚度矩阵 K_e（图3-7中的③号箭头），最后再将所有单元的节点反力 Q 和刚度矩阵 K_e 进行集成，得到结构节点反力 P 和结构刚度矩阵 K_s（图3-7中的④号箭头），这样就把求解结构层面本构关系的问题转换为求解构件层面的本构关系（图3-7中的③号箭头）。

然而，构件层面的本构关系依然非常复杂，难以直接确定。为此，可以继续将单元节点位移 q 拆解为每个积分点的广义应变 d（图3-7中的⑤号箭头），然后由积分点的广义应变 d 求得积分点广义应力 D 和积分点刚度矩阵 k（图3-7中的⑥号箭头），最后再将所有积分点的广义应力 D 和刚度矩阵 k 进行集成，得到单元节点反力 Q 和单元节点刚度矩阵 K_e（图3-7中的⑦号箭头），这样又把求解构件层面本构关系的问题进一步转换为求解截面层面的本构关系（图3-7中的⑥号箭头）。

对于一些简单的情况，可以采用宏观截面模型直接给出截面层面的本构关系，但仍有许多复杂的情况难以给出（譬如非常规截面、压弯耦合等）。因此，可以继续将积分点广义应变 d 进一步拆解为每根纤维的应变 e（图3-7中的⑧号箭头），然后由纤维应变 e 求得纤维应力 E 和纤维切线刚度 E_t（图3-7中的⑨号箭头），最后再将所有纤维应力 E 和纤维切线刚度 E_t 进行集成，得到积分点广义应力 D 和积分点刚度矩阵 k（图3-7中的⑩号箭头）。这样，我们又把求解截面层面本构关系的问题转换为求解材料层面的本构关系（图3-7中的⑨号箭头），而材料本构关系可以通过材料性能试验来标定，对于常用的材料均已有成熟的本构模型。

上述过程总结起来，**基于位移的纤维模型就是先拆解，后集成，将结构位移逐级拆解到纤维应变，将纤维应力和纤维刚度逐级集成到结构反力和结构刚度矩阵，"拆解"和"集成"之间的桥梁就是材料的本构关系**，整个过程如图3-7中的红色箭头。

图3-7中一共有7个红色箭头，其中箭头②和箭头④属于有限元的基本问题，在此不再赘述，箭头⑨是材料本构关系，是整个求解流程的关键，将在后面的章节中详细叙述。剩下的4个箭头，也就是箭头⑤、⑦、⑧、⑩，接下来将进行详细的推导：

1. 箭头⑧和⑩

只需引入平截面假定，就可求得箭头⑧的表达式：

$$\varepsilon_k = \varepsilon_N + \phi_x\, y_k - \phi_y x_k \tag{3-11}$$

式中：x_k 和 y_k 为第 k 根纤维在截面坐标系（见图 3-5）中的位置坐标。

对于箭头⑩，对所有纤维应力进行集成，即可得到积分点广义应力的三个分量如下：

$$D = \begin{bmatrix} N \\ M_x \\ M_y \end{bmatrix} = \begin{bmatrix} \sum\limits_{k=1}^{n} \sigma_k A_k \\ \sum\limits_{k=1}^{n} \sigma_k A_k y_k \\ -\sum\limits_{k=1}^{n} \sigma_k A_k x_k \end{bmatrix} \tag{3-12}$$

式中：A_k 为第 k 根纤维的截面积。

根据切线刚度的定义，积分点的切线刚度矩阵 $\boldsymbol{k}$ 可写成如下形式：

$$\boldsymbol{k} = \frac{\partial \boldsymbol{D}}{\partial \boldsymbol{d}} = \begin{bmatrix} \dfrac{\partial N}{\partial \varepsilon_N} & \dfrac{\partial N}{\partial \phi_x} & \dfrac{\partial N}{\partial \phi_y} \\[2mm] \dfrac{\partial M_x}{\partial \varepsilon_N} & \dfrac{\partial M_x}{\partial \phi_x} & \dfrac{\partial M_x}{\partial \phi_y} \\[2mm] \dfrac{\partial M_y}{\partial \varepsilon_N} & \dfrac{\partial M_y}{\partial \phi_x} & \dfrac{\partial M_y}{\partial \phi_y} \end{bmatrix} \tag{3-13}$$

这里仅取第一行第二列的那一项为例推导如下：

$$\frac{\partial N}{\partial \phi_x} = \frac{\partial (\sum \sigma_k A_k)}{\partial \phi_x} = \sum \frac{\partial (\sigma_k A_k)}{\partial \phi_x} = \sum \left[\frac{\partial (\sigma_k A_k)}{\partial \sigma_k} \cdot \frac{\partial \sigma_k}{\partial \varepsilon_k} \cdot \frac{\partial \varepsilon_k}{\partial \phi_x} \right] \tag{3-14}$$

将平截面假定式（3-11）代入式（3-14）可得：

$$\frac{\partial N}{\partial \phi_x} = \sum \left[\frac{\partial (\sigma_k A_k)}{\partial \sigma_k} \cdot \frac{\partial \sigma_k}{\partial \varepsilon_k} \cdot \frac{\partial (\varepsilon_N + \phi_x y_k - \phi_y x_k)}{\partial \phi_x} \right] = \sum A_k E_{tk} y_k \tag{3-15}$$

式中：E_{tk} 为第 k 根纤维的切线刚度。

式（3-13）中矩阵的另外 8 项均可按类似的思路推导，即可得到积分点切线刚度矩阵 $\boldsymbol{k}$ 的表达式如下：

$$\boldsymbol{k} = \begin{bmatrix} \sum E_{tk} A_k & \sum E_{tk} A_k y_k & -\sum E_{tk} A_k x_k \\[2mm] & \sum E_{tk} A_k y_k^2 & -\sum E_{tk} A_k x_k y_k \\[2mm] \text{sym.} & & \sum E_{tk} A_k x_k^2 \end{bmatrix} \tag{3-16}$$

以上我们用最直观的方法推导了箭头⑧和箭头⑩，所有的推导都建立在一个重要的假定上：**平截面假定**。下面我们采用虚功原理从更普适的角度来推导箭头⑧和箭头⑩，从而能更深刻地理解"基于位移"的含义。

首先对于箭头⑧，假设纤维应变 e 和截面广义应变 $\boldsymbol{d}$ 之间的关系满足下式：

$$e = \boldsymbol{l} \cdot \boldsymbol{d} \tag{3-17}$$

式中：矩阵 $\boldsymbol{l}$ 代表了截面上应变分布的形状，因此可称为**截面形函数**，或**截面应变插值函**

数。如果假定截面上的应变呈线性分布，也就是引入平截面假定，则根据式（3-11）矩阵 **l** 可具体写为：

$$l = \begin{bmatrix} 1 & y_1 & -x_1 \\ \vdots & \vdots & \vdots \\ 1 & y_k & -x_k \\ \vdots & \vdots & \vdots \\ 1 & y_n & -x_n \end{bmatrix} \tag{3-18}$$

可见，箭头⑧是人为假定的，下面在这一假定的基础上推导箭头⑩。

根据虚功原理，积分点广义应力 **D** 在虚广义应变 d^* 上做的功等于纤维应力 **E** 在虚纤维应变 e^* 上做的功，可得如下方程：

$$(d^*)^{\mathrm{T}} \cdot D = (e^*)^{\mathrm{T}} \cdot A \cdot E \tag{3-19}$$

式中：$A = \mathrm{diag}(A_1, \cdots, A_k, \cdots, A_n)$，其中 A_k 为第 k 个纤维的截面积。

将式（3-17）的截面应变分布假定代入式（3-19）可得：

$$(d^*)^{\mathrm{T}} \cdot D = (d^*)^{\mathrm{T}} \cdot l \cdot A \cdot E \tag{3-20}$$

对任意 d^*，式（3-20）均成立，因此积分点广义应力 **D** 的表达式为：

$$D = l \cdot A \cdot E \tag{3-21}$$

读者可以很容易验证式（3-21）和式（3-12）的结果是完全一致的。

同样根据虚功原理，积分点广义应力增量 **ΔD** 在虚广义应变 d^* 上做的功等于纤维应力增量 **ΔE** 在虚纤维应变 e^* 上做的功，并根据纤维切线刚度的定义，可得如下方程：

$$(d^*)^{\mathrm{T}} \cdot \Delta D = (e^*)^{\mathrm{T}} \cdot A \cdot \Delta E = (e^*)^{\mathrm{T}} \cdot A \cdot E_{\mathrm{t}} \cdot \Delta e \tag{3-22}$$

式中：$E_{\mathrm{t}} = \mathrm{diag}(E_{\mathrm{t1}}, \cdots, E_{\mathrm{tk}}, \cdots, E_{\mathrm{tn}})$，其中 E_{tk} 为第 k 个纤维的轴向切线刚度。

将式（3-17）的截面应变分布假定代入式（3-22）可得：

$$(d^*)^{\mathrm{T}} \cdot \Delta D = (d^*)^{\mathrm{T}} \cdot l^{\mathrm{T}} \cdot A \cdot E_{\mathrm{t}} \cdot l \cdot \Delta d \tag{3-23}$$

对任意 d^*，式（3-23）均成立：

$$\Delta D = l^{\mathrm{T}} \cdot A \cdot E_{\mathrm{t}} \cdot l \cdot \Delta d \tag{3-24}$$

积分点切线刚度矩阵 **k** 的定义为：

$$\Delta D = k \cdot \Delta d \tag{3-25}$$

对比式（3-24）和式（3-25），可得积分点切线刚度矩阵 **k** 的计算公式为：

$$k = l^{\mathrm{T}} \cdot (A E_{\mathrm{t}}) \cdot l \tag{3-26}$$

读者同样可以很容易地验证式（3-26）和式（3-16）的结果是完全一致的。

2. 箭头⑤和⑦

箭头⑤的含义是：已知单元节点位移，如何求单元内积分点（也就是截面）的广义应变，这就需要知道单元内各个截面的位移分布，因此需要假定**单元形函数**或**单元位移插值函数**。这和箭头⑧引入平截面假定是非常类似的。

以图 3-8 中的平面梁单元为例，假定单元内任意位置 x 处的轴向位移 $u_{\mathrm{x}}(x)$ 和转角 $\theta_{\mathrm{z}}(x)$ 与单元端部节点位移向量 **q** 之间的关系为：

$$\begin{bmatrix} u_{\mathrm{x}}(x) \\ \theta_{\mathrm{z}}(x) \end{bmatrix} = \begin{bmatrix} N_1(x) & 0 & 0 \\ 0 & N_2(x) & N_3(x) \end{bmatrix} \cdot \begin{bmatrix} u_{\mathrm{x}} \\ \theta_{\mathrm{z1}} \\ \theta_{\mathrm{z2}} \end{bmatrix} = \begin{bmatrix} N_1(x) & 0 & 0 \\ 0 & N_2(x) & N_3(x) \end{bmatrix} \cdot q \tag{3-27}$$

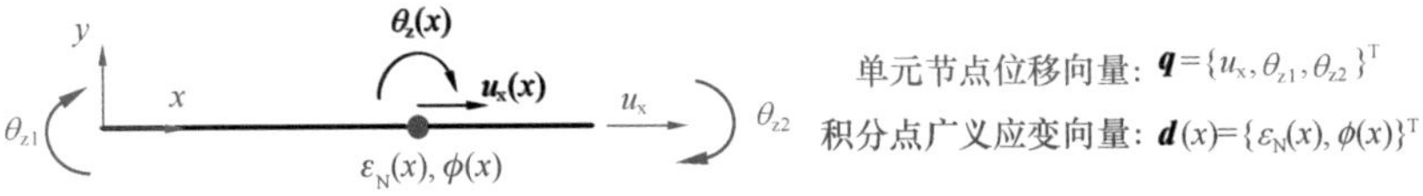

图 3-8　平面梁单元的位移插值函数示意

式中：$N_1(x)$ 为单位轴向位移 u_x 引起的单元轴向位移分布，可假定最简单的线性分布如式（3-28）所示（式中 L 为单元长度）；$N_2(x)$ 为单位转角 θ_{z1} 引起的单元转角分布，也可假定为最简单的线性分布如式（3-29）所示；$N_3(x)$ 为单位转角 θ_{z2} 引起的构件转角分布，也可假定为最简单的线性分布如式（3-30）所示。

$$N_1(x) = \frac{x}{L} \tag{3-28}$$

$$N_2(x) = 1 - \frac{x}{L} \tag{3-29}$$

$$N_3(x) = \frac{x}{L} \tag{3-30}$$

根据公式（2-4）变形量的基本关系，可知箭头⑤所代表的公式如下：

$$d(x) = \begin{bmatrix} \varepsilon_N(x) \\ \phi(x) \end{bmatrix} = \begin{bmatrix} u'_x(x) \\ \theta'_z(x) \end{bmatrix} = \begin{bmatrix} N'_1(x) & 0 & 0 \\ 0 & N'_2(x) & N'_3(x) \end{bmatrix} \cdot q = R(x) \cdot q \tag{3-31}$$

式中：$R(x)$ 就是我们要找的单元位移插值函数。

有了箭头⑤的假定，则可以根据虚功原理得到箭头⑦，和前面箭头⑩的虚功原理推导十分类似。

由虚功原理可知，单元节点反力 Q 在虚单元节点位移 q^* 上做的功等于积分点截面广义应力 D 在虚积分点截面广义应变 d^* 上做的功：

$$(q^*)^T \cdot Q = \int_0^L (d^*(x))^T D(x) \mathrm{d}x \tag{3-32}$$

将位移插值函数式（3-31）代入式（3-32），可得：

$$(q^*)^T \cdot Q = (q^*)^T \int_0^L (R(x))^T D(x) \mathrm{d}x \tag{3-33}$$

对于任意 q^* 式（3-33）均成立，可得单元节点反力 Q 的计算公式为：

$$Q = \int_0^L (R(x))^T D(x) \mathrm{d}x \tag{3-34}$$

同样根据虚功原理，单元节点反力增量 ΔQ 在虚单元节点位移 q^* 上做的功等于积分点截面广义应力增量 ΔD 在虚积分点截面广义应变 d^* 上做的功，并根据积分点截面刚度矩阵 k 的定义，可得如下方程：

$$(q^*)^T \cdot \Delta Q = \int_0^L (d^*(x))^T \Delta D(x) \mathrm{d}x = \int_0^L (d^*(x))^T k(x) \Delta d(x) \mathrm{d}x \tag{3-35}$$

将位移插值函数式（3-31）代入式（3-35），可得：

$$(\boldsymbol{q}^*)^{\mathrm{T}} \cdot \Delta \boldsymbol{Q} = (\boldsymbol{q}^*)^{\mathrm{T}} \Big[\int_0^L (\boldsymbol{R}^*(x))^{\mathrm{T}} \boldsymbol{k}(x) \boldsymbol{R}(x) \,\mathrm{d}x \Big] \Delta \boldsymbol{q} \tag{3-36}$$

对于任意 $\boldsymbol{q}^*$ 式（3-36）均成立，可得：

$$\Delta \boldsymbol{Q} = \Big[\int_0^L (\boldsymbol{R}^*(x))^{\mathrm{T}} \boldsymbol{k}(x) \boldsymbol{R}(x) \,\mathrm{d}x \Big] \Delta \boldsymbol{q} \tag{3-37}$$

单元切线刚度矩阵 $\boldsymbol{K}_\mathrm{e}$ 的定义如下：

$$\Delta \boldsymbol{Q} = \boldsymbol{K}_\mathrm{e} \Delta \boldsymbol{q} \tag{3-38}$$

对比式（3-37）和式（3-38）可得单元切线刚度矩阵 $\boldsymbol{K}_\mathrm{e}$ 的计算公式为：

$$\boldsymbol{K}_\mathrm{e} = \int_0^L (\boldsymbol{R}^*(x))^{\mathrm{T}} \boldsymbol{k}(x) \boldsymbol{R}(x) \,\mathrm{d}x \tag{3-39}$$

根据上述一系列推导，我们可知基于位移的纤维模型具有以下几个特征：

（1）总体目标是：已知结构外力，求结构位移；

（2）总体思路是：先逐级拆解结构位移到纤维应变，再从纤维应力和纤维刚度逐级集成到结构反力和结构刚度；

（3）具体方法是：假定位移场（或应变场）分布，用虚功原理求力（或应力）和刚度。

至此，图 3-7 中所有箭头的含义和计算方法都已经非常清楚了。最后，为了让读者清楚地知道如何借助大型商用有限元程序通过二次开发来实现基于位移的纤维模型，图 3-7 中用蓝色字标注了 ABAQUS 和 MSC. Marc 所提供的子程序接口位置。

1. ABAQUS 中的 UEL 用户子程序

UEL 子程序的全称为用户自定义单元（User-defined Element）子程序，接口位置为图 3-7 中③号箭头，即单元层面的本构关系，具体调用格式如下：

```
SUBROUTINE UEL (RHS, AMATRX, SVARS, ENERGY, NDOFEL, NRHS, NSVARS, PROPS, NPROPS,
COORDS,MCRD,NNODE,U,DU,V,A,JTYPE,TIME,DTIME,KSTEP,KINC,JELEM,PARAMS,NDLOAD,
JDLTYP, ADLMAG, PREDEF, NPREDF, LFLAGS, MLVARX, DDLMAG, MDLOAD, PNEWDT, JPROPS,
NJPROP,PERIOD)
INCLUDE ÁBA_PARAM.INC´
DIMENSION RHS(MLVARX, ∗), AMATRX(NDOFEL,NDOFEL), PROPS(∗), SVARS(∗), ENERGY
(8),COORDS(MCRD,NNODE),U(NDOFEL),DU(MLVARX,∗),V(NDOFEL),A(NDOFEL),TIME(2),
PARAMS(∗),JDLTYP(MDLOAD,∗),ADLMAG(MDLOAD,∗),DDLMAG(MDLOAD,∗),PREDEF(2,
NPREDF,NNODE),LFLAGS(∗),JPROPS(∗)
user coding to define RHS, AMATRX, SVARS, ENERGY, and PNEWDT
RETURN
END
```

已知程序给出的单元节点位移 U 和单元节点位移增量 DU，用户计算单元节点反力 RHS 和单元刚度矩阵 AMATRX 返回给程序，具体按照图 3-7 中的箭头⑤→⑧→⑨→⑩→⑦进行编程。

2. MSC. Marc 中的 UBEAM 用户子程序

UBEAM 子程序的全称为用户自定义梁（User-defined Beam）子程序，接口位置为图 3-7 中⑥号箭头，即截面层面的本构关系，具体调用格式如下：

```
Subroutine Ubeam(d,fcrp,df,dfi,etot,de,dei,s,si,gs,gsi,temp,dtemp,ngens,m,
nnn,mat)
user coding
RETURN
END
```

已知程序给出的积分点广义应变 etot、积分点广义应变增量 de 和积分点广义应力 gs，用户计算积分点刚度矩阵 d 和积分点广义应力增量 df 返回给程序，并更新积分点广义应力 gs，具体按照图 3-7 中的箭头⑧→⑨→⑩进行编程。

3. ABAQUS 中的 UMAT 用户子程序

UMAT 子程序的全称为用户自定义材料（User–defined Material Behavior）子程序，接口位置为图 3-7 中⑨号箭头，即材料层面的本构关系，具体调用格式如下：

```
SUBROUTINE UMAT(STRESS,STATEV,DDSDDE,SSE,SPD,SCD,RPL,DDSDDT,DRPLDE,DRPLDT,
STRAN,DSTRAN,TIME,DTIME,TEMP,DTEMP,PREDEF,DPRED,CMNAME,NDI,NSHR,NTENS,
NSTATV,PROPS,NPROPS,COORDS,DROT,PNEWDT,CELENT,DFGRD0,DFGRD1,NOEL,NPT,LAYER,
KSPT,KSTEP,KINC)
IMPLICIT REAL *8 (A-H,O-Z)
DIMENSION STRESS(NTENS),STATEV(NSTATV),TSTRESS(NTENS),DDSDDE(NTENS,NTENS),
DDSDDT(NTENS),DRPLDE(NTENS),STRAN(NTENS),DSTRAN(NTENS),TIME(2),PREDEF(1),
DPRED(1),PROPS(NPROPS),COORDS(3),DROT(3,3),DFGRD0(3,3),DFGRD1(3,3)
user coding
return
end
```

已知程序给出的纤维材料应变 STRAN 和纤维材料应变增量 DSTRAN，用户计算纤维材料应力 STRESS 和纤维材料刚度矩阵 DDSDDE 返回给程序。

3.3 DIY：MSC.Marc 二次开发实现基于位移的纤维模型 COMPONA-FIBER

一个完整的非线性有限元分析包含前处理、求解以及后处理三个步骤，大型通用有限元程序 MSC. Marc 提供了这三个步骤的基本功能，但要实现完整的基于位移的纤维模型，需要分别在这三个步骤里加入实现纤维模型特定功能的程序代码，图 3-9 给出了具体的实现方式。

对于前处理这个模块，首先需要让用户输入组合截面的基本参数，该功能可以通过 VC ++ 编程实现，随后还需要将组合截面通过纤维离散，计算每个纤维的面积、坐标、材料属性等基本参数，该功能通过对 MSC. Marc 中的 ubginc 用户子程序进行二次开发实现，该子程序在每一个荷载步的求解之前进行调用，通过判断公共变量 cptim 和 timinc 值，可以实现仅在程序正式求解之前进行截面纤维离散。

对于求解这个模块，关键是要由截面应变和应变增量通过应变离散、本构关系求解以及应力积分三个步骤得到更新的内力及截面刚度矩阵。这个功能可以通过对 MSC. Marc 中的 ubeam 用户子程序进行二次开发实现。

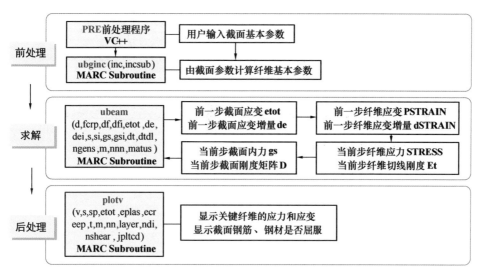

图 3-9　程序架构图

对于后处理这个模块，需要给用户提供每一个荷载步纤维应力和应变值，并能直观地告诉用户钢筋和钢材纤维是否屈服等。这些功能可以通过对 MSC. Marc 中的 plotv 用户子程序进行二次开发实现。

以上三个模块的源程序代码详见附录 1。

3.4　从基于位移到基于力

在基于位移的纤维模型中，需要假定单元位移插值函数来模拟单元的位移场和应变场分布，若假定的单元位移插值函数与实际情况差别较大，则会显著影响求解的精度。考察式（3-27）～式（3-31），当采用线性的位移插值函数时，单元转角 θ_z 沿梁长呈线性分布，而由于曲率 ϕ 是转角 θ_z 的一阶导数，则单元曲率 ϕ 沿梁长为常数，如下式所示。

$$\phi(x) = \frac{1}{L}(\theta_{z2} - \theta_{z1}) \tag{3-40}$$

那么，在实际结构中构件的曲率分布规律如何？图 3-10 以一根端部承受集中竖向荷载的悬臂梁为例，说明其受力全过程的曲率分布特征。当荷载 - 位移曲线仍在强化段时，曲率近似线性分布，如图 3-10（a）所示，但当结构进入塑性，荷载 - 位移曲线逐步平缓并进入软化段时，就会在梁端形成塑性铰，塑性铰局部区域由于需要大转动，会发生曲率突变，如图 3-10（b）所示，这种带有端部突变的曲率分布特征显然与线性位移插值函数假定的曲率常数分布相去甚远。因此，必须采用多个单元，由"阶梯状"的曲率分布近似逼近真实的曲率分布。然而，单元尺寸的确定并非易事。如图 3-11（a），单元尺寸过大，也就是单元过少，则难以模拟出曲率突变的特点；但如图 3-11（c），单元尺寸过小，也就是单元过多，则又会夸大曲率突变的特点，因为进入软化段的只有最靠近根部的弯矩最大的单元；而只有如图 3-11（b）所示，单元尺寸恰好和塑性铰长度相当，才能获得较理想的模拟效果。

下面再举一个真实的模拟算例来进一步说明计算结果和单元尺寸的密切关系。选取如

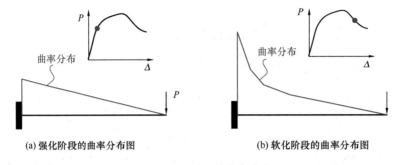

(a) 强化阶段的曲率分布图   (b) 软化阶段的曲率分布图

图 3-10   悬臂梁的曲率分布

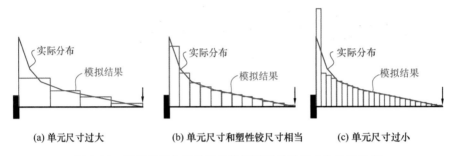

(a) 单元尺寸过大   (b) 单元尺寸和塑性铰尺寸相当   (c) 单元尺寸过小

图 3-11   采用基于位移的纤维模型不同单元尺寸的模拟效果

图 3-12（a）所示的简支组合梁作为数值算例[12,13]，采用 MSC. Marc 中的 UBEAM 子程序开发的纤维模型进行模拟，采用基于位移的 98 号标准梁单元，每个单元中点有一个积分点，位移和转角均采用线性差值函数。混凝土板材料本构采用二次抛物线上升段加线性软化段的形式，峰值压应变取为 $2000\mu\varepsilon$，达到极限压应变（$4000\mu\varepsilon$）时的强度折减系数 η_d 取为 10%，从而使积分点的弯矩–曲率关系出现软化现象。该组合梁承受跨中集中荷载，单调加载直至跨中挠跨比达到 1/50。

图 3-12（b）所示为采用四种不同单元尺寸计算得到的跨中荷载–位移全过程曲线。从中可以清楚地看到，当采用最粗的网格划分时（单元网格尺寸为 300mm），承载力预测结果最大，随着单元网格不断细分，承载力计算结果不断降低。可见，对于应变软化问题，若网格划分不同，即使采用相同的材料软化本构关系，得到的模拟结果也依然是不同的，因此只有规定了网格划分规则再讨论材料软化本构关系才是有意义的。当采用最精细的 50mm 网格时，出现数值收敛困难，曲线波动明显，数值稳定性较差，这就是所谓的病态数值问题。此外，由图 3-12（c）所示的极限曲率分布可知，随着网格不断细分，跨中加载点的曲率突变效应愈发显著，对于这种局部化效应的模拟网格依赖性很强。

为了更深入地讨论局部化效应模拟中的网格依赖问题，分别提取了加载点附近 3 个单元积分点的弯矩-曲率发展历程，对比如图 3-13 所示。当离加载点最近的积分点 A 达到峰值弯矩时，其余两个积分点 B 和 C 尚未达到峰值弯矩，随后积分点 A 进入软化段，曲率迅速增大，塑性充分发展，但弯矩不断下降，而其旁边的积分点 B 和 C 只能通过卸载来和积分点 A 的弯矩平衡，因此只有最靠近加载点的单元才能够充分进入塑性发展，而其余单元只能弹性卸载，于是全梁的变形主要集中在最靠近加载点的单元处。

值得关注的是，无论采用哪种网格划分方案，上述规律都是成立的，充分塑性发展的区域（也就是塑性铰区）仅限定在最靠近加载点左右的两个单元范围内。因此，单元网格尺寸总是近似等于跨中集中加载简支构件等效塑性铰长度的一半，也就是悬臂构件固端等效塑性铰长度。据此，合理的网格尺寸应当尽可能接近构件实际的塑性铰范围。

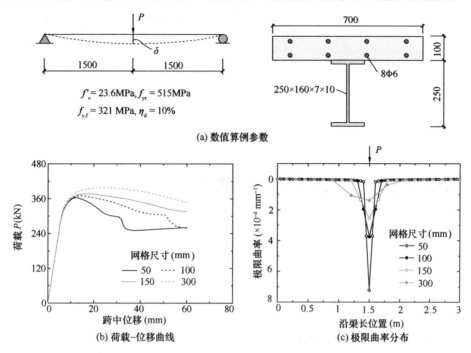

(a) 数值算例参数

(b) 荷载–位移曲线　　　　　(c) 极限曲率分布

图 3-12　应变软化效应的单元网格依赖性测试[12,13]

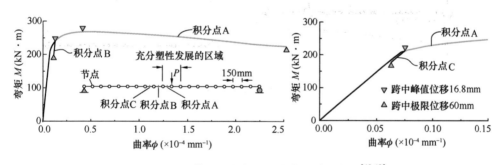

图 3-13　不同单元积分点弯矩-曲率全过程曲线[12,13]

　　综上所述，当纤维模型和基于位移的有限元法相结合时，**应变软化导致应变场突变，位移场向应变场微分导致插值函数精度损失，必须用多个单元才能近似模拟应变场分布，单元数量过多又会导致病态网格依赖，计算结果和网格划分密切相关。**

　　上述不足的根源还是实际位移分布模式过于复杂，位移插值函数达不到足够的精度。这里不妨换一个角度看一下构件内力的分布，以图 3-10 中的悬臂梁为例，可以发现无论是强化段还是软化段，弯矩的分布总是线性的，因此如果用力插值的话，一个线性插值单元就可以实现精确解！这就是基于力的单元的提出背景。

　　以图 3-14 中的平面梁单元为例，若采用力插值，则假定积分点广义应力向量 $D(x)$ [包含轴力 $N(x)$ 和弯矩 $M(x)$ 两个分量]和单元端部节点反力向量 Q（包含轴力 N、左端

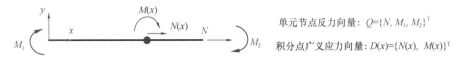

图 3-14 平面梁单元的力插值函数示意

弯矩 M_1 和右端弯矩 M_2 三个分量）之间的关系为：

$$\boldsymbol{D}(x) = \begin{bmatrix} N_1(x) & 0 & 0 \\ 0 & N_2(x) & N_3(x) \end{bmatrix} \cdot \boldsymbol{Q} \tag{3-41}$$

式中，插值函数 $N_1(x)$、$N_2(x)$ 和 $N_3(x)$ 可以选取和式（3-28）~式（3-30）相同的线性函数，就能获得精确的模拟。

3.5 Neuenhofer 和 Filippou 的一个算例

这里我们引用 1997 年 7 月 Neuenhofer 和 Filippou[14] 在 Journal of Structural Engineering-ASCE 中发表的一个轴心受拉变截面梁算例，来形象地说明基于力的单元相比基于位移的单元在模拟应变场突变时的显著优势。

算例的基本参数如图 3-15 所示，截面积 A 沿梁长 x 的分布函数为：

$$A(x) = -1.292x + 3.146 \tag{3-42}$$

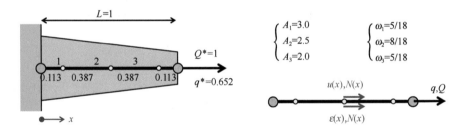

图 3-15 算例基本参数[14]

材料的单轴应力应变如图 3-16（a）所示，具体表达式如下：

$$\sigma(\varepsilon) = \begin{cases} \varepsilon - 0.5\varepsilon^2 & \varepsilon \leqslant 0.95 \\ 0.05\varepsilon + 0.45125 & \varepsilon > 0.95 \end{cases} \tag{3-43}$$

$$\varepsilon(\sigma) = \begin{cases} 1 - \sqrt{1 - 2\sigma} & \sigma \leqslant 0.49875 \\ 20\sigma - 9.025 & \sigma > 0.49875 \end{cases} \tag{3-44}$$

材料的单轴切线刚度 $k(\varepsilon)$ 和单轴切线柔度 $f(\sigma)$ 如下：

$$k(\varepsilon) = \frac{\mathrm{d}\sigma}{\mathrm{d}\varepsilon} = \begin{cases} 1 - \varepsilon & \varepsilon \leqslant 0.95 \\ 0.05 & \varepsilon > 0.95 \end{cases} \tag{3-45}$$

$$f(\sigma) = \frac{\mathrm{d}\varepsilon}{\mathrm{d}\sigma} = \begin{cases} \dfrac{1}{\sqrt{1 - 2\sigma}} & \sigma \leqslant 0.49875 \\ 20 & \sigma > 0.49875 \end{cases} \tag{3-46}$$

在有限元模型中，设置三个积分点，积分点位置如图 3-15 所示，三个积分点处的截

面积 A_1、A_2、A_3 分别为 3.0、2.5、2.0，三个积分点的积分权重 ω_1、ω_2、ω_3 分别为 5/18、8/18、5/18。

为了检验有限元计算结果的误差，这里首先计算精确解，然后再分别用基于位移和基于力的有限元法计算，和精确解进行对比讨论。

1. 精确解

在梁段施加单位轴力 $Q^* = 1$，根据平衡条件，单元内轴力 N 沿梁长的分布如图 3-16（b）所示，为常数 1：

$$N(x) = Q^* = 1 \tag{3-47}$$

由式（3-42）和式（3-47）可知应力 σ 沿梁长 x 的分布为：

$$\sigma(x) = \frac{N(x)}{A(x)} = \frac{1}{-1.292x + 3.146} \tag{3-48}$$

将式（3-48）应力沿梁长的分布 $\sigma(x)$ 代入应力应变本构关系式（3-44），可得应变 ε 沿梁长 x 的分布如式（3-49）和图 3-16（c）所示，可见应变沿梁长有明显的突变，和塑性铰区曲率突变的特点十分类似。

$$\varepsilon(x) = \begin{cases} 1 - \sqrt{1 - 2\left(\dfrac{1}{-1.292x + 3.146} \right)} & 0 \leqslant x \leqslant 0.88312 \\ \dfrac{20}{-1.292x + 3.146} - 0.9025 & 0.88312 < x \leqslant 1 \end{cases} \tag{3-49}$$

最后将应变 ε 沿梁长 x 积分，可得梁端轴向位移精确解 q^*：

$$q^* = \int_0^1 \varepsilon(x)\,\mathrm{d}x = 0.652 \tag{3-50}$$

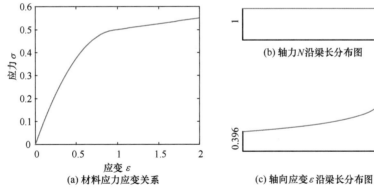

(a) 材料应力应变关系

(b) 轴力 N 沿梁长分布图

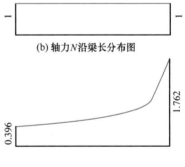

(c) 轴向应变 ε 沿梁长分布图

图 3-16　算例精确解

2. 采用基于位移的有限元法求解

已知外力 $Q^* = 1$，求位移 q，并和精确解作对比。位移 $u(x)$ 插值函数选择线性插值如下：

$$u(x) = xq \tag{3-51}$$

采用牛顿-拉弗森迭代法的迭代公式为：

$$q_{i+1} = q_i + \frac{Q^* - Q(q_i)}{K(q_i)} \tag{3-52}$$

式中：迭代起点 $q_0 = 0$；单元节点反力 $Q(q)$ 和单元节点刚度 $K(q)$ 分别用虚功原理按如下方式求得：

（1）$Q(q)$ 的表达式：

由位移插值函数式（3-51）可知，轴向应变场分布 $\varepsilon(x)$ 和轴向应变场增量 $\Delta\varepsilon(x)$ 为常数：

$$\varepsilon(x) = u'(x) = q \tag{3-53}$$

$$\Delta\varepsilon(x) = \Delta u'(x) = \Delta q \tag{3-54}$$

根据虚功原理，单元节点反力 $Q(q)$ 在单元节点虚位移 q^* 上做的功等于积分点应力 $\sigma(x)$ 在虚积分点应变 $\varepsilon^*(x)$ 上做的功：

$$Q(q) \cdot q^* = \int_0^1 \sigma(x) \cdot A(x) \cdot \varepsilon^*(x) \mathrm{d}x \tag{3-55}$$

将式（3-53）代入式（3-55）可得：

$$Q(q) \cdot q^* = \sigma(q) \cdot \int_0^1 A(x)\mathrm{d}x \cdot q^* \tag{3-56}$$

上式对任意 q^* 均成立，可得：

$$Q(q) = \sigma(q) \cdot \int_0^1 A(x)\mathrm{d}x = \sigma(q) \cdot \sum_{j=1}^{3} \omega_j A_j = 2.5\sigma(q) \tag{3-57}$$

式中：$\sigma(q)$ 代入式（3-43）计算。

（2）$K(q)$ 的表达式：

根据虚功原理，单元节点反力增量 $\Delta Q(q)$ 在单元节点虚位移 q^* 上做的功等于积分点应力增量 $\Delta\sigma(x)$ 在虚积分点应变 $\varepsilon^*(x)$ 上做的功，并由积分点刚度 k 的定义可得：

$$\Delta Q(q) \cdot q^* = \int_0^1 \Delta\sigma(x) \cdot A(x) \cdot \varepsilon^*(x)\mathrm{d}x = \int_0^1 k(x) \cdot \Delta\varepsilon(x) \cdot A(x) \cdot \varepsilon^*(x)\mathrm{d}x \tag{3-58}$$

将式（3-53）和式（3-54）代入式（3-58）可得：

$$\Delta Q(q) \cdot q^* = k(q) \cdot \int_0^1 A(x)\mathrm{d}x \cdot \Delta q \cdot q^* \tag{3-59}$$

上式对任意 q^* 均成立，可得：

$$\Delta Q(q) = k(q) \cdot \int_0^1 A(x)\mathrm{d}x \cdot \Delta q \tag{3-60}$$

根据单元节点刚度 $K(q)$ 的定义：

$$\Delta Q(q) = K(q) \cdot \Delta q \tag{3-61}$$

对比式（3-60）和式（3-61）可知，单元节点刚度 $K(q)$ 的计算公式为：

$$K(q) = k(q) \cdot \int_0^1 A(x)\mathrm{d}x = k(q) \cdot \sum_{j=1}^{3} \omega_j A_j = 2.5k(q) \tag{3-62}$$

式中：$k(q)$ 代入式（3-45）计算。

图 3-17 所示为采用基于位移的有限元计算结果和精确解的对比情况，当节点轴力 $Q^* = 1$ 时，位移精确解 $q^* = 0.652$，而有限元收敛至 0.552，如图 3-17（a）所示，计算效果并不理想，误差达到 15.3%。究其原因，是位移插值函数无法准确模拟应变场突变，如图 3-17（c）所示，从而使最基本的轴力平衡条件都无法满足，如图 3-17（b）所示。

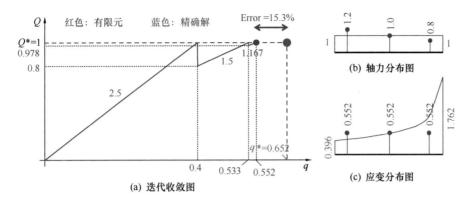

图 3-17　采用基于位移的有限元计算结果和精确解对比

3. 采用基于力的有限元法求解

已知位移 $q^* = 0.652$，求外力 Q，并和精确解作对比。轴力 $N(x)$ 插值函数选择常数插值如下：

$$N(x) = Q \tag{3-63}$$

采用牛顿-拉弗森迭代法的迭代公式为：

$$Q_{i+1} = Q_i + \frac{q^* - q(Q_i)}{F(Q_i)} \tag{3-64}$$

式中：迭代起点 $Q_0 = 0$；单元节点位移 $q(Q)$ 和单元节点柔度 $F(Q)$ 分别用虚功原理按如下方式求得：

（1）$q(Q)$ 的表达式：

由轴力插值函数式（3-63）可知，轴向应力场分布 $\sigma(x)$ 和轴向应力增量分布 $\Delta\sigma(x)$ 为：

$$\sigma(x) = \frac{N(x)}{A(x)} = \frac{Q}{A(x)} \tag{3-65}$$

$$\Delta\sigma(x) = \frac{\Delta N(x)}{A(x)} = \frac{\Delta Q}{A(x)} \tag{3-66}$$

根据虚功原理，虚单元节点反力 Q^* 在单元节点位移 $q(Q)$ 上做的功等于虚积分点应力 $\sigma^*(x)$ 在积分点应变 $\varepsilon(x)$ 上做的功：

$$q(Q) \cdot Q^* = \int_0^1 \varepsilon(x) \cdot A(x) \cdot \sigma^*(x)\,\mathrm{d}x \tag{3-67}$$

将式（3-65）代入式（3-67）可得：

$$q(Q) \cdot Q^* = \int_0^1 \varepsilon\left[\frac{Q}{A(x)}\right]\mathrm{d}x \cdot Q^* \tag{3-68}$$

上式对任意 Q^* 均成立，可得：

$$q(Q) = \int_0^1 \varepsilon\left[\frac{Q}{A(x)}\right]\mathrm{d}x = \sum_{j=1}^3 \omega_j \varepsilon\left(\frac{Q}{A_j}\right) \tag{3-69}$$

式中：$\varepsilon(Q/A_j)$ 代入式（3-44）计算。

（2）$F(Q)$ 的表达式：

根据虚功原理，虚单元节点反力 Q^* 在单元节点位移增量 $\Delta q(Q)$ 上做的功等于虚积分点应力 $\sigma^*(x)$ 在积分点应变增量 $\Delta\varepsilon(x)$ 上做的功：

$$\Delta q(Q) \cdot Q^* = \int_0^1 \cdot \Delta\varepsilon(x) \cdot A(x) \cdot \sigma^*(x)\mathrm{d}x \tag{3-70}$$

将式（3-65）代入式（3-70）可得：

$$\Delta q(Q) \cdot Q^* = \int_0^1 \Delta\varepsilon(x)\mathrm{d}x \cdot Q^* \tag{3-71}$$

上式对任意 Q^* 均成立，可得：

$$\Delta q(Q) = \int_0^1 \Delta\varepsilon(x)\mathrm{d}x \tag{3-72}$$

由积分点柔度 $f(x)$ 的定义可知：

$$\Delta q(Q) = \int_0^1 f(x) \cdot \Delta\sigma(x)\mathrm{d}x \tag{3-73}$$

将式（3-66）代入式（3-73）可得：

$$\Delta q(Q) = \int_0^1 \frac{f\left[\frac{Q}{A(x)}\right]}{A(x)}\mathrm{d}x \cdot \Delta Q \tag{3-74}$$

根据单元节点柔度 $F(Q)$ 的定义：

$$\Delta q(Q) = F(Q) \cdot \Delta Q \tag{3-75}$$

对比式（3-74）和式（3-75）可知，单元节点柔度 $F(Q)$ 的计算公式为：

$$F(Q) = \int_0^1 \frac{f\left[\frac{Q}{A(x)}\right]}{A(x)}\mathrm{d}x = \sum_{j=1}^3 \omega_j \frac{f\left(\frac{Q}{A_j}\right)}{A_j} \tag{3-76}$$

式中：$f(Q/A_j)$ 由式（3-46）计算。

图 3-18 所示为采用基于力的有限元计算结果和精确解的对比情况，当节点位移 $q^* = 0.652$ 时，节点力的精确解 $Q^* = 1$，而有限元收敛至 1.005，如图 3-18（a）所示，计算

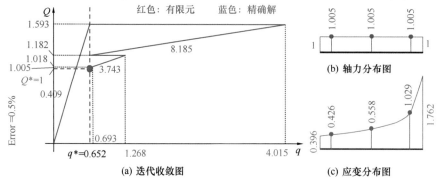

图 3-18 采用基于力的有限元计算结果和精确解对比

效果非常好，误差仅为 0.5% 。由于计算中采用力的插值函数，保证了轴力平衡条件得到满足，如图 3-18（b）所示，进而使应变场的突变特征可以得到准确的模拟，如图 3-18（c）所示。

3.6 OpenSees 中基于位移和力的混合单元

回顾前两节，我们首先针对位移插值函数无法准确模拟应变场突变这一不足，引出了基于力的有限元法的提出背景，随后介绍了 Neuenhofer 和 Filippou[14] 发表在 Journal of Structural Engineering – ASCE 上的一个很简单的算例，展现了基于力的有限元法在解决应变场突变问题方面的优势，建议读者跟着方程和迭代曲线自己动手操作一番，相信会对基于力的有限元法有更深刻的认识。

然而，上述两节的讨论仅仅建立了一些基本概念，要将基于力的有限元法和纤维模型相结合，则需要更复杂的迭代策略。因为在纤维模型中，存在"结构－构件－截面－材料"四个层面的概念，每两个相邻的层面，也就是"结构和构件""构件和截面""截面和材料"之间都需要定义插值函数，而采用位移插值函数存在不足的仅仅是"构件和截面"之间的关系，需要替换成力插值，而另外两个关系，也就是"结构和构件"以及"截面和材料"仍然可以用传统的位移插值，从而形成了基于位移和力的混合单元，采用这种单元可以仅用一个单元就可以准确模拟一个构件的全过程非线性行为。这种混合插值的架构使得迭代过程更为复杂，美国加州伯克利分校地震工程研究中心的 Taucer、Spacone 和 Filippou 于 1991 年 12 月发布了题为"钢筋混凝土结构地震响应分析的纤维梁柱单元"的技术研究报告[8]，详细给出了采用基于位移和力的混合架构纤维模型的迭代策略，并集成于 OpenSees 软件，所有迭代过程的方程读者均可在该研究报告中找到，限于篇幅，本书不再一一列举。

为方便读者理解这一复杂的迭代策略，在此我形象地画出了四个层面的迭代曲线如图 3-19 所示，图中红色粗线代表基于位移的迭代，蓝色粗线代表基于力的迭代，可以看到

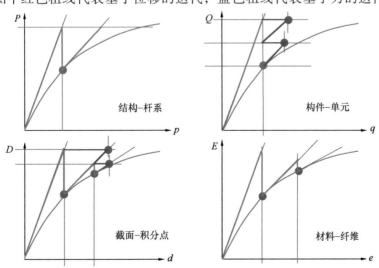

图 3-19 OpenSees 中基于位移和力混合单元的迭代策略

在结构层面，仍然是传统的基于位移的牛顿-拉弗森迭代法；在材料层面，也同样是传统的基于位移的迭代法，因为"平截面假定"这一应变插值假定仍然应该遵守；在构件层面为基于力的迭代；而在截面层面，既有基于力的迭代，又有基于位移的迭代，因为截面层面和上一个层面（即单元层面）采用力插值，和下一个层面（即材料层面）采用位移插值，因此截面层面在整个迭代过程中起到一个承上启下的作用。

第4章 受压混凝土的力学行为和等效单轴本构关系

在接下来的第4~6章中，我们将视角集中到材料的本构关系上，因为从图3-7可以清楚地看到，超静定结构压弯构件纤维模型的求解过程，归根到底要落实到材料层面本构关系的求解上，换句话说，以下第4~6章中所讨论的本构关系，都是用来代入图3-7所示纤维模型的求解框架中。当然，我们还会讨论在实体有限元模型中，该如何确定材料本构关系，虽然其中有许多不成熟的内容，但希望能引发读者的思考和探索。

第4章的主题是受压混凝土的力学行为和等效单轴本构关系。这里，之所以用"等效"两字，意在突出"**约束**"效应，因为混凝土的"受压约束效应"使得混凝土材料实际处于"多轴"受力状态，而纤维模型只能输入"单轴"本构关系，所以需要把"多轴"等效成"单轴"。"约束"将是第4章贯穿始终的关键词。

4.1 受压混凝土的基本力学指标

混凝土材料在微观尺度上是一种非均质的各向异性材料，这也是混凝土材料力学性能复杂多变的根本原因。在微观视角下，混凝土材料中粗骨料和水泥砂浆随机分布，并且两者的物理和力学性能差异很大，如表4-1所示，因此微观尺度上来研究混凝土非常困难。然而如果从宏观视角出发，当混凝土厚度达到70mm或3~4倍粗骨料直径时，可把混凝土视为连续、匀质材料，取平均强度、变形值和宏观破坏形态作为研究标准，有相对稳定的力学性能。用同样尺度的标准试件测定各项性能指标，经过统计、分析后建立的强度标准和本构关系，在实际工程中应用时有足够的精度。

粗骨料和水泥浆体的物理力学性能指标的典型值   表 4-1

性能指标	抗压强度（N/mm²）	抗拉强度（N/mm²）	弹性模量（10⁴N/mm²）	泊松比	密度（kg/m³）	极限收缩（10⁻⁶）	单位徐变（10⁻⁶N/mm²）	膨胀系数（10⁻⁶/℃）
硬化水泥浆体	15~150	1.4~7	0.7~2.8	0.25	1700~2200	2000~3000	150~450	12~20
粗骨料	70~350	1.4~14	3.5~7.0	0.1~0.25	2500~2700	可忽略	可忽略	6~12

注：本表摘录自文献 [15]。

混凝土材料最基本的三种抗压强度指标为：立方体抗压强度（cubic compressive strength，记作 f_{cu}）、棱柱体抗压强度（prism compressive strength，记作 f_c）、圆柱体抗压强度（cylinder compressive strength，记作 f'_c）。这三种抗压强度指标对应的标准试块尺寸如图4-1所示。在中国的标准体系中，先进行标准立方体试块试验得到立方体抗压强度 f_{cu}，然后通过换算关系推得棱柱体抗压强度 f_c 作为结构设计用的混凝土轴心抗压强度，而美国

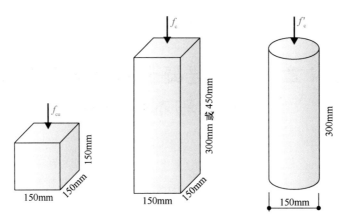

图 4-1　混凝土材料三种抗压强度指标对应的标准试块尺寸

和日本则直接进行圆柱体试块试验得到圆柱体抗压强度 f'_c，并直接以此作为结构设计用的混凝土轴心抗压强度。图 4-2 所示为棱柱体和圆柱体标准试块的破坏形态，可以看到两者有类似的出现斜向破坏面的特征。

图 4-3 所示为按照江见鲸模型绘制的混凝土试块压应力水平和泊松比的关系（图中蓝线所示），并和钢材的泊松比（图中红线所示 =0.3）进行对比，可见，在大部分应力水平下，混凝土的泊松比都比钢材低，直到混凝土即将破坏（应力水平达到 92% 以上），混凝土泊松比才会超过钢材，这就告诉我们，只有到了承载力极限状态，钢管混凝土才存在约束效应。

图 4-2　棱柱体和圆柱体试块破坏形态

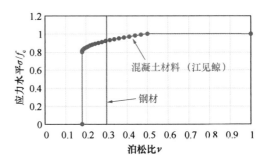

图 4-3　应力水平和泊松比的关系

对于普通强度混凝土，f_c 和 f'_c 均比 f_{cu} 小，原因是立方体试块受到端部垫板摩擦力作用，横向变形受到约束，使试块破坏时处于三向受压状态，而棱柱体和圆柱体试块中部破坏区域远离端部垫板摩擦力作用，试块破坏时处于单轴受压状态。因此棱柱体和圆柱体试块的单轴受压破坏强度低于立方体试块在约束效应作用下的三轴受压破坏强度。

对于普通强度混凝土，f_c 和 f'_c 与 f_{cu} 的换算关系分别为：$f_c = 0.76 f_{cu}$，$f'_c = 0.8 f_{cu}$，可见 f_c 略小于 f'_c，但差距很小，仅相差 5%。陈肇元等人[16]建议的 f'_c 和 f_{cu} 之间的换算关系涵盖了 $f_{cu} = 30 \sim 90 MPa$ 范围内的普通强度和高强混凝土，但他们给出的均为离散值，为了便于程序计算和实际工程应用，我根据他们建议的离散值拟合得到了 f'_c 简化计算公式如式（4-1）所示，图 4-4 显示了该拟合公式具有较好的精度，同时也非常好记。

$$f'_c = \begin{cases} 0.8\,f_{cu} & f_{cu} \leqslant 50\text{MPa} \\ f_{cu} - 10 & f_{cu} > 50\text{MPa} \end{cases} \tag{4-1}$$

由图 4-4 和式（4-1）可知，当 $f_{cu} > 50\text{MPa}$ 时，混凝土强度越高，f'_c 和 f_{cu} 之间的差距就越小，这也意味着端摩擦的有利效应在逐渐减小。这一现象可以由图 4-5 所示的立方体试块的破坏机理来解释。立方体试块所受到加载端板约束效应的大小取决于试块横向膨胀变形的能力，这种约束效应属于被动约束。对于普通强度混凝土，其破坏前有显著的横向膨胀变形的过程，因此约束效应较强，从而导致了 f'_c 和 f_{cu} 之间的差距，而对于高强混凝土，发生的是脆性破坏，这种破坏没有横向膨胀变形的预兆，非常突然，加载端板尚未施加上约束效应试件已经破坏了，此时立方体试块的受力状态更接近于轴心受压状态，因此 f'_c 和 f_{cu} 之间的差距就缩小了。因此，材料的性质越脆，f'_c 和 f_{cu} 之间的差距就越小：对于普通强度混凝土，$f'_c / f_{cu} = 0.8$；对于高强混凝土，f'_c / f_{cu} 在 $0.8 \sim 0.9$ 之间；而对于轻骨料混凝土，材性更脆，f'_c / f_{cu} 在 $0.9 \sim 1.0$ 之间，f'_c 和 f_{cu} 几乎相等。

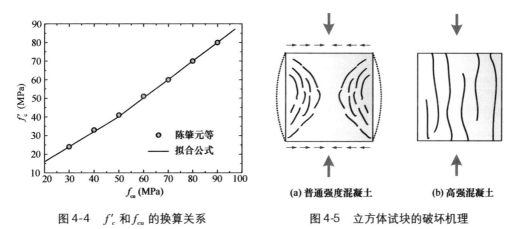

图 4-4　f'_c 和 f_{cu} 的换算关系　　　　图 4-5　立方体试块的破坏机理

最后，再讲一个比较实用的换算关系。在实际工程设计中，混凝土强度等级对应的是混凝土立方体试块强度的标准值 $f_{cu,k}$（例如：C30 混凝土 $f_{cu,k} = 30\text{MPa}$），而在构件承载力验算中，通常需要用到混凝土轴心抗压强度设计值 $f_{c,d}$，因此我们经常会遇到由混凝土强度等级 $f_{cu,k}$ 确定混凝土轴心抗压强度设计值 $f_{c,d}$ 的时候，对于普通强度混凝土可以按下式换算：

$$\frac{f_{c,d}}{f_{cu,k}} = \frac{k_1 \cdot k_2}{\gamma_c} \tag{4-2}$$

式中：k_1 为混凝土棱柱体和立方体抗压强度换算系数，对于普通强度混凝土 $= 0.76$；k_2 为实际结构中混凝土材料强度和试块强度的比值 $= 0.88$；γ_c 为混凝土材料的分项系数 $= 1.4$。

因此，$f_{c,d} / f_{cu,k} = 0.76 \times 0.88 / 1.4 \approx 0.5$。可见，实际设计中能够用到的混凝土压应力水平大约是混凝土强度等级的一半，对于完全预应力混凝土，可以采用弹性计算将最大压应力水平控制在混凝土强度等级的一半，当然这只是一个简单估计值，但在实际工程的估算中非常实用，容易记忆。表 4-2 给出了我国《混凝土结构设计规范》GB 50010—2010（2015 年版）[1] 建议值和上述简单估计值的对比。

混凝土轴心抗压强度设计值（N/mm²）　　　　　　　　表 4-2

强度	混凝土强度等级							
	C15	C20	C25	C30	C35	C40	C45	C50
规范建议值 $f_{c,d}$	7.2	9.6	11.9	14.3	16.7	19.1	21.1	23.1
估计值 $0.5f_{cu,k}$	7.5	10.0	12.5	15.0	17.5	20.0	22.5	25.0

4.2　受压混凝土单调曲线

受压混凝土的单调曲线模型非常多，这里我们选取几个最常用的模型，对其特征和适用范围进行讨论。

1. 过镇海曲线

过镇海[15]提出两段式模型用来描述受压混凝土的应力－应变全曲线，其具体表达式如下：

$$y = \begin{cases} ax + (3 - 2a)x^2 + (a - 2)x^3 & x \leqslant 1 \\ \dfrac{x}{\alpha_c(x-1)^2 + x} & x > 1 \end{cases} \tag{4-3}$$

$$x = \frac{\varepsilon}{\varepsilon_0} \tag{4-4}$$

$$y = \frac{\sigma}{f_c} \tag{4-5}$$

式中：x 和 y 分别为归一化的应变和归一化的应力，定义分别如式（4-4）和式（4-5）；ε_0 为峰值压应力 f_c 对应的应变，具体取值详见表 4-3；a 为初始弹性模量 E_c 和峰值点割线模量 f_c/ε_0 的比值，当 $a=2$ 时，退化为二次抛物线；α_c 为控制下降段曲线形状的参数，保证达到极限压应变 ε_{cu} 时应力下降至峰值压应力 f_c 的一半，α_c 和 ε_{cu} 的取值详见表 4-3。

过镇海曲线参数取值　　　　　　　　表 4-3

f_c（N/mm²）	20	25	30	35	40	45	50	55	60	65	70	75	80
ε_0（10^{-6}）	1470	1560	1640	1720	1790	1850	1920	1980	2030	2080	2130	2190	2240
α_c	0.74	1.06	1.36	1.65	1.94	2.21	2.48	2.74	3.00	3.25	3.50	3.75	3.99
$\varepsilon_{cu}/\varepsilon_0$	3.0	2.6	2.3	2.1	2.0	1.9	1.9	1.8	1.8	1.7	1.7	1.7	1.6

注：该表引自《混凝土结构设计规范》GB 50010—2010（2015 年版）[1]。

在现有的众多模型中，过镇海曲线的下降段是比较陡峭的，图 4-6 画出了不同强度混凝土的过镇海受压应力-应变全曲线，**当应变达到极限压应变时，混凝土强度下降 50%**，这是过镇海曲线最大的特点，这种下降段陡峭的曲线没有考虑钢筋对混凝土的约束效应，因此主要适用于素混凝土。

2. Rüsch 曲线和 Hognestad 曲线

Rüsch 曲线[17]和 Hognestad 曲线[18]是非常古老、表达形式非常简单、应用又十分广泛的两个模型。Rüsch 建议的混凝土受压应力-应变全曲线为二次抛物线＋水平直线，如式（4-6）和图 4-7 所示，混凝土达到峰值压应力 f_c 后仍然保持强度不变直至达到极限压应变

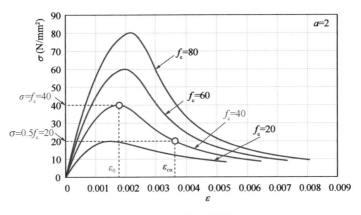

图 4-6 过镇海曲线

ε_{cu}。这个模型因为没有软化段，所以应用起来收敛性较好，但和混凝土在破坏时强度有所降低存在矛盾，而 Hognestad 曲线对这一不足有所改进。Hognestad 等人建议的混凝土受压应力-应变全曲线同样为两段式，上升段和 Rüsch 曲线相同，为二次抛物线，下降段为一直线，使得混凝土达到极限压应变 ε_{cu} 时强度折减 15%，如式（4-7）和图 4-8 所示。

$$\sigma = \begin{cases} f_c\left[\dfrac{2\varepsilon}{\varepsilon_0} - \left(\dfrac{\varepsilon}{\varepsilon_0}\right)^2\right] & \varepsilon \leqslant \varepsilon_0 \\[2mm] f_c & \varepsilon > \varepsilon_0 \end{cases} \tag{4-6}$$

$$\sigma = \begin{cases} f_c\left[\dfrac{2\varepsilon}{\varepsilon_0} - \left(\dfrac{\varepsilon}{\varepsilon_0}\right)^2\right] & \varepsilon \leqslant \varepsilon_0 \\[2mm] f_c\left(1 - 0.15 \cdot \dfrac{\varepsilon - \varepsilon_0}{\varepsilon_{cu} - \varepsilon_0}\right) & \varepsilon > \varepsilon_0 \end{cases} \tag{4-7}$$

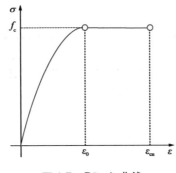

图 4-7 Rüsch 曲线

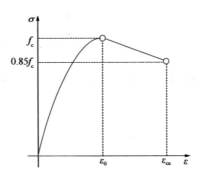

图 4-8 Hognestad 曲线

过镇海曲线、Rüsch 曲线、Hognestad 曲线三者最大的区别在于达到极限压应变时混凝土强度的折减量不同，过镇海曲线折减最多为 50%，Rüsch 曲线不折减，Hognestad 曲线折减 15%。虽然过镇海曲线是基于大量轴心受压试块的实测结果归纳得到的，但用于实际结构的纤维模型计算时常常不如 Rüsch 曲线和 Hognestad 曲线那么理想，原因就在于构件中的箍筋或横向钢筋对混凝土起到了一定的约束作用，使得混凝土材料的破坏没有标准试块中的素混凝土那么脆。

　　Kotsovos[19]曾经做过一系列试验，证明了钢筋混凝土梁中受压区混凝土受到了显著的约束作用，处于三轴受压状态。Kotsovos首先完成了圆柱体试块的抗压性能试验，如图4-9所示，同时量测了加载全过程的试块纵向压应变和横向拉应变，可见试块达到峰值应力后出现显著的横向膨胀，这个试验测得的结果代表了不配筋的素混凝土在单轴受压条件下的应变状态。随后，Kotsovos又设计了如图4-10所示的跨中两点加载钢筋混凝土简支梁的试验。试验中，在试件跨中可能出现的破坏区域布置了大量的应变片，用来量测压区混凝土的纵向与横向应变状态，并与圆柱体试块的试验结果进行对比，如图4-11所示。试验结果清楚地显示，在同等纵向应变的条件下，梁试验中的横向应变显著小于圆柱体试块试验中的横向应变，说明在钢筋混凝土梁中，受压区混凝土的横向膨胀受到了显著的约束。最后，Kotsovos总结了极限状态时钢筋混凝土梁破坏截面的应力状态为三轴受压状态，如图4-12所示，因此梁截面的纵向应力分布必须考虑约束效应的影响，梁顶面达到混凝土极限压应变 ε_{cu} 时的应力 $\sigma_{1,upper}$ 应该比素混凝土的 $0.5f_c$ 大，按照 Rüsch 的建议，应为 f_c，按照 Hognestad 的建议，应为 $0.85f_c$。

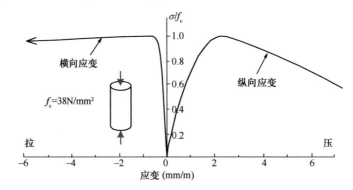

图4-9　Kotsovos 完成的圆柱体试块抗压性能试验

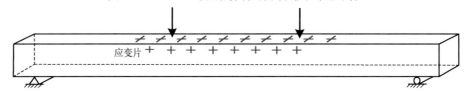

图4-10　Kotsovos 梁试验的应变片布置[19]

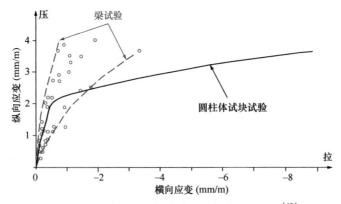

图4-11　梁试验和圆柱体试验应变结果的对比[19]

在美国的混凝土设计规范中，钢筋混凝土梁正截面受弯承载力计算的矩形应力图主要受到 Hognestad 曲线的影响，达到极限压应变时的边缘纵向应力为 $0.85f'_c$，因此美国规范建议在进行正截面受弯承载力计算时假定压区混凝土矩形应力块的应力幅值为 $0.85f'_c$，如图 4-13（a）所示。而在中国的混凝土设计规范[1]中，钢筋混凝土梁受弯设计中的正截面受弯承载力计算的矩形应力图参数主要基于 Rüsch 曲线的假定计算并归纳得到（详见规范条文说明 6.2.1-2），达到极限压应变时的边缘纵向应力为 f_c，因此中国规范建议在进行正截面受弯承载力计算时假定压区混凝土矩形应力块的应力幅值为 f_c，如图 4-13（b）所示。如果认为 f_c 和 f'_c 近似相等，则按中国规范计算得到的正截面受弯承载力应当比按美国规范计算的结果大。其实不然，中国规范在计算 f_c 时，还乘上了一个 0.88 的系数，这个系数的含义是结构强度和试块强度的差异。抛开这层含义，我们可以看到 $0.85f'_c = 0.85 \times 0.8f_{cu} = 0.68f_{cu}$，$0.88f_c = 0.88 \times 0.76f_{cu} = 0.67f_{cu}$，可见乘上 0.88 这个系数后，中国规范和美国规范的矩形应力块幅值就基本接近了。因此，0.88 这个系数事实上弥补了中美规范在计算钢筋混凝土正截面受弯承载力时的安全度差异。

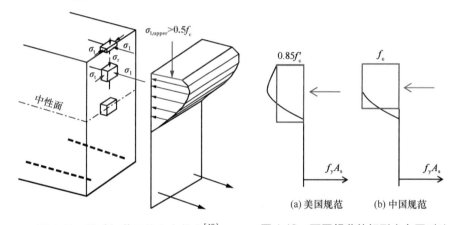

图 4-12　梁破坏截面的应力状态[19]　　　图 4-13　不同规范的矩形应力图对比

3. Mander 曲线

1988 年，Mander 等人[20]提出了用于圆形和矩形截面钢筋混凝土柱箍筋约束混凝土轴向受压应力-应变关系曲线。Mander 等人借用了 1973 年 Popovics[21]提出的数学形式采用一根曲线模拟了约束混凝土单轴受压的全过程应力应变状态，该曲线的具体形式如式（4-8）所示，曲线形状及参数含义如图 4-14 所示。

$$\sigma = \frac{f'_{cc} \cdot \left(\dfrac{\varepsilon}{\varepsilon_{cc}}\right) \cdot r}{r - 1 + \left(\dfrac{\varepsilon}{\varepsilon_{cc}}\right)^r} \tag{4-8}$$

式中：f'_{cc} 为混凝土受箍筋约束的受压强度值；ε_{cc} 为 f'_{cc} 对应的应变值；ε_{cc} 与 f'_{cc} 之间的关系如下式所示：

$$\varepsilon_{cc} = \varepsilon_0 \left[1 + 5\left(\frac{f'_{cc}}{f'_c} - 1\right)\right] \tag{4-9}$$

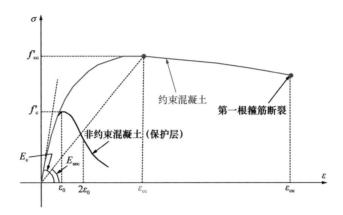

图 4-14　Mander 等人提出的约束混凝土等效单轴本构关系曲线[20]

式中：f'_c 和 ε_0 为不考虑约束效应的混凝土轴心抗压强度和其对应的应变，ε_0 可简单取为 0.002。式（4-8）中的参数 r 用以控制曲线形状，按下式计算：

$$r = \frac{E_c}{E_c - E_{sec}} \tag{4-10}$$

式中：E_c 为初始切线弹性模量，按式（4-11）计算；E_{sec} 为达到峰值强度点时的割线模量，按式（4-12）计算。从中可以看出和 Rüsch 曲线和 Hognestad 曲线不同的是，初始切线弹性模量和强度是不耦合的，在程序中，可以单独调整初始切线弹性模量。

$$E_c = 5000 \sqrt{f'_c} \tag{4-11}$$

$$E_{sec} = \frac{f'_{cc}}{\varepsilon_{cc}} \tag{4-12}$$

综上，式（4-8）中唯一一个没有确定的参数，也是最重要的参数，就是受到箍筋约束后的混凝土单轴抗压强度 f'_{cc}。而按照约束混凝土的机理，混凝土轴心抗压强度的提高主要源自于箍筋对混凝土施加的侧压力，因此以下重点讨论侧压力的计算方法。

首先讨论圆形截面的情况，对如图 4-15 所示的隔离体进行分析，侧压力的总合力为：

$$\int_0^\pi (f_l \cdot s) \cdot \left(\frac{d_s}{2} \cdot \mathrm{d}\theta \right) \sin\theta = f_l s d_s \tag{4-13}$$

式中：f_l 为侧压力；s 为箍筋间距；d_s 为箍筋轴线围起的圆环直径。

假定极限状态下箍筋屈服，由侧压力 f_l 与箍筋屈服应力 f_{yh} 的平衡条件可得：

$$f_l s d_s = 2 f_{yh} A_{sp} \tag{4-14}$$

式中：A_{sp} 为单根箍筋的截面积。

假定 ρ_s 为箍筋的体积配箍率：

$$\rho_s = \frac{A_{sp} \pi d_s}{\frac{\pi}{4} d_s^2 s} = \frac{4 A_{sp}}{d_s s} \tag{4-15}$$

将式（4-15）代入式（4-14）可得侧压力 f_l 的计算公式为：

$$f_l = \frac{1}{2} \rho_s f_{yh} \tag{4-16}$$

以上侧压力 f_l 的计算公式是假定侧压力均匀分布于混凝土芯柱表面得到的，这里我们

将 f_l 重新定义为**均匀侧压力**。然而事实上，只有箍筋位置处的约束效应最强，而箍筋间的约束效应会变弱。这里，Mander 等人采用了类似于 1980 年 Sheikh 和 Uzumeri[22] 提出的一种方法，假定箍筋之间产生拱效应，如图 4-15（b）所示，拱压力线假定为二次抛物线，两端倾角为 45°。这样，在两道箍筋的中间位置无效约束区的面积最大，而有效约束区的面积 A_e 最小。当采用式（4-8）应力-应变关系预测柱子的全过程行为时，最方便的做法是将约束混凝土面积取为箍筋中轴线包围的混凝土截面积 A_{cc}，考虑到 $A_e < A_{cc}$，Mander 等人引入了**有效侧压力** f'_l 如下：

$$f'_l = f_l k_e \tag{4-17}$$

式中：k_e 为约束有效性系数，按下式计算：

$$k_e = \frac{A_e}{A_{cc}} \tag{4-18}$$

式中：A_e 为两道箍筋中间最小的有效约束区面积，即图 4-15（b）所示的红色区域，按式（4-19）计算。

$$A_e = \frac{\pi}{4}\left(d_s - \frac{s'}{2}\right)^2 = \frac{\pi d_s^2}{4}\left(1 - \frac{s'}{2d_s}\right)^2 \tag{4-19}$$

式中：s' 为箍筋竖向净间距。

　　式（4-18）中箍筋中轴线包围的混凝土截面积 A_{cc} 可按下式计算：

$$A_{cc} = A_c(1 - \rho_{cc}) \tag{4-20}$$

式中：A_c 为箍筋中轴线包围的截面积 $= \pi/4 \times d_s^2$；ρ_{cc} 为纵向钢筋相对于 A_c 的配筋率。

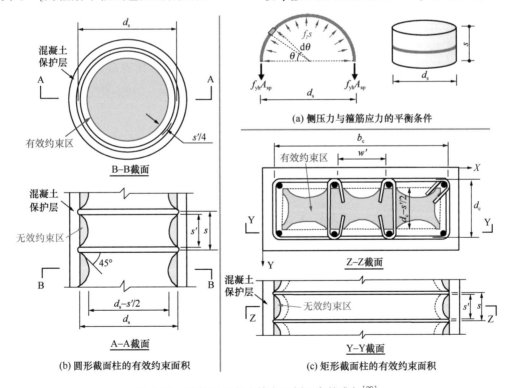

(a) 侧压力与箍筋应力的平衡条件

(b) 圆形截面柱的有效约束面积

(c) 矩形截面柱的有效约束面积

图 4-15　箍筋对混凝土核心区侧压力的求解[20]

下面再讨论矩形截面的情况。和圆形截面不同的是，矩形截面在两个正交方向可能会有不同配箍率，因此定义如图4-15（c）所示 X 和 Y 两个方向的配箍率 ρ_x 和 ρ_y 分别为：

$$\rho_x = \frac{A_{sx}}{sd_c} \tag{4-21}$$

$$\rho_y = \frac{A_{sy}}{sb_c} \tag{4-22}$$

式中：A_{sx} 和 A_{sy} 分别为图4-15（c）沿 X 和 Y 方向的一道箍筋的总截面积；d_c 和 b_c 的定义如图4-15（c）所示。

根据和圆形截面类似的平衡条件，可得 X 和 Y 方向的均匀侧压力 f_{lx} 和 f_{ly} 分别为：

$$f_{lx} = \frac{A_{sx}}{sd_c}f_{yh} = \rho_x f_{yh} \tag{4-23}$$

$$f_{ly} = \frac{A_{sy}}{sb_c}f_{yh} = \rho_y f_{yh} \tag{4-24}$$

则 X 和 Y 方向的有效侧压力 f'_{lx} 和 f'_{ly} 分别为：

$$f'_{lx} = k_e f_{lx} = k_e \rho_x f_{yh} \tag{4-25}$$

$$f'_{ly} = k_e f_{ly} = k_e \rho_y f_{yh} \tag{4-26}$$

式中：约束有效性系数 k_e 仍按式（4-18）计算，式（4-18）中的 A_{cc} 按式（4-20）计算，其中的 $A_c = b_c d_c$。下面重点讨论式（4-18）中的有效约束区面积 A_e 的计算方法。

如图4-15（c）所示，拱效应不仅存在于垂直方向的两道箍筋之间，还存在于水平方向两道纵筋之间。首先计算水平方向的拱效应，在箍筋所在的水平位置处，有效约束面积为总面积扣除二次抛物线包含的无效约束面积。对于一个二次抛物线，无效约束面积为 $(w'_i)^2/6$，其中 w'_i 为第 i 个纵筋净间距，那么当有 n 根纵筋时，总无效约束面积为：

$$A_i = \sum_{i=1}^{n} \frac{(w'_i)^2}{6} \tag{4-27}$$

进一步考虑垂直方向两道箍筋之间的拱效应，两道箍筋中间最小的有效约束区面积，即图4-15（c）所示的红色区域 A_e 按下式计算：

$$A_e = \left[b_c d_c - \sum_{i=1}^{n} \frac{(w'_i)^2}{6} \right]\left(1 - \frac{s'}{2b_c} \right)\left(1 - \frac{s'}{2d_c} \right) \tag{4-28}$$

按以上方法得到有效侧压力后，代入混凝土的三轴强度准则，即可得到约束强度 f'_{cc}。Mander等人采用了William和Warnke[23]于1975年提出的混凝土五参数多轴破坏面，并参考了Schickert和Winkler[24]、Elwi和Murray[25]的相关工作，绘制了如图4-16所示的计算图。利用这个图，可得两个正交方向的侧压力水平 f'_{l1}/f'_c 和 f'_{l2}/f'_c 对应的约束强度与无约束强度的比值 f'_{cc}/f'_c。例如，当无约束的混凝土轴心抗压强度 $f'_c = 30MPa$ 时，矩形截面两个正交方向的有效侧压力分别为：$f'_{lx} = 5.1MPa$，$f'_{ly} = 2.7MPa$，则沿着图4-16中的红线可以得到约束强度 $f'_{cc} = 1.65 \times 30 = 49.5MPa$。当两个正交方向的有效侧压力水平相等时，则图4-16退化为以下适用于圆形截面的公式：

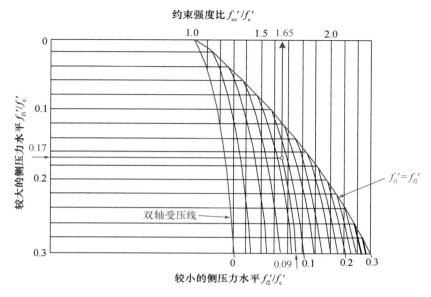

图 4-16　矩形截面根据两个正交方向侧压力水平求约束强度[20]

$$f'_{cc} = f'_c \left(-1.254 + 2.254 \sqrt{1 + \frac{7.94 f'_l}{f'_c}} - 2\frac{f'_l}{f'_c} \right)$$　　　　(4-29)

4. 韩林海曲线

韩林海等人[26]基于大量的试验结果，提出了适用于纤维模型的圆形和方矩形截面钢管约束下内填混凝土的等效单轴本构关系曲线，如图 4-17 所示。

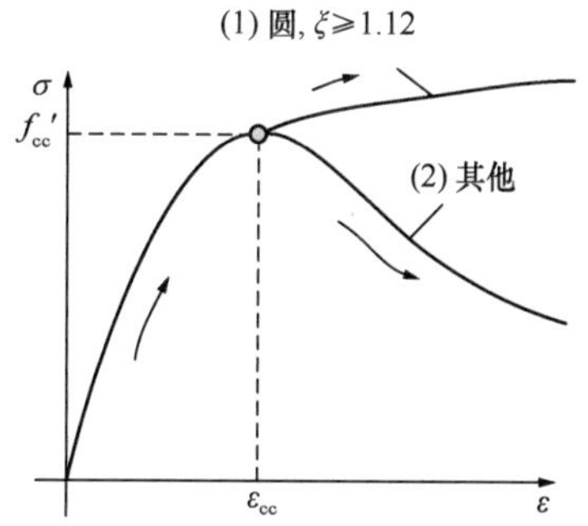

在达到峰值压应变 ε_{cc} 前，应力-应变关系满足二次抛物线形式：

$$\sigma = f'_{cc} \left[\frac{2\varepsilon}{\varepsilon_{cc}} - \left(\frac{\varepsilon}{\varepsilon_{cc}} \right)^2 \right]$$　　　　(4-30)

式中：峰值压应变 ε_{cc} 和峰值压应力 f'_{cc} 分别按下列公式计算：

图 4-17　钢管约束混凝土本构曲线

$$\varepsilon_{cc} = \begin{cases} (1300 + 12.5 f'_c) + [1400 + 800(f'_c/24 - 1)]\,\xi^{0.2} \ (\mu\varepsilon) & \text{圆形截面} \\ (1300 + 12.5 f'_c) + [1330 + 760(f'_c/24 - 1)]\,\xi^{0.2} \ (\mu\varepsilon) & \text{方矩形截面} \end{cases}$$　　(4-31)

$$f'_{cc} = \begin{cases} [1 + (-0.054\xi^2 + 0.4\xi)(24/f'_c)^{0.45}]f'_c & \text{圆形截面} \\ [1 + (-0.0135\xi^2 + 0.1\xi)(24/f'_c)^{0.45}]f'_c & \text{方矩形截面} \end{cases}$$　　(4-32)

式中：ξ 为**约束效应系数**，是整个本构关系中的关键参数，**表征钢与混凝土的配比，反映约束效应的强弱**，具体计算方法如下式：

$$\xi = \frac{A_s}{A_c} \cdot \frac{f_y}{f_{ck}}$$　　　　(4-33)

式中：A_s 为混凝土周围钢管面积；A_c 为混凝土面积；f_y 为混凝土周围钢管屈服强度；f_{ck} 为混凝土轴心抗压强度标准值；f'_c 为混凝土圆柱体强度。陈肇元等人[16]建议的 f_{ck} 和 f'_c 取值

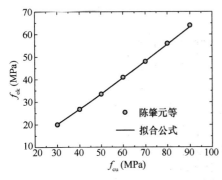

图 4-18 f_{ck} 和 f_{cu} 之间的换算关系

由混凝土立方体抗压强度 f_{cu} 确定，且涵盖 $f_{cu} = 30 \sim 90\text{MPa}$ 范围内的混凝土，为了便于程序计算，根据他们的建议值得到的 f_{ck} 和 f'_c 简化拟合公式分别如式（4-34）和式（4-1）所示，图 4-18 和图 4-4 显示了该拟合公式具有较好的精度。

$$f_{ck} = \begin{cases} 0.67 f_{cu} & f_{cu} \leqslant 50\text{MPa} \\ (0.63 + 0.0008 f_{cu}) f_{cu} & f_{cu} > 50\text{MPa} \end{cases}$$
(4-34)

混凝土超过峰值压应变 ε_{cc} 后，根据周围钢管对混凝土的约束程度，会表现出应变强化和应变软化两种情况，如图 4-17 所示，对于约束效应系数 ξ 大于等于 1.12 的圆形钢管混凝土，表现为应变强化，其余情况均为应变软化，应变强化和软化的数学表达式分别如式（4-35）和式（4-36）所示：

$$\sigma = f'_{cc}\{1 + q[(\varepsilon/\varepsilon_{cc})^{0.1\xi} - 1]\}$$
(4-35)

$$\sigma = f'_{cc} \frac{\varepsilon/\varepsilon_{cc}}{\beta(\varepsilon/\varepsilon_{cc} - 1)^{\eta} + \varepsilon/\varepsilon_{cc}}$$
(4-36)

式中：$q = \xi^{0.745}/(2 + \xi)$；$\eta = 2.0$（圆形钢管混凝土），$1.6 + 1.5/(\varepsilon/\varepsilon_{cc})$（方矩形钢管混凝土）；$\beta$ 按下式计算：

$$\beta = \begin{cases} (2.36 \times 10^{-5})^{[0.25+(\xi-0.5)^7]} \cdot f'^2_c \cdot 3.51 \times 10^{-4} & \text{圆形}, \xi < 1.12 \\ \dfrac{(f'_c)^{0.1}}{1.35\sqrt{1+\xi}} & \text{方矩形}, \xi \leqslant 3.0 \\ \dfrac{(f'_c)^{0.1}}{1.35\sqrt{1 + \xi \cdot (\xi - 2)^2}} & \text{方矩形}, \xi > 3.0 \end{cases}$$
(4-37)

4.3 螺旋箍筋柱与圆钢管混凝土柱

下面我们首先讨论螺旋箍筋柱的轴向受压极限承载力。为了便于讨论，我们忽略箍筋约束效应的不均匀性，按式（4-16）计算侧压力 f_l，然后选取相对比较简单的混凝土三轴强度公式 Richart 公式[27] 如下（原公式 f_l 前的系数为 4.1，这里近似取 4）：

$$f'_{cc} = f'_c + 4f_l$$
(4-38)

将式（4-16）代入式（4-38）可得：

$$f'_{cc} = f'_c + 2\rho_s f_{yh} = f'_c\left(1 + 2 \cdot \rho_s \frac{f_{yh}}{f'_c}\right)$$
(4-39)

式中：$\rho_s f_{yh}/f'_c$ 反映了钢与混凝土之间的配比，可定义为套箍系数 θ（韩林海定义为约束效应系数 ξ），此时，式（4-39）可写为：

$$f'_{cc} = f'_c(1 + 2\theta)$$
(4-40)

螺旋箍筋柱的轴向受压极限承载力 N_u 为：

$$N_u = f'_{cc} A_c = f'_c A_c (1 + 2\theta) \tag{4-41}$$

式中：A_c 为混凝土截面积。

下面我们假想把螺旋箍筋柱中的所有箍筋按等体积量替换成纵筋，纵筋配筋率同为 ρ_s，纵筋屈服强度同为 f_{yh}，纵筋的套箍指标则同为 θ，此时柱子的轴向受压极限承载力 N'_u 为：

$$N'_u = f'_c A_c (1 + \theta) \tag{4-42}$$

对比式（4-41）和式（4-42）可知：**箍筋的效率是纵筋的两倍！**

我们再看图 4-14，当约束混凝土内核达到峰值压应变时，外围的保护层已经剥落退出工作，可见配置螺旋箍筋有利有弊。若没有配置螺旋箍时的极限受压承载力 N_1 为：

$$N_1 = f'_c A_c + f_y A_s \tag{4-43}$$

式中：A_s 为纵筋截面积；f_y 为纵筋屈服强度。

配置螺旋箍筋时的极限受压承载力 N_2 为：

$$N_2 = f'_c (1 + 2\theta) A_{cor} + f_y A_s \tag{4-44}$$

式中：A_{cor} 为箍筋所围核心区的混凝土截面积。

首先箍筋约束效应至少应补偿保护层剥落混凝土的贡献，即 $N_2 \geqslant N_1$，将式（4-43）和式（4-44）代入可得允许的最小套箍系数为：

$$\theta \geqslant \frac{A_c - A_{cor}}{2 A_{cor}} \tag{4-45}$$

其次，外围保护层混凝土在正常使用阶段不能剥落，也就是螺旋箍筋对强度的提高作用不能过大，N_1 和 N_2 不能差距过大，因此要求 $N_2 \leqslant 1.5 N_1$，将式（4-43）和式（4-44）代入可得允许的最大套箍系数为：

$$\theta \leqslant \frac{f'_c (3 A_c - 2 A_{cor}) + f_y A_s}{4 f'_c A_{cor}} \tag{4-46}$$

下面我们进一步讨论圆形钢管混凝土柱，介绍蔡绍怀[28,29]的相关工作。圆形钢管混凝土柱和螺旋箍筋柱最大的区别为：螺旋箍筋柱中纵筋和箍筋是独立的两部分，而圆形钢管混凝土柱中的钢管既有纵筋的作用，同时又有箍筋的作用。

图 4-19 所示为圆钢管混凝土柱的受力状态分析，其承受的竖向轴力 N 为：

$$N = A_c \sigma_c + A_s \sigma_1 \tag{4-47}$$

式中：A_c 为混凝土截面积；A_s 为钢管截面积；σ_c 为混凝土竖向受压应力；σ_1 为钢管竖向受压应力。

混凝土竖向压应力 σ_c 由侧压力 p 决定，这里采用比 Richart 更复杂的三轴本构关系，由蔡绍怀建议如下：

$$\sigma_c = f'_c \left(1 + 1.5 \sqrt{\frac{p}{f'_c}} + 2 \frac{p}{f'_c} \right) \tag{4-48}$$

钢管竖向应力 σ_1 和钢管环向应力 σ_2 满足 von Mises 屈服准则：

$$\sigma_1^2 + \sigma_1 \sigma_2 + \sigma_2^2 = f_y^2 \tag{4-49}$$

式中：f_y 为钢管屈服强度。

又由图 4-19 中第二个小图所示的平衡关系，可得钢管环向应力 σ_2 与侧压力 p 的关系为：

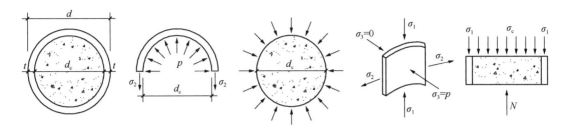

图 4-19　圆形钢管混凝土柱的受力状态分析[29]

$$\sigma_2 t = \frac{d_c}{2} p \tag{4-50}$$

套箍系数 θ 的定义为：

$$\theta = \frac{\pi d_c t}{\frac{1}{4}\pi d_c^2} \cdot \frac{f_y}{f_c'} = \frac{4t}{d_c} \cdot \frac{f_y}{f_c'} \tag{4-51}$$

将式（4-51）代入式（4-50）可得：

$$\sigma_2 = \frac{2}{\theta} \cdot \frac{f_y}{f_c'} \cdot p \tag{4-52}$$

将式（4-52）代入式（4-49）可得钢管竖向应力 σ_1 与侧压力 p 的关系为：

$$\sigma_1 = \left[\sqrt{1 - \frac{3}{\theta^2}\left(\frac{p}{f_c'}\right)^2} - \frac{1}{\theta} \cdot \frac{p}{f_c'}\right] f_y \tag{4-53}$$

将式（4-48）和式（4-53）同时代入式（4-47），可得竖向轴力 N 为侧压力 p 的函数：

$$N = A_c f_c' \left\{ 1 + \left[\sqrt{1 - \frac{3}{\theta^2}\left(\frac{p}{f_c'}\right)^2} + \frac{1.5}{\theta}\sqrt{\frac{p}{f_c'}} + \frac{1}{\theta} \cdot \frac{p}{f_c'}\right] \cdot \theta \right\} = N(p) \tag{4-54}$$

对 $N(p)$ 求驻值如下，解得 N 取最大值时对应的 p 记作 p^*。

$$\frac{\mathrm{d}N}{\mathrm{d}p} = 0 \tag{4-55}$$

将 p^* 代回到式（4-54），即可得到圆钢管混凝土的极限受压承载力为：

$$N_u = A_c f_c' \left\{ 1 + \left[\sqrt{1 - \frac{3}{\theta^2}\left(\frac{p^*}{f_c'}\right)^2} + \frac{1.5}{\theta}\sqrt{\frac{p^*}{f_c'}} + \frac{1}{\theta} \cdot \frac{p^*}{f_c'}\right] \cdot \theta \right\} \tag{4-56}$$

定义 α 为：

$$\alpha = \sqrt{1 - \frac{3}{\theta^2}\left(\frac{p^*}{f_c'}\right)^2} + \frac{1.5}{\theta}\sqrt{\frac{p^*}{f_c'}} + \frac{1}{\theta} \cdot \frac{p^*}{f_c'} \tag{4-57}$$

则钢管混凝土的极限受压承载力可写为：

$$N_u = A_c f_c'(1 + \alpha\theta) \tag{4-58}$$

经过参数分析和试算，可知 α 按以下简化公式计算，在工程常用参数范围内误差不超过 1.5%：

$$\alpha = 1.1 + \frac{1}{\sqrt{\theta}} \tag{4-59}$$

将式（4-59）代入式（4-58），可得钢管混凝土极限受压承载力近似计算公式为：

$$N_{\mathrm{u}} = A_{\mathrm{a}}f'_{\mathrm{c}}(1 + \sqrt{\theta} + 1.1\theta) \tag{4-60}$$

这个公式还可更简单地近似写为：

$$N_{\mathrm{u}} = A_{\mathrm{a}}f'_{\mathrm{c}}(1 + \sqrt{\theta} + \theta) \tag{4-61}$$

下面我们对比螺旋箍筋柱和圆钢管混凝土柱的极限受压承载力公式，分别为式（4-41）和式（4-61）。图 4-20 所示为这两个公式的对比情况。当套箍系数 $\theta > 1$ 时，圆钢管混凝土柱的曲线在螺旋箍筋柱的下方，因为螺旋箍筋柱中的钢全部用作箍筋，而圆钢管混凝土柱中的钢既发挥箍筋的作用，又发挥纵筋的作用，由于箍筋的效率比纵筋高，所以圆钢管混凝土柱中钢的效率不如螺旋箍筋柱。当套箍系数 $\theta < 1$ 时，即钢的含量较少时，两根曲线非常接近，圆钢管混凝土柱的曲线略高于螺旋箍筋柱，说明薄壁钢管混凝土柱和螺旋箍筋柱的承载力非常接近，考虑到薄壁钢管混凝土柱中的钢管轴向受压易屈曲，其受力机理基本和螺旋箍筋柱类似，因此偏于安全考虑，国家标准《钢管混凝土结构技术规范》GB 50936—2014[30]建议在 $\theta < 1$ 的范围内薄壁钢管混凝土柱的轴心受压承载力采用螺旋箍筋柱的公式，因此该标准给出的圆钢管混凝土柱极限受压承载力公式如下，图 4-21 为标准建议公式与试验结果的对比情况。

$$N_{\mathrm{u}} = \begin{cases} A_{\mathrm{a}}f'_{\mathrm{c}}(1 + 2\theta) & \theta \leqslant 1 \\ A_{\mathrm{a}}f'_{\mathrm{c}}(1 + \sqrt{\theta} + \theta) & \theta > 1 \end{cases} \tag{4-62}$$

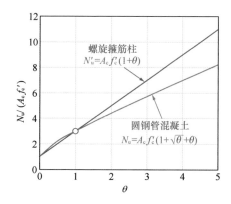

图 4-20　螺旋箍筋柱和圆钢管混凝土柱
轴压承载力计算公式对比

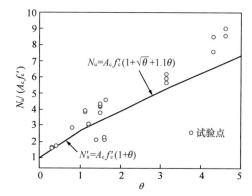

图 4-21　《钢管混凝土结构技术规范》中圆钢管
混凝土柱轴压承载力公式与试验结果对比[30]

4.4　混凝土的三轴试验及三轴抗压强度

在第 4.2 节 Mander 曲线的推导中，由侧压力求解约束抗压强度的关键是要预先获得混凝土的三轴抗压强度准则，而混凝土三轴抗压强度准则必须通过三轴试验来获得，因此本节将讨论一下混凝土的三轴试验。

对于圆形截面的钢筋混凝土柱，或者是两个方向箍筋配置相同的正方形截面钢筋混凝土柱，混凝土在两个正交方向上受到相同的侧压力，其应力状态如图 4-22（a）所示，在这种情况下，我们只需做一个常规三轴试验就可以由侧压力求解约束抗压强度。图 4-22（b）所示为常规三轴试验的装置构造原理图，图 4-23 为一法国高性能三轴试验机的照片。试验中，通过控制油压向试件侧面施加均匀恒定的围压，然后竖向施加压力直至试件破坏，从而获得不同侧压力下的竖向极限受压承载力乃至竖向受压应力-应变全曲线，如图 4-24 所示。

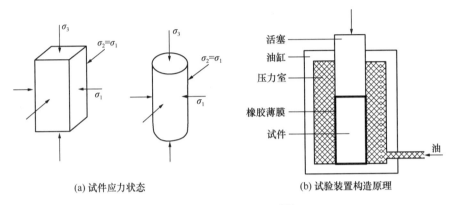

(a) 试件应力状态　　　　　　　　(b) 试验装置构造原理

图 4-22　常规三轴试验[15]

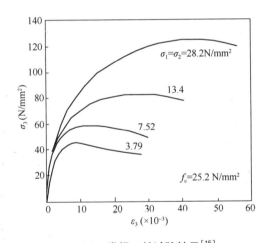

图 4-23　法国高性能常规三轴试验机[31]　　　图 4-24　常规三轴试验结果[15]

　　然而，对于两个方向箍筋配置不同的矩形钢筋混凝土截面，两个方向的侧压力不同，因此采用常规三轴试验无法解决问题，必须采用真三轴试验。图 4-25（a）所示为真三轴试验的试验装置示意图，在一个立方体试块的六个面各布置一个作动器，形成三个正交方向主压应力互不相等的三轴应力状态，如图 4-25（b）所示。

　　真三轴试验的主要难点是如何尽可能消除加载端板和试件接触面的摩擦力，这种摩擦力会给试件带来额外的约束，并使得六个作动器之间相互影响，从而无法实现真正的三轴应力状态。为了解决这一难题，德国慕尼黑大学的 Kupfer 等人[32] 于 1969 年提出将加载端板做成钢刷的构造，如图 4-26（a）所示，这个想法的灵感当然来自于日常生活中的刷子（图 4-26b），"刷毛"越细，则侧向刚度越小，摩擦力越小，但同时更容易在轴向压力下

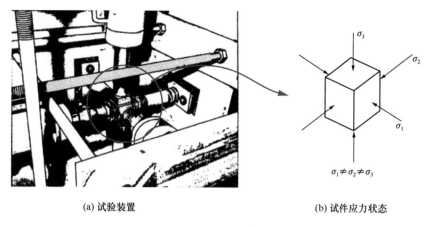

(a) 试验装置　　　　　　　　　　　　　　　(b) 试件应力状态

图 4-25　混凝土真三轴试验[31]

失稳，因此在保证不失稳的前提下应尽可能将"刷毛"做得细，这就是钢刷承压板的设计原理，如图 4-26（c）所示。图 4-27 所示为德国德累斯顿大学真三轴试验机照片，从照片中可以清晰地看到加载端部均采用了钢刷的构造。图 4-28 中实线所示为采用钢刷承压板测得的混凝土双轴强度包络线，该曲线明显小于该图中虚线所示的采用实心钢承压板的结果，表明钢刷承压板有效地消除了摩擦力带来的额外约束效应，取得了满意的试验效果。

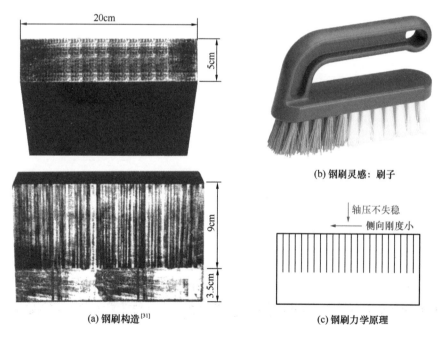

(a) 钢刷构造[31]　　　　　　　　　　　　　(c) 钢刷力学原理

图 4-26　钢刷消除真三轴试验中的端摩阻

除了采用钢刷承压板外，清华大学过镇海[15]采用两片四聚乙烯（厚 2mm）间加二硫化钼油膏作为减摩垫层，也成功实现真三轴试验。基于他们的试验结果，我国标准《混凝土结构设计规范》GB 50010—2010（2015 年版）[1]归纳了混凝土三轴抗压强度准则，

图 4-27   德国德累斯顿大学真三轴试验机照片[31]

如图 4-29 所示。值得一提的是，图 4-29 和图 4-16 都是三轴抗压强度准则图，但样子并不一样，原因是这两张图的用途是不一样的。图 4-29 用于已知三个主压应力的相互比例，求最大主压应力方向的强度，而图 4-16 用于已知两个方向的主压应力，求第三个主压应力方向的强度。

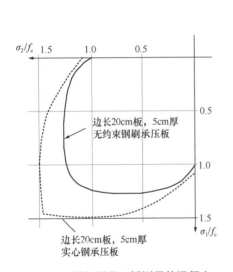

图 4-28   用钢刷承压板测得的混凝土
双轴抗压强度[31]

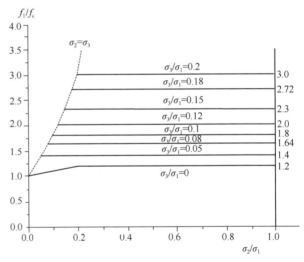

图 4-29   《混凝土结构设计规范》建议的混凝土
三轴抗压强度准则[1]

4.5   由 Mander 等人模型的不足看 Legeron 和 Paultre 的模型

在第 4.2 节 Mander 曲线的推导中，Mander 等人首先根据**平衡条件**由箍筋屈服应力 f_{yh} 计算得到混凝土有效侧压力 f'_l，再根据混凝土的多轴本构关系，也就是**物性条件**，由混凝土有效侧压力 f'_l 计算得到约束抗压强度 f'_{cc}。可以看到，整个推导过程并没有使用**变形协调条件**，也就是混凝土和箍筋同时膨胀，这个条件实际上决定了箍筋是否屈服，而 Mander 等人强制假定了箍筋一定屈服，虽然简化了问题，但也使模型的应用存在局限性。为克服 Mander 等人模型的不足，Legeron 和 Paultre[33] 在已有平衡条件和物性条件的基础上又增加了变形协调条件，建立了同时满足三大条件的理论模型。这里将 Legeron 和 Paultre 的模型进行介绍，作为一个教学案例，公式推导较原文略有简化，但主要思想是不变的，希望读者通过这个案例可以理解并体会结构工程研究的一些基本方法。

1. 平衡条件

根据平衡条件，可得有效侧压力 f'_l 和箍筋应力 f_h 之间的关系如下，注意这里是箍筋应力 f_h，而不是箍筋屈服应力 f_{yh}。

$$f'_l = \left(\frac{A_e}{A_{cc}}\right)\frac{1}{2}\rho_s f_h = \rho_{se} f_h \qquad (4\text{-}63)$$

式中：A_e、A_{cc} 和 ρ_s 同式（4-16）和式（4-18）中的定义。

定义侧压力系数 $I_e = f'_l/f_c$（f_c 为混凝土单轴抗压强度），则侧压力系数 I_e 与箍筋应力 f_h 之间的关系为：

$$I_e = \rho_{se}\frac{f_h}{f_c} \qquad (4\text{-}64)$$

2. 变形协调和混凝土多轴本构

根据变形协调条件，可得如下关系式：

$$\varepsilon_h = \varepsilon_l \qquad (4\text{-}65)$$

式中：ε_h 为箍筋应变；ε_l 为混凝土的环向应变。

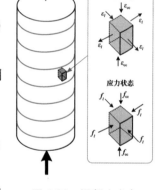

图 4-30 给出了混凝土的应力应变状态，据此根据广义胡克定律可得：

$$\begin{aligned}\varepsilon_l &= \frac{1}{E}(-f'_l + \mu f'_l + \mu f_{cc})\\ &= \mu\frac{f_{cc}}{E} - (1-\mu)\frac{f'_l}{E}\end{aligned} \qquad (4\text{-}66)$$

式中：E 为割线模量；μ 为泊松比；f_{cc} 为约束条件下混凝土竖向抗压强度。

图 4-30　混凝土应力应变状态

这里需要指出的是，混凝土是非线性材料，这里用广义胡克定律并不十分严谨，而这种近似化的手段恰恰是混凝土研究的一个特点。

由式（4-65）和式（4-66）可得箍筋应变的表达式：

$$\varepsilon_h = \mu\frac{f_{cc}}{E} - (1-\mu)\frac{f'_l}{E} \qquad (4\text{-}67)$$

在此，根据常规三轴试验选择如下三轴强度准则：

$$\frac{f_{cc}}{f_c} = 1 + 2.4(I_e)^{0.7} \qquad (4\text{-}68)$$

$$\frac{\varepsilon_{cc}}{\varepsilon_c} = 1 + 35(I_e)^{1.2} \qquad (4\text{-}69)$$

式中：ε_{cc} 为侧压力 I_e 作用下混凝土达到约束抗压强度 f_{cc} 时对应的竖向应变；ε_c 为没有侧压力作用达到单轴抗压强度 f_c 时对应的竖向应变。

假设割线模量 E 为达到约束抗压强度 f_{cc} 时的割线模量 E_{cc} 的 α 倍，α 为一未知的系数：

$$E = \alpha E_{cc} = \alpha \frac{f_{cc}}{\varepsilon_{cc}} \tag{4-70}$$

将式（4-67）左右同除以 ε_c，并将式（4-68）、式（4-69）和式（4-70）代入式（4-67）可得归一化的箍筋应变 $\varepsilon_h / \varepsilon_c$ 与侧压力系数 I_e 之间的关系为：

$$\frac{\varepsilon_h}{\varepsilon_c} = \frac{\mu}{\alpha} \frac{\varepsilon_{cc}}{\varepsilon_c} - \frac{1-\mu}{\alpha} \frac{\varepsilon_{cc}}{\varepsilon_c} \frac{f_c}{f_{cc}} I_e = (1 + 35 I_e^{1.2}) \left(\frac{\mu}{\alpha} - \frac{1-\mu}{\alpha} \frac{I_e}{1 + 2.4 I_e^{0.7}} \right) \tag{4-71}$$

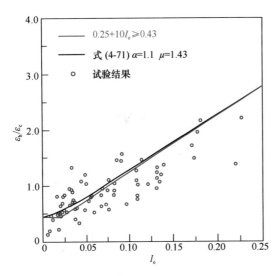

图 4-31　箍筋应变与侧压力系数的关系[33]

公式推导到这里似乎很难再继续下去，泊松比 μ 和系数 α 难以用理论方法来确定。因此，Legeron 和 Paultre 转向试验结果，他们发现当 $\alpha = 1.1$、$\mu = 1.43$ 时，式（4-71）与试验结果吻合最好，并且式（4-71）还可以写成如下更简单的形式，如图 4-31 所示。

$$\frac{\varepsilon_h}{\varepsilon_c} = 0.25 + 10 I_e \geqslant 0.43 \tag{4-72}$$

在结构工程的研究中，纯粹的理论推导往往难以解决所有的问题，**理论方法可以提供方向的指引，而关键参数的标定则依赖于试验结果**，这也体现了结构工程研究**半理论半经验**的特点。

3. 箍筋本构

假设箍筋本构关系为理想弹塑性：

$$f_h = E_s \varepsilon_h \leqslant f_{yh} \tag{4-73}$$

式中：E_s 为箍筋弹性模量。

同样对式（4-73）作归一化处理，可得：

$$\frac{f_h}{f_c} = \frac{E_s \varepsilon_c}{f_c} \left(\frac{\varepsilon_h}{\varepsilon_c} \right) \leqslant \frac{f_{yh}}{f_c} \tag{4-74}$$

将式（4-74）代入式（4-64），可得：

$$I_e = \frac{\rho_{se} E_s \varepsilon_c}{f_c} \left(\frac{\varepsilon_h}{\varepsilon_c} \right) \leqslant \frac{\rho_{se} f_{yh}}{f_c} \tag{4-75}$$

联立式（4-72）和式（4-75），有两个未知量：侧压力系数 I_e 和归一化的箍筋应变 $\varepsilon_h / \varepsilon_c$，有两个独立方程，因此方程可解。具体的，可以采用图像法，将式（4-72）和式

（4-75）代表的曲线画在同一个图中，求这两根曲线的交点即可。这里，定义式（4-72）为曲线 1，式（4-75）为曲线 2，如图 4-32 所示，曲线 1 和曲线 2 均为双折线，曲线 1 为固定曲线，曲线 2 斜率和转折点可随配箍率、混凝土强度、箍筋强度的变化而变化。当曲线 2 的平台段与曲线 1 相交，则说明箍筋屈服，而当曲线 2 的上升段与曲线 1 相交，则说明箍筋未屈服，据此还可进一步研究在什么条件下箍筋不会屈服，无法满足 Mander 等人模型的假定，具体讨论详见文献［33］。

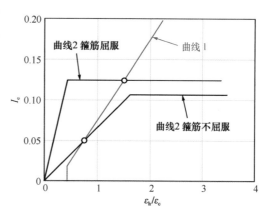

图 4-32　图像法求解示意图

4.6　实体有限元中的约束混凝土本构

需要特别强调的是，第 4.2 节讨论的 Mander 和韩林海本构模型都只适用于纤维模型，不能用于实体模型。如图 4-33 所示，约束混凝土处于多轴应力状态，而纤维模型只能输入一个轴的本构，因此，严格来讲，纤维模型输入的并不是"单轴本构"，而是"多轴应力状态中的某一轴本构"。Mander 和韩林海本构模型分别采用 θ 和 ξ 来表征约束体的含量，以此来衡量其他轴的应力状态（侧压力水平），最后由其他轴的应力状态来推得输入轴的本构。

既然用于纤维模型的"单轴本构"不能用于实体有限元，那么实体有限元中要考虑约束效应该采用怎样的本构关系呢？以下就塑性模型（plasticity model）和塑性损伤模型（plastic-damage model）这两种模型框架作具体的讨论。

1. 塑性模型框架

屈服面、硬化/软化准则、流动法则是塑性模型框架中的三大要素，共同决定了约束效应的模拟结果。对于一个如图 4-34 所示的典型的约束混凝土问题，屈服面会影响约束后的强度，硬化/软化准则会影响受压应力-应变全曲线，而流动法则会影响横向膨胀。对于屈服面，如果采用 von Mises 屈服面，则三轴应力将满足：

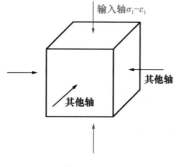

图 4-33　约束混凝土处于多轴
应力状态

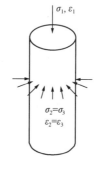

图 4-34　典型的约束
混凝土问题

$$(\sigma_1 - \sigma_2)^2 + (\sigma_2 - \sigma_3)^2 + (\sigma_3 - \sigma_1)^2 = 2f_c^2 \qquad (4-76)$$

当没有侧压力时，即 $\sigma_2 = \sigma_3 = 0$，上式退化为：

$$\sigma_1 = f_c \qquad (4-77)$$

若存在侧压力时，即 $\sigma_2 = \sigma_3 \neq 0$，式（4-76）可写为：

$$\sigma_1 = f_c + \sigma_2 \qquad (4-78)$$

上式离 Richart 建议的约束效应 $\sigma_1 = f_c + 4\sigma_2$ 还远远不够。

若要达到 Richart 建议的约束效应，则：

$$I_1 = \sigma_1 + 2\sigma_2 = f_c + 6\sigma_2 \qquad (4-79)$$

$$\sqrt{3J_2} = \sigma_1 - \sigma_2 = f_c + 3\sigma_2 \qquad (4-80)$$

由以上两式可得屈服面的表达式为：

$$\sqrt{3J_2} = \frac{1}{2}I_1 + \frac{1}{2}f_c \qquad (4-81)$$

可见，要模拟约束效应，应该采用如式（4-81）所示和静水压 I_1 相关的 Drucker-Prager 型屈服面。

我们再讨论硬化/软化准则，也就是等效应力 σ_{eq} 和等效塑性应变 $\varepsilon_{p,eq}$ 之间的关系，塑性模型的框架认为，**不同应力状态都可以用 σ_{eq} - $\varepsilon_{p,eq}$ 一个方程统一起来**，既然如此，就可用最简单的单轴应力状态来标定 σ_{eq} - $\varepsilon_{p,eq}$，具体而言，已知单轴本构关系 σ_1 - ε_1，$\sigma_{eq} = \sigma_1$，$\varepsilon_{p,eq} = \varepsilon_1 - \sigma_1/E$（$E$ 为单轴受力时的弹性模量）。因此，对于纤维模型，它是一种单轴模型，但需要输入多轴应力状态下的某一轴本构，而对于实体模型，它是一种多轴模型，但只需要输入单轴应力状态下的本构，简而言之可用一句口诀来概括："单轴模型用多轴，多轴模型用单轴"。

2010 年，Yu 等人[34]通过一个有趣的算例考察了约束混凝土问题是否符合塑性模型的框架。他们将由单轴本构关系得到的等效应力 σ_{eq}-等效塑性应变 $\varepsilon_{p,eq}$ 之间的关系输入到有限元程序中，改变不同围压计算得到不同的轴向应力-应变曲线，结果如图 4-35 所示。可

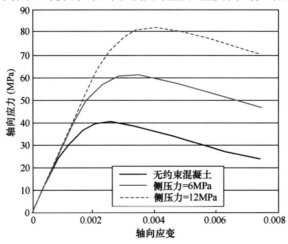

图4-35 Yu 等人的算例结果[34]

见，侧压力越大，得到的混凝土轴压强度也越大，这是屈服面的功劳，和试验结果是吻合的。但随着侧压力的增大，计算得到的软化段的下降幅度是相同的，并不像试验中侧压力越大，下降段越缓，因此如果要得到试验中下降段随侧压力增大而越来越缓的结果，则输入的等效应力 – 等效塑性应变就要和侧压力相关。引入等效应力 – 等效塑性应变本构的初衷就是要统一不同应力状态，但统一完之后又和应力状态（约束应力水平）相关，这表明：塑性模型框架无法把握约束混凝土的本质，只能具体问题近似分析。

第 4.2 节我们介绍了用于模拟钢管内约束混凝土的韩林海本构模型，该模型只能用于纤维模型。在该模型中，韩林海用了反映钢管含量的约束效应系数 ξ 这一关键参数，这是因为纤维模型只能输入一轴本构，钢管含量会影响其他轴进而影响输入轴，所以通过 ξ 反映钢管对输入轴本构的影响。除了这个用于纤维模型的本构，韩林海[26] 还提出另一个用于 ABAQUS 实体有限元的钢管内约束混凝土本构如下：

（1）上升段曲线：

$$\sigma = f_{c} \cdot \left[2(\varepsilon/\varepsilon_0) - (\varepsilon/\varepsilon_0)^2 \right] \tag{4-82}$$

（2）下降段曲线：

$$\sigma = f_{c} \cdot \frac{\varepsilon/\varepsilon_0}{\beta(\varepsilon/\varepsilon_0 - 1)^{\eta} + \varepsilon/\varepsilon_0}$$

式中：f_c 为素混凝土的轴心抗压强度；参数 ε_0、β、η 均为约束效应系数 ξ 的函数。

这个本构曲线和用于纤维模型的本构曲线非常类似，但有许多细微的差别。首先在这个用于实体有限元的本构中，峰值强度采用素混凝土的强度 f_c，因为在塑性模型框架中，约束效应对强度的提高作用是通过屈服面来实现的。其次，强化/软化准则和约束应力状态相关，ξ 可近似反映约束应力状态，因此参数 ε_0、β、η 均为约束效应系数 ξ 的函数，这是为了应对塑性模型框架局限性的近似方法，并不具有普适性，也就是说这套本构只适合钢管约束混凝土，对于其他约束混凝土（譬如 FRP 约束混凝土）并不适用。

2. 塑性-损伤模型框架

如前所述，塑性模型框架中最大的不足就是软化段的模拟，此外在试验中还发现伴随着混凝土的软化，混凝土的卸载模量也会变小，这更是超出了塑性模型的范畴。塑性模型擅长模拟不可恢复的残余变形，而混凝土的软化以及卸载模量的变小则可以交给弹性损伤模型来模拟，因此塑性加上弹性损伤就形成了塑性 – 损伤模型框架，如图 4-36 所示，而

这里我们所说的损伤，其实就是因材料失效导致强度和刚度的同时降低。既然损伤是弹性的，因此最简单的方法就是只需要在塑性模型的基础上修改广义胡克定律，添加一个损伤指标 d 如下即可，这就是 ABAQUS 中的 CDP（Concrete Damaged Plasticity）模型，整个模型架构如图 4-37（a）所示。

$$\sigma_{ij} = (1 - d)D_{ijkl,e}\varepsilon_{ij,e} \tag{4-83}$$

式中：σ_{ij} 为应力张量；$\varepsilon_{ij,e}$ 为弹性应变张量；

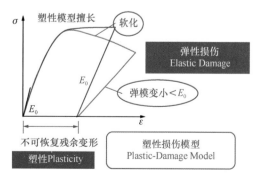

图 4-36　塑性-损伤模型框架

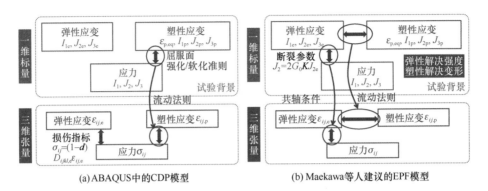

(a) ABAQUS中的CDP模型　　　　　　　　(b) Maekawa等人建议的EPF模型

图 4-37　两种塑性损伤模型

$D_{ijkl,e}$ 为弹性刚度矩阵张量。

日本学者 Maekawa 等人[37]也提出一种塑性损伤模型，叫作 EPF（Elasto-Plastic Fracture）模型，具体架构如图 4-37（b）所示，他们首先通过试验找到应力不变量 J_2 和弹性应变不变量 J_{2e} 之间的关系，采用断裂参数 K 来模拟弹性损伤，然后通过共轴条件得到三维应力张量 σ_{ij} 和弹性应变张量 $\varepsilon_{ij,e}$ 之间的关系。然后通过试验再建立一维弹性应变和塑性应变之间的关系，并通过流动法则映射到三维的弹性应变和塑性应变之间的关系，从而解决塑性变形的模拟问题。

4.7　圆钢管混凝土轴拉构件的约束效应

尽管圆钢管混凝土受压时性能很好，效率很高，但在一些特定的工程结构中圆钢管混凝土可能受拉。图 4-38 给出了包含圆钢管混凝土弦杆的圆钢管混凝土桁架结构的一些典型应用。在正弯矩区的下弦杆和负弯矩区的上弦杆，钢管混凝土都可能受拉。弦杆中的内填混凝土可以有效改善节点的局部稳定性和疲劳性能，提高结构整体的刚度和稳定性、抗火性能、抗风致掀起性能。因此，圆钢管混凝土桁架结构可用于大跨连续梁桥（图 4-38a）、刚构桥（图 4-38b）、悬索桥桥面系（图 4-38c）、屋盖结构（图 4-38d）和高层建筑的转换梁（图 4-38e），在这些结构中的负弯矩区钢管混凝土会受拉。此外，钢管混凝土格构柱和格构桥塔（图 4-38c）的柱肢、框架外围柱和剪力墙或核心筒端柱（图 4-38f），也有可能在地震中受拉。因此，钢管混凝土受拉同样是一个值得研究的具有广泛工程背景的问题。

由于混凝土材料抗拉强度很低，当圆钢管混凝土受拉时，钢管内的混凝土很快就会开裂而退出工作，钢管混凝土的受拉行为似乎与空钢管无异。然而，试验结果表明，钢管混凝土的受拉强度和刚度均显著高于空钢管[37-38]，其中的机理在于：当一根空钢管受拉时，由于泊松效应，会沿环向收缩，若钢管内填筑上混凝土后，混凝土会限制钢管的收缩，使钢管处于纵向和环向的双向受拉状态，根据 von Mises 准则可知，钢管环向受拉会提高纵向的屈服强度。可见，钢管混凝土受压时是钢管约束混凝土，圆钢管混凝土受拉时，是混凝土约束钢管。下面我们通过**平衡、协调、物性三大方程的联立**定量推导出圆钢管混凝土受拉时的约束效应对强度的提高作用。

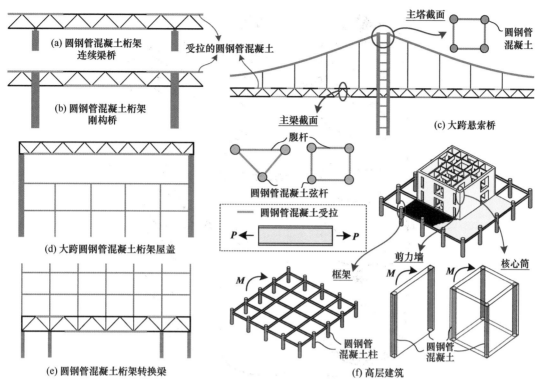

图 4-38　工程中圆钢管混凝土受拉的例子[36]

图 4-39 所示为钢管混凝土受轴拉时的应力应变状态的分析。钢管承受双向拉应力，**根据钢管的应力-应变关系**可得钢管的环向应变 $\varepsilon_{s,t}$ 按下式计算：

$$\varepsilon_{s,t} = \frac{\sigma_{s,t}}{E_s} - \nu_s \frac{\sigma_{s,l}}{E_s} \tag{4-84}$$

式中：$\sigma_{s,t}$ 为钢管环向应力；$\sigma_{s,l}$ 为钢管纵向应力；E_s 为钢材弹性模量；ν_s 为钢材泊松比。

由于混凝土开裂，混凝土的纵向应力为 0，又由于对称性，混凝土的环向和径向应力相等，因此根据**混凝土的应力-应变关系**可得混凝土的环向应变 $\varepsilon_{c,t}$ 按下式计算：

$$\varepsilon_{c,t} = \frac{\sigma_{c,t}}{E_c} - \nu_c \frac{\sigma_{c,r}}{E_c} = (1 - \nu_c) \frac{\sigma_{c,t}}{E_c} \tag{4-85}$$

式中：$\sigma_{c,t}$ 为混凝土环向应力；$\sigma_{c,r}$ 为混凝土径向应力；E_c 为混凝土弹性模量；ν_c 为混凝土泊松比。

根据钢管与混凝土的**变形协调条件**，钢管的环向应变 $\varepsilon_{s,t}$ 等于混凝土的环向应变 $\varepsilon_{c,t}$，将该条件代入式（4-84）和式（4-85），可得：

$$\frac{\sigma_{s,t}}{E_s} - \nu_s \frac{\sigma_{s,l}}{E_s} = (1 - \nu_c) \frac{\sigma_{c,t}}{E_c} \tag{4-86}$$

根据图 4-39 所示钢管和混凝土的**平衡条件**可得：

$$\sigma_{c,t} = p = -\frac{2t}{D_s}\sigma_{s,t} = -\frac{1}{2}\rho_s\sigma_{s,t} \tag{4-87}$$

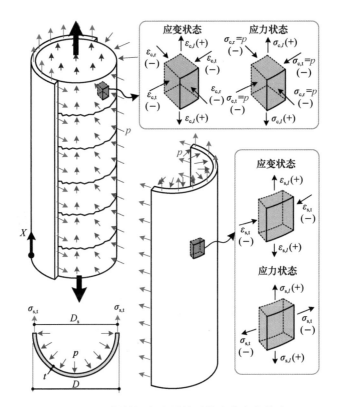

图 4-39 圆钢管混凝土受拉时的应力应变状态

式中：D_s 和 t 为钢管尺寸参数，含义见图 4-39；p 为钢管与混凝土界面约束压应力；ρ_s 为含钢率。

将式（4-87）代入式（4-86）可得：

$$\frac{\sigma_{s,t}}{E_s} - \nu_s \frac{\sigma_{s,l}}{E_s} = -\frac{1}{2}\rho_s(1-\nu_c)\frac{\sigma_{s,t}}{E_c} \tag{4-88}$$

整理上式可得钢管环纵向应力比为：

$$\frac{\sigma_{s,t}}{\sigma_{s,l}} = \Psi = \frac{\nu_s}{1+0.5\rho_s\alpha_E(1-\nu_c)} \tag{4-89}$$

式中：α_E 为钢材与混凝土的弹性模量比。

当钢管屈服时，钢管纵向应力记作 f_y^*，即 $\sigma_{s,l} = f_y^*$，钢管环向应力 $\sigma_{s,t} = \Psi f_y^*$，代入 von Mises 屈服准则可得：

$$(f_y^*)^2 - f_y^* \cdot (\Psi f_y^*) + (\Psi f_y^*)^2 = f_y^2 \tag{4-90}$$

由上式解得由于内填混凝土的约束效应导致的钢管纵向受拉强度放大系数公式为：

$$\alpha_{\text{strength}} = \frac{f_y^*}{f_y} = \sqrt{\frac{1}{1-\Psi+\Psi^2}} \tag{4-91}$$

这里试算一个例子，当 $\nu_s = 0.3$，$\nu_c = 0.2$，$\alpha_E = 6.67$，$\rho_s = 10\%$ 时，代入式（4-89）可得环径向应力比 $\Psi = 0.25$，再将 Ψ 代入式（4-91）可得强度放大系数 $\alpha_{\text{strength}} = 1.1$，也

就是内填混凝土使钢管的轴拉强度提高了 10%。

　　试验结果表明，内填混凝土对圆钢管的轴拉刚度的提高效应比轴拉强度更显著，这同样可以用理论方法来证明，推导过程比较复杂，感兴趣的读者可以参考文献［36］。此外，方矩形钢管混凝土轴拉构件同样存在类似的约束效应，相关研究可以参考文献［38］。

4.8　受压混凝土滞回曲线：刚度退化和强度退化

　　受压混凝土滞回曲线的两个最主要特征就是刚度退化和强度退化。所谓刚度退化，就是从骨架线卸载时，卸载刚度 E_d 小于初始切线刚度 E_c，如图 4-40（a）所示；所谓强度退化，就是卸载后再加载时，达到上一次卸载应变 ε_{un} 时的应力 σ_{new} 低于上一次卸载应力 σ_{un}，如图 4-40（b）所示。以下分别就单次加卸载和多次加卸载时的刚度退化和强度退化模型进行讨论，由于相关模型众多，限于篇幅，这里只讨论几个有代表性的模型。

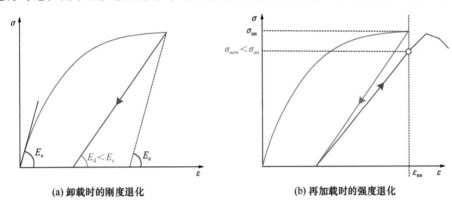

(a) 卸载时的刚度退化　　　　　(b) 再加载时的强度退化

图 4-40　受压混凝土滞回曲线的刚度退化和强度退化

1. 单次加卸载的刚度退化和强度退化模型

　　最简单的刚度退化模型是图 4-41 所示的经典损伤模型，曲线从骨架线卸载后直接指向原点，没有残余变形，因此夸大了结构的损伤效应，该模型退化的卸载模量 E_d 按下式计算：

$$E_d = \frac{\sigma_{un}}{\varepsilon_{un}} \quad (4-92)$$

式中：σ_{un} 为初始卸载点应力；ε_{un} 为初始卸载点应变。

　　图 4-42 所示为 Mander 等人[20]建议的刚度退化模型。在该模型中，首先计算 ε_a，然后求直线 $\varepsilon = \varepsilon_a$ 和初始切线刚度线的交点 A，再将点 A 和初始卸载点连成直线，该直线与应变轴交点 ε_{pl} 即为卸载后的残余应变，由此可得退化的刚度 E_d，详见图 4-42。具体的，ε_a 的计算公式如下：

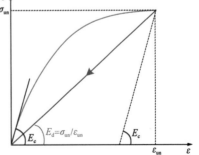

图 4-41　原点指向的经典损伤模型

$$\varepsilon_a = a \sqrt{\varepsilon_{un} \cdot \varepsilon_{cc}} \quad (4-93)$$

式中：ε_{cc} 为曲线的峰值压应力对应的应变；系数 a 按下式计算：

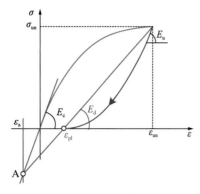

图 4-42 Mander 等人模型

$$a = \max\left\{\frac{\varepsilon_{cc}}{\varepsilon_{cc} + \varepsilon_{un}}, \frac{0.09\varepsilon_{un}}{\varepsilon_{cc}}\right\} \quad (4\text{-}94)$$

卸载后的残余应变 ε_{pl} 按下式计算：

$$\varepsilon_{pl} = \varepsilon_{un} - \frac{(\varepsilon_{un} + \varepsilon_a)\sigma_{un}}{\sigma_{un} + E_c\varepsilon_a} \quad (4\text{-}95)$$

退化的卸载模量 E_d 按下式计算：

$$E_d = \frac{\sigma_{un} + E_c\varepsilon_a}{\varepsilon_{un} + \varepsilon_a} \quad (4\text{-}96)$$

试验结果表明，混凝土的受压卸载曲线不是直线，而是如图 4-42 所示的弧线，Mander 等人采用的弧线形式同骨架线如下：

$$\sigma = \sigma_{un} - \frac{\sigma_{un}xr}{r - 1 + x^r} \quad (4\text{-}97)$$

$$r = \frac{E_u}{E_u - E_{sec}} \quad (4\text{-}98)$$

$$E_{sec} = \frac{\sigma_{un}}{\varepsilon_{un} - \varepsilon_{pl}} \quad (4\text{-}99)$$

$$x = \frac{\varepsilon - \varepsilon_{un}}{\varepsilon_{pl} - \varepsilon_{un}} \quad (4\text{-}100)$$

式中：E_u 为初始卸载点的模量（见图 4-42），按下式计算：

$$E_u = bcE_c \quad (4\text{-}101)$$

$$b = \frac{\sigma_{un}}{f'_c} \geqslant 1 \quad (4\text{-}102)$$

$$c = \left(\frac{\varepsilon_{cc}}{\varepsilon_{un}}\right)^{0.5} \leqslant 1 \quad (4\text{-}103)$$

该模型中的三个系数 a、b 和 c 是通过和试验数据对比试算拟合得到的（原文：*The coefficients a , b , and c were evaluated by trial and error to give the "best fit" of the assumed stress-strain relation to selected experimental unloading curves.*）

这里我们还要再回顾一下经典损伤模型，其退化的卸载模量 E_d 与初始弹性模量 E_c 的比值可写成图 4-43（a）中两个三角形 A_1 与 A_0 的面积比。经典损伤模型过分夸大了刚度退化的程度，针对这一问题，王中强和余志武[39]建议将 A_1 的面积替换为图 4-43（b）中的 A_2，E_d 与 E_c 的比值也就是实际应变能与弹性应变能的比值：

$$\frac{E_d}{E_c} = \frac{S(A_2)}{S(A_0)} = \frac{\int_0^{\varepsilon_{un}} \sigma(\varepsilon)\mathrm{d}\varepsilon}{\frac{1}{2}E_c\varepsilon_{un}^2} \quad (4\text{-}104)$$

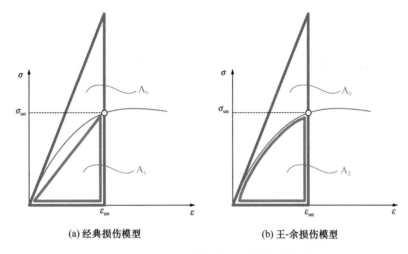

(a) 经典损伤模型　　　　　　　(b) 王-余损伤模型

图 4-43　经典损伤模型和王-余损伤模型对比

图 4-44 对比了上述三种刚度退化模型，骨架线采用 Hognestad 曲线，混凝土轴心抗压强度 $f_c = 30\text{MPa}$，峰值压应变 $\varepsilon_0 = 0.002$。对比结果表明，经典损伤模型的刚度退化程度明显比另两个模型大，Mander 等人和王-余模型在初始卸载应变 ε_{un} 较小时比较接近，当初始卸载应变 ε_{un} 较大时，Mander 等人的模型由于式（4-94）取大值的运算，刚度退化至约 20% 时就不再退化，而王-余模型则继续退化。

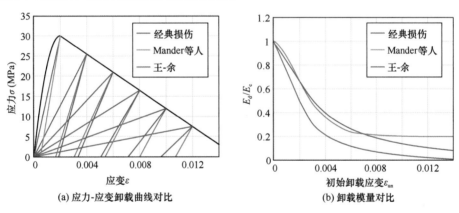

(a) 应力-应变卸载曲线对比　　　　　　(b) 卸载模量对比

图 4-44　三种刚度退化模型的对比

下面再介绍 Mander 等人建议的强度退化模型。混凝土从骨架线卸载后，再加载到卸载应变 ε_{un} 时的应力 σ_{new} 可按下式计算：

$$\sigma_{new} = 0.92\sigma_{un} + 0.08\sigma_{ro}$$
$$= 0.92(\sigma_{un} - \sigma_{ro}) + \sigma_{ro}$$

（4-105）

式中：σ_{un} 为上一次卸载起始点应力；σ_{ro} 为再加载起始点应力，如图 4-45 所示。

由上式可知，强度退化的程度与卸载

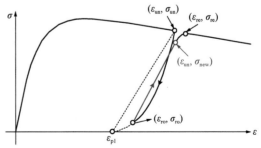

图 4-45　Mander 等人建议的强度退化模型[20]

深度有关，卸载深度越深，强度退化越显著。当到达强度退化点（ε_{un}，σ_{new}）后，Mander 等人建议沿二次抛物线回到骨架曲线（ε_{re}，σ_{re}），相关公式比较复杂，在此不再一一列举。

2. 多次加卸载的刚度退化与强度退化模型

由于地震作用的随机性和复杂性，混凝土可能会从骨架线卸载后经历多次往复加卸载，由此带来混凝土内部的累积损伤，一方面其强度退化现象会比单次加卸载的情况更为明显，表现在应力－应变曲线上就是恢复到卸载起始应变时的应力持续下降，如图4-46所示，混凝土再次回到骨架曲线时的应变可能会被大大推迟，甚至无法再回到骨架曲线；另一方面，混凝土卸载后的残余应变会随着往复加卸载次数的增加而持续增加，如图4-46所示。因此，一些文献中的混凝土本构模型[40,41]，如图4-47所示，只能考虑单次加卸载强度和刚度退化的特征，是无法描述上述重要现象的。

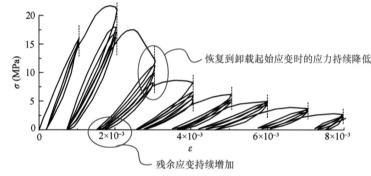

图4-46 多次加卸载的刚度退化与强度退化特征[15]

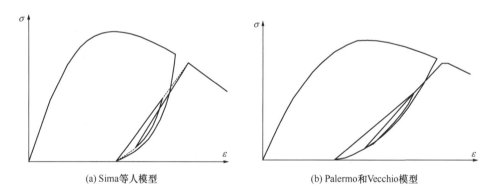

(a) Sima等人模型　　　　　　　　　　(b) Palermo和Vecchio模型

图4-47 文献中无法描述多次加卸载刚度退化与强度退化特征的模型[40,41]

陶慕轩[42]在Mander等人提出的考虑混凝土单次加卸载强度退化滞回准则的基础上，提出了可以考虑多次加卸载强度退化的混凝土滞回准则，部分解决了上述问题，如图4-48所示。在该模型中，定义第i次再加载起点的应力和应变分别为$\sigma_{ro,i}$和$\varepsilon_{ro,i}$，当$\varepsilon_{ro,i} < \varepsilon_{pl}$时，取$\varepsilon_{ro,i} = \varepsilon_{pl}$，$\sigma_{ro,i} = 0$。从再加载起点开始，走双折线回到骨架曲线。定义第$i$次再加载应变回到$\varepsilon_{un}$时发生强度退化后的更新应力为$\sigma_{new,i}$，对于未进行再加载的初始状态，混凝土尚未发生强度退化，$\sigma_{new,0} = 0$。定义第i次再加载重新回到骨架曲线时的应力和应变分别为$\sigma_{re,i}$和$\varepsilon_{re,i}$，同样的，对于未进行再加载的初始状态，混凝土尚未发生强度退化，$\sigma_{re,0} = \varepsilon_{un}$，$\varepsilon_{re,0} = \varepsilon_{un}$。如图4-48所示，当再加载起点应变$\varepsilon_{ro,i}$小于$\varepsilon_{un}$时，混凝

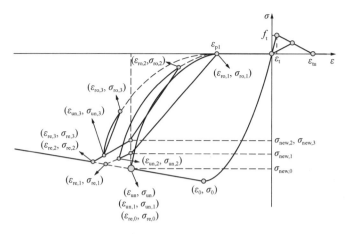

图 4-48　陶慕轩建议的多次加卸载强度退化模型[42]

土从再加载起点开始先到强度退化点（ε_{un}，$\sigma_{new,i}$），再回到骨架曲线（$\varepsilon_{re,i}$，$\sigma_{re,i}$）；当再加载起点应变 $\varepsilon_{ro,i}$ 超过 ε_{un} 时，混凝土从再加载起点开始直接回到最近一次的卸载起点（$\varepsilon_{un,i}$，$\sigma_{un,i}$），再回到骨架曲线（$\varepsilon_{re,i}$，$\sigma_{re,i}$）。

第 i 次再加载强度退化后的更新应力 $\sigma_{new,i}$ 按下式计算：

$$\sigma_{new,i} = \begin{cases} 0.92 \cdot \sigma_{new,i-1} + 0.08 \cdot \sigma_{ro,i} & \varepsilon_{ro,i} < \varepsilon_{un} \\ \sigma_{new,i-1} & \varepsilon_{ro,i} \geq \varepsilon_{un} \end{cases} \qquad (4\text{-}106)$$

第 i 次再加载重新回到骨架曲线时的应变 $\varepsilon_{re,i}$ 按下式计算：

$$\varepsilon_{re,i} = \begin{cases} 1.5 \cdot \dfrac{\sigma_{un} - \sigma_{new,i}}{E_r} + \varepsilon_{un} & \varepsilon_{ro,i} < \varepsilon_{un} \\ \varepsilon_{re,i-1} & \varepsilon_{ro,i} \geq \varepsilon_{un} \end{cases} \qquad (4\text{-}107)$$

式中：E_r 为再加载起点到发生强度退化后更新应力点的斜率，按下式计算：

$$E_r = \frac{\sigma_{new,i} - \sigma_{ro,i}}{\varepsilon_{un} - \varepsilon_{ro,i}} \qquad (4\text{-}108)$$

图 4-49 所示为混凝土受压等应变增量单次及多次循环加卸载试验结果和陶慕轩模型

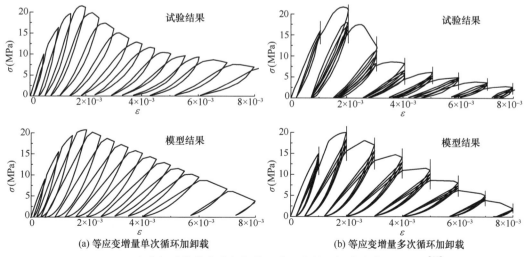

(a) 等应变增量单次循环加卸载　　　　　(b) 等应变增量多次循环加卸载

图 4-49　陶慕轩建议的多次加卸载强度退化模型与试验结果的对比[42]

的对照情况，陶慕轩模型可以较好地把握混凝土单次加卸载过程中强度和刚度退化特征以及多次加卸载过程中的强度退化特征，但对于多次加卸载过程中的刚度退化特征，陶慕轩模型仍无法完全准确地进行模拟。

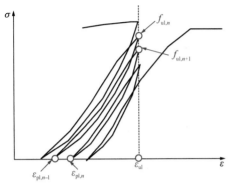

图 4-50　Sakai 和 Kawashima 完整多次加卸载模型的参数定义

迄今为止，对多次加卸载的混凝土强度退化和刚度退化特征刻画最为精细的模型要数日本学者 Sakai 和 Kawashima[43] 于 2006 年提出的模型。他们首先针对完整多次加卸载（此处，英文原文为：*complete unloading and reloading hystereses*）的情况进行了讨论，这里"完整"的含义是：先卸载到应力为 0，然后再加载到从骨架线卸载时的应变 ε_{ul}，形成一个"完整"的滞回环，如图 4-50 所示。

针对完整多次往复加卸载，Sakai 和 Kawashima 定义第 n 圈滞回环的强度退化指标 β_n 和刚度退化指标 γ_n 如下，其中涉及的参数含义如图 4-50 所示。

$$\beta_n = \frac{f_{ul,n+1}}{f_{ul,n}} \tag{4-109}$$

$$\gamma_n = \frac{\varepsilon_{ul} - \varepsilon_{pl,n}}{\varepsilon_{ul} - \varepsilon_{pl,n-1}} \tag{4-110}$$

首先，根据试验结果拟合得到第一圈卸载的残余应变 $\varepsilon_{pl,1}$ 和第一圈再加载的强度退化指标 β_1 分别如式（4-111）和式（4-112）所示，均和卸载时的应变 ε_{ul} 密切相关。从中还可以看到，当卸载应变很大时（$\varepsilon_{ul} > 0.0035$）时，Sakai 和 Kawashima 的强度退化模型和 Mander 等人的是相同的。

$$\varepsilon_{pl,1} = \begin{cases} 0 & 0 \leqslant \varepsilon_{ul} \leqslant 0.001 \\ 0.43(\varepsilon_{ul} - 0.001) & 0.001 < \varepsilon_{ul} < 0.0035 \\ 0.94(\varepsilon_{ul} - 0.00235) & \varepsilon_{ul} \geqslant 0.0035 \end{cases} \tag{4-111}$$

$$\beta_1 = \begin{cases} 1 & 0 \leqslant \varepsilon_{ul} \leqslant 0.001 \\ 1 - 32(\varepsilon_{ul} - 0.001) & 0.001 < \varepsilon_{ul} < 0.0035 \\ 0.92 & \varepsilon_{ul} \geqslant 0.0035 \end{cases} \tag{4-112}$$

随后，Sakai 和 Kawashima 通过试验数据拟合提出多次加卸载刚度退化指标 γ_n 的计算公式如下：

（1）$0 \leqslant \varepsilon_{ul} \leqslant 0.001$

$$\gamma_n = 1$$

（2）$\varepsilon_{ul} > 0.001$

$$\gamma_n = \begin{cases} 0.945 & n = 2 \\ 0.965 + 0.005(n - 3) \leqslant 1 & n \geqslant 3 \end{cases} \qquad (4\text{-}113)$$

强度退化指标 β_n 的计算公式如下:

(1) $1 \leqslant n \leqslant 2$

$$\beta_n = \begin{cases} 1 & 0 \leqslant \varepsilon_{ul} \leqslant 0.001 \\ 1 + (10n - 42)(\varepsilon_{ul} - 0.001) & 0.001 < \varepsilon_{ul} < 0.0035 \\ 0.92 + 0.025(n - 1) & \varepsilon_{ul} \geqslant 0.0035 \end{cases}$$

(2) $3 \leqslant n \leqslant 10$

$$\beta_n = \begin{cases} 1 & 0 \leqslant \varepsilon_{ul} \leqslant 0.001 \\ 1 + (2n - 20)(\varepsilon_{ul} - 0.001) & 0.001 < \varepsilon_{ul} < 0.0035 \\ 0.965 + 0.005(n - 3) & \varepsilon_{ul} \geqslant 0.0035 \end{cases} \qquad (4\text{-}114)$$

(3) $n > 10$

$$\beta_n = 1$$

图 4-51 和图 4-52 所示分别为刚度退化指标公式和强度退化指标公式与试验结果的对比情况,从图中可以看到,当卸载应变 ε_{ul} 逐渐增大时,刚度退化指标和强度退化指标均趋于一个固定值,当循环次数 n 逐渐增大时,刚度退化指标和强度退化指标均趋于 1,当 $n > 10$ 时,刚度退化指标和强度退化指标均为 1,表明不再发生刚度和强度退化。

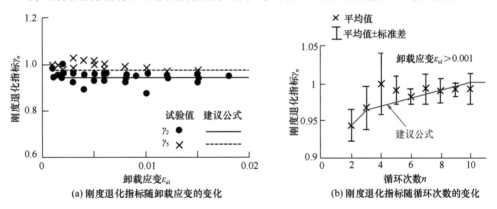

(a) 刚度退化指标随卸载应变的变化　　　　(b) 刚度退化指标随循环次数的变化

图 4-51　刚度退化指标公式与试验结果的对比[43]

在上述完整多次加卸载情况的研究基础上,Sakai 和 Kawashima 又进一步研究了部分多次加卸载(此处,英文原文为:*partial unloading and reloading hystereses*,*partial* 和 *complete* 相对应,表明滞回环不是"完整"的)时的刚度和强度退化特征以及相应的计算公式,详细考虑了混凝土在实际结构中的各种可能加卸载路径,相关内容不再一一列举,详见文献 [43]。

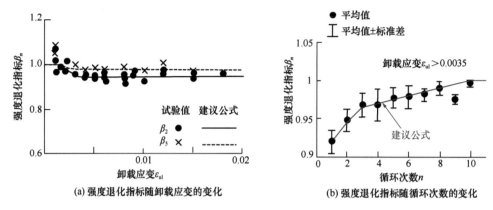

图 4-52　强度退化指标公式与试验结果的对比[43]

4.9　DIY：复杂混凝土滞回准则的程序实现

本节在第 4.8 节讨论的基础上，通过对已有模型的改进和修正，尽可能全面精细地考虑混凝土材料在滞回往复荷载作用下的力学特征，并通过嵌入第 3.3 节开发的 COMPONA-FIBER 进行编程实现。滞回准则具体如下：

1. 卸载准则

如图 4-53 所示，定义卸载起点的应力和应变分别为 σ_{un} 和 ε_{un}，从骨架线上某点卸载的起点应力和应变分别为 $\sigma_{un,sk}$ 和 $\varepsilon_{un,sk}$。残余塑性应变 ε_{pl} 反映的是混凝土在往复加卸载过程中的刚度退化特性，根据 Sakai 和 Kawashima[43] 的研究结果，忽略加卸载历史对残余塑性应变 ε_{pl} 的累积效应产生的误差约在 5% 以内，因此这里假设混凝土每次卸载后的残余应变 ε_{pl} 仅由 $\sigma_{un,sk}$ 和 $\varepsilon_{un,sk}$ 决定，按式（4-115）和式（4-116）计算。

$$\varepsilon_{pl} = \varepsilon_{un,sk} - \frac{\varepsilon_{un,sk} - \varepsilon_a}{\sigma_{un,sk} - E_c \varepsilon_a} \cdot \sigma_{un,sk} \tag{4-115}$$

$$\varepsilon_a = \sqrt{\varepsilon_{un,sk} \cdot \varepsilon_0} \cdot \max\left\{ \frac{\varepsilon_0}{\varepsilon_0 + \varepsilon_{un,sk}}, \frac{0.09\varepsilon_{un,sk}}{\varepsilon_0} \right\} \tag{4-116}$$

式中：E_c 为混凝土初始弹性模量；ε_0 为混凝土的峰值压应变。

卸载曲线取为二次抛物线，并假定卸载至残余应变 ε_{pl} 时，曲线的切线斜率为 0，据此可得卸载曲线的应力-应变方程为：

$$\sigma = \sigma_{un} \frac{(\varepsilon - \varepsilon_{pl})^2}{(\varepsilon_{un} - \varepsilon_{pl})^2} \tag{4-117}$$

以上定义的卸载准则如图 4-53 中的卸载路径 1～4 所示。

2. 再加载准则

定义再加载起点的应力和应变分别为 σ_{re} 和 ε_{re}，当 $\varepsilon_{re} < \varepsilon_{pl}$ 时，取 $\varepsilon_{re} = \varepsilon_{pl}$，$\sigma_{re} = 0$。从再加载起点开始，直线回到骨架曲线。分两种情况进行讨论：

第一种情况，卸载起点应变的绝对值 $|\varepsilon_{re}|$ 小于 $|\varepsilon_{un,sk}|$，混凝土先到强度退化点（$\varepsilon_{un,sk}$，σ_{new}），再返回到骨架曲线，如图 4-53 中的再加载路径 1～3。退化强度 σ_{new} 在刚从

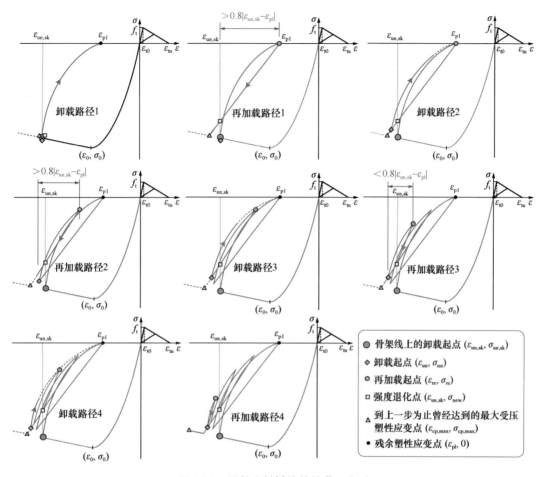

图 4-53　混凝土材料的单轴滞回准则

骨架线卸载时初始化为 $\sigma_{un,sk}$，当每次处于再加载起点时，退化强度 σ_{new} 是否需要更新取决于加卸载塑性深度，即部分加卸载率 γ：

$$\gamma = \frac{\varepsilon_{un} - \varepsilon_{re}}{\varepsilon_{un,sk} - \varepsilon_{pl}} \tag{4-118}$$

由于较小的加卸载塑性深度不会影响后续的滞回路径，因此基于相关试验数据[43]建议当部分加卸载率 γ 超过 0.8 时，需要对退化强度 σ_{new} 按式（4-119）进行更新，如图 4-53 中的再加载路径 1 和 2 所示。而当部分加卸载率 γ 小于 0.8 时，在此次再加载路径中不考虑强度退化效应，如图 4-53 中的再加载路径 3 所示。

$$\sigma_{new} = \alpha\sigma_{new,p} \tag{4-119}$$

式中：$\sigma_{new,p}$ 为上一步的退化强度；α 为强度退化率，按式（4-120）计算，该式是对 Sakai 和 Kawashima[43]建议公式的修正，通过将分段准则和峰值压应变 ε_0 相关，使该式适用于约束混凝土。

（1）$|\varepsilon_{un,sk}| < 0.5|\varepsilon_0|$

$$\alpha = 1.0$$

（2）$0.5|\varepsilon_0| \leqslant |\varepsilon_{un,sk}| \leqslant 0.75|\varepsilon_0|$

$$\alpha = \begin{cases} 0.96 + 0.0125(n-1) & n < 3 \\ 0.9825 + 0.0025(n-3) \leq 1.0 & n \geq 3 \end{cases} \quad (4\text{-}120)$$

(3) $|\varepsilon_{sk}| > 1.75|\varepsilon_0|$

$$\alpha = \begin{cases} 0.92 + 0.025(n-1) & n < 3 \\ 0.965 + 0.005(n-3) \leq 1.0 & n \geq 3 \end{cases}$$

式中：n 为强度退化次数，在刚从骨架线卸载时初始化为 0，随后仅在再加载起点处且部分加卸载率 γ 超过 0.8 时增加 1。

第二种情况，卸载起点应变的绝对值 $|\varepsilon_{re}|$ 大于 $|\varepsilon_{un,sk}|$，混凝土先再加载至上一次卸载起点 $(\varepsilon_{un}, \sigma_{un})$，再回到骨架线，如图 4-53 中的再加载路径 4。这一再加载路径的考虑有利于提升程序的数值稳定性，在已有文献中鲜有提及。

由图 4-53 可以看到，以上所述的混凝土精细滞回准则十分复杂，为了使这一准则能顺利应用于纤维模型中，在此设计了一套完整详细的程序流程图如图 4-54 所示，详细代

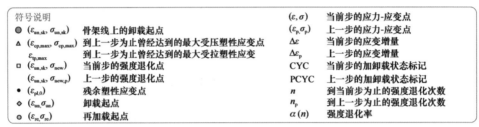

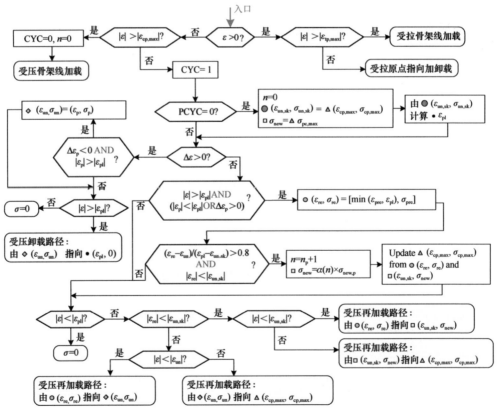

图 4-54　混凝土材料的复杂滞回模型的程序实现流程图

码见附录 2。通过将该程序流程集成于本书第 3.3 节开发的组合结构非线性分析程序 COMPONA-FIBER 中，经过大量算例的充分测试具有良好的数值稳定性。

4.10 如何选择受压混凝土的滞回模型?

经过第 4.8 和 4.9 节的讨论可知，现有的混凝土材料滞回准则模型可谓琳琅满目，有些非常简单，而有些却非常复杂精细。这些各具特色的材料滞回准则的提出一方面给工程设计人员提供了更多样的选择空间，但同时由于缺乏明确合理的选择标准使得在实际工程实践中混凝土材料滞回准则的选择具有很强的盲目性和随意性，成为工程设计人员在开展结构体系抗震非线性分析时的一大困惑：过于复杂的滞回准则可能会带来程序编写的困难以及数值效率和稳定性的降低，而过于简单的滞回准则可能会造成结构整体响应预测的较大偏差。

一直以来混凝土材料滞回准则的改进均依据材料层次的试验结果，譬如从 Mander 等人[20]提出的考虑单次加卸载的强度退化和刚度退化准则，到 Martinez-Rueda 和 Elnashai[44]提出的刚度退化曲线修正建议，再到 Palermo 和 Vecchio[41]、Sima 等人[40]对部分加卸载路径的补充，再到陶慕轩[42]提出的多次加卸载强度退化的解决方案，直到 Sakai 和 Kawashima[43]提出的考虑多次往复加卸载和部分加卸载路径的强度退化和刚度退化准则等，均是不断地修正已有的或补充新的影响因素使得改进的材料滞回准则模型和材料的真实行为从整体到细节都不断趋于吻合，然而与此同时，从未有人研究过这种改进对提升构件以及结构整体模拟精度的意义，材料本构层次的"精细化"未必能真正实现构件以及结构分析层次的"精细化"，相反也许只能成为构件或结构分析时的"累赘"。因此，十分有必要从构件或结构分析的角度，甄别出材料滞回准则中对分析结果有重要影响的最关键因素，舍弃对分析结果影响甚微的次要因素，从而形成明确易行的适用于实际工程结构抗震非线性分析的材料单轴滞回准则选择标准，这对于结构抗震非线性分析的标准化具有重要意义。

这里我们对比两种截然不同的混凝土受压滞回准则对计算结果的影响。第一种模型为我们在第 4.9 节编写的精细准则，该准则可尽可能全面精细地考虑混凝土材料在滞回往复荷载作用下的力学特征，即适用于各类混凝土材料且可准确考虑任意可能复杂加卸载路径下的强度退化和刚度退化特征。为了和精细准则形成对比反差，从而形成更具说服力的结论。第二种模型为简单准则，如图 4-55 所示，该准则仅按初始弹性模量 E_c 进行简单的线弹性加卸载，忽略强度退化和刚度退化特征，应该说是所有可能的加卸载准则

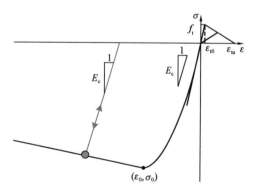

图 4-55 用于对比的简单滞回准则

中最简单的一种，目前绝大部分基于经典弹塑性力学理论的通用有限元程序均集成了这一最简单的滞回准则。

1. 钢筋混凝土柱

日本学者 Kawashima 等人[45]于 2004 年报道了一组钢筋混凝土桥墩往复荷载作用下的抗震性能试验，这里选取其中一承受单向往复水平荷载的钢筋混凝土柱进行模拟，如图 4-56（a）所示。该柱截面尺寸为 400mm×400mm，周围等间距布置 16 根纵向钢筋，试验时首先施加轴力，然后分级施加水平往复荷载，每一级荷载重复三次。由图 4-56（b）可知，当采用精细的混凝土材料滞回准则时，数值计算结果和试验结果吻合很好。

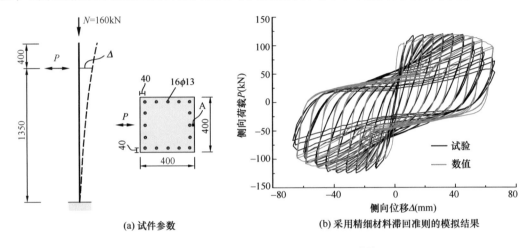

(a) 试件参数 (b) 采用精细材料滞回准则的模拟结果

图 4-56　承受往复荷载的钢筋混凝土柱[45]

图 4-57 所示为混凝土滞回准则对模拟结果的影响，无论采用尽可能精细的准则还是最简单的准则，虽然柱底混凝土截面边缘纤维的应力–应变路径差异很大，但宏观滞回曲线计算结果差别很小，因此混凝土滞回准则对钢筋混凝土柱整体滞回性能的预测结果影响很小，只需采用最简单的按初始弹性模量的线弹性加卸载准则，忽略和应力历史相关的强度退化和刚度退化特征，就可获得很满意的模拟精度。这个结论出乎意料，因为混凝土材料的滞回特性一直以来在钢筋混凝土构件的抗震性能研究中得到了大量的关注，但实际上这可能并不是一个值得关注的关键问题。

对于一个钢筋混凝土构件，其整体弯曲性能由混凝土和钢筋两部分共同贡献，图 4-58 给出了钢筋混凝土柱试件混凝土承担弯矩 M_c 和钢筋承担弯矩 M_r 对总弯矩 M 的贡献情况，

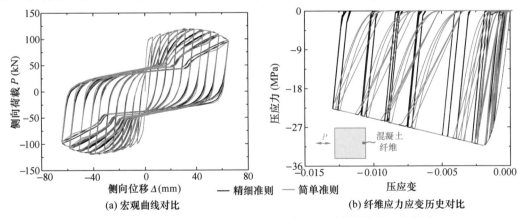

(a) 宏观曲线对比 (b) 纤维应力应变历史对比

图 4-57　不同混凝土滞回准则对钢筋混凝土柱试件模拟结果的影响

可见混凝土对整体弯矩的贡献主要体现在捏拢效应，而钢筋对构件的整体耗能有更显著的影响，因此可以推测混凝土的滞回准则不是影响构件整体耗能计算结果的主要因素。进一步由图 4-59 可知，虽然混凝土材料的单轴滞回准则对混凝土弯矩贡献部分 M_c 有一定影响，但这种影响放到构件整体尺度看就显得微不足道了。

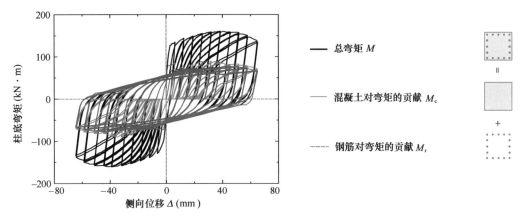

图 4-58　混凝土和钢筋对钢筋混凝土柱试件整体弯曲滞回性能的贡献

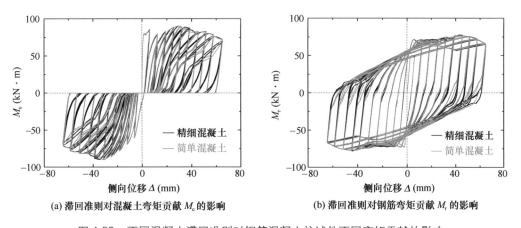

(a) 滞回准则对混凝土弯矩贡献 M_c 的影响　　　　(b) 滞回准则对钢筋弯矩贡献 M_r 的影响

图 4-59　不同混凝土滞回准则对钢筋混凝土柱试件不同弯矩贡献的影响

　　总结这个算例，混凝土材料的简单滞回准则和精细滞回准则本身差别很大，但在构件层次差别却很小，因此可以证明混凝土材料的滞回准则对钢筋混凝土构件整体抗震性能分析结果的影响很小。

2. 钢-混凝土组合梁

　　这里选取文献［46］中的承受往复荷载的简支组合梁 sy-1 进行数值模拟。图 4-60（a）所示为试件的详细参数，由于组合梁正负弯矩受力性能存在较大的差异（譬如，正负弯矩作用下刚度和承载力显著不同），同时由于往复荷载作用下的混凝土板裂缝不断张开闭合，从负弯矩卸载到正弯矩再加载过程中荷载-挠度曲线表现出明显的捏拢现象，由图 4-60（b）可知采用精细的材料滞回准则后可以较准确地模拟上述复杂的受力行为。

　　虽然取得了良好的模拟效果，但由于采用了精细滞回准则，其代价也很高，因此有必要明确精细滞回准则中影响模拟精度的最关键因素，从而在保证精度的情况下尽可能地简

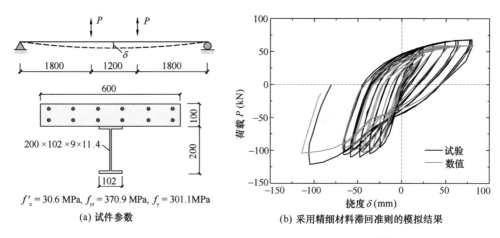

(a) 试件参数   (b) 采用精细材料滞回准则的模拟结果

图 4-60　承受往复荷载的简支组合梁 sy-1 数值模拟[46]

化模型。图 4-61 考察了不同混凝土滞回准则对模拟结果的影响，可见无论采用尽可能精细的准则还是最简单的准则，虽然混凝土板顶纤维的应力-应变路径差异很大，但宏观荷载 – 挠度滞回曲线计算结果几乎毫无差别，因此混凝土滞回准则对组合梁整体滞回性能的预测结果影响很小，只需采用最简单的按初始弹性模量的线弹性加卸载准则，忽略和应力历史相关的强度退化和刚度退化特征，就可获得很满意的模拟精度，从这个角度讲，对混凝土材料精细化滞回准则开展研究似乎并无太大意义。

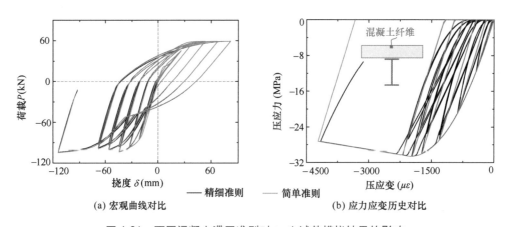

(a) 宏观曲线对比   (b) 应力应变历史对比

图 4-61　不同混凝土滞回准则对 sy-1 试件模拟结果的影响

对于一个组合梁构件，其承担的总弯矩 M 可分解为三部分贡献：钢筋混凝土板自身弯曲贡献 M_{rc}、钢梁自身弯曲贡献 M_s 以及钢筋混凝土板和钢梁之间的组合效应贡献 M_{co}（等于钢筋混凝土板和钢梁各自承担轴力形成的一对力偶，类似于桁架作用）。图 4-62 给出了 sy-1 试件上述三部分弯矩贡献的情况，可以清楚地看到，钢筋混凝土板自身弯曲贡献 M_{rc} 占总弯矩 M 的贡献很小，可以忽略，而组合梁正弯矩和负弯矩的滞回性能各自主要由钢筋混凝土板和钢梁之间的组合效应 M_{co} 和钢梁自身弯曲效应 M_s 决定，这主要是因为负弯矩作用下混凝土开裂后组合梁的组合效应较弱而正弯矩作用下混凝土受压可充分发挥组

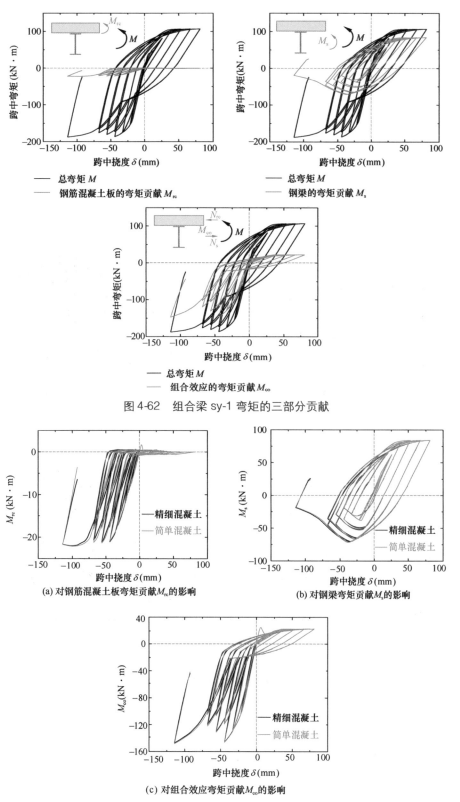

图 4-62　组合梁 sy-1 弯矩的三部分贡献

(a) 对钢筋混凝土板弯矩贡献M_{rc}的影响

(b) 对钢梁弯矩贡献M_a的影响

(c) 对组合效应弯矩贡献M_{co}的影响

图 4-63　不同混凝土滞回准则对 sy-1 试件三部分弯矩贡献的影响

合效应。而进一步由图 4-63 的分析结果可知，上述对组合梁受弯性能贡献最为显著的组合效应 M_{co} 和钢梁自身弯曲效应 M_s 几乎不受混凝土滞回准则的影响。

总结这个算例，同样证明了混凝土材料的滞回准则对钢-混凝土组合梁构件整体抗震性能分析结果的影响很小。

3. 钢管混凝土柱

Fujinaga 等人[47]于 1998 年完成了一组往复荷载作用下钢管混凝土压弯构件的试验。试验中，先施加轴力，然后施加往复水平力，以模拟实际结构中钢管混凝土柱在地震作用下的受力行为。这里选取了两个圆形钢管混凝土试件进行分析，其相关参数和分析结果如图 4-64 所示，两个试件除了轴压比不同，其余试验参数完全相同，当采用精细的混凝土材料滞回准则时，数值计算结果和试验结果吻合很好。

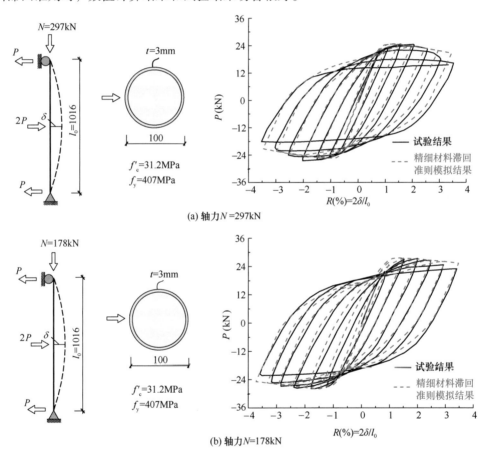

图 4-64 承受往复荷载的钢管混凝土压弯试件[47]

这里选取轴力为 178kN 的试件开展材料滞回准则的参数分析。图 4-65 所示为混凝土滞回准则对模拟结果的影响，和上述钢筋混凝土梁和组合梁的分析结果类似，无论采用尽可能精细的准则还是最简单的准则，虽然跨中混凝土截面边缘纤维的应力－应变路径差异很大，但宏观滞回曲线计算结果差别很小，因此混凝土滞回准则对钢管混凝土柱整体滞回性能的预测结果影响很小，只需采用最简单的按初始弹性模量的线弹性加卸载准则，忽略和应力历史相关的强度退化和刚度退化特征，就可获得很满意的模拟精度。

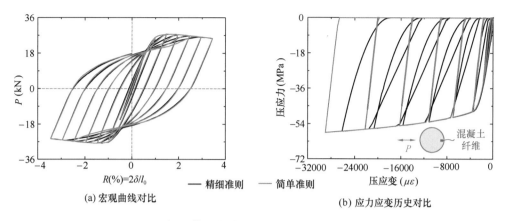

(a) 宏观曲线对比　　　　　　　　(b) 应力应变历史对比

图 4-65　不同混凝土滞回准则对轴力为 178kN 试件模拟结果的影响

对于钢管混凝土组合构件，其整体弯曲性能由混凝土和钢材两部分共同贡献，图 4-66 给出了轴力为 178kN 的试件混凝土承担弯矩 M_c 和钢材承担弯矩 M_s 对总弯矩 M 的贡献情况，可见对于钢管混凝土这类高含钢率的构件，混凝土对弯矩的贡献相比钢材要小很多，因此虽然混凝土材料的单轴滞回准则对混凝土弯矩贡献部分 M_c 有一定影响，如图 4-67（a）所示，但这种影响放到构件整体尺度看就显得微不足道了。而对总弯矩 M 贡献较大的钢材承担弯矩 M_s 受混凝土材料的滞回准则影响较小，如图 4-67（b）所示。

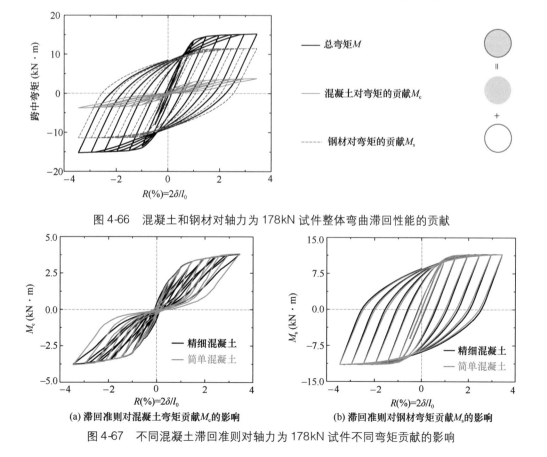

图 4-66　混凝土和钢材对轴力为 178kN 试件整体弯曲滞回性能的贡献

(a) 滞回准则对混凝土弯矩贡献 M_c 的影响　　　(b) 滞回准则对钢材弯矩贡献 M_s 的影响

图 4-67　不同混凝土滞回准则对轴力为 178kN 试件不同弯矩贡献的影响

最后，总结一下，我们通过三种不同类型构件的讨论，可以证明一个很重要的结论：**混凝土受压滞回准则可采用最简单的忽略强度及刚度退化的模型就足以达到结构分析所需的精度。**

正是基于这一结论，国家标准《混凝土结构设计规范》GB 50010—2010（2015 年版）[1]建议的混凝土受压滞回准则是非常简单的，如图 4-68 所示，没有强度退化，简化线性的 Mander 刚度退化，具体的加卸载曲线公式如下：

$$\sigma = E_r(\varepsilon - \varepsilon_z) \tag{4-121}$$

$$E_r = \frac{\sigma_{un}}{\varepsilon_{un} - \varepsilon_z} \tag{4-122}$$

$$\varepsilon_z = \varepsilon_{un} - \frac{(\varepsilon_{un} + \varepsilon_{ca})\sigma_{un}}{\sigma_{un} + E_c\varepsilon_{ca}} \tag{4-123}$$

$$\varepsilon_{ca} = \max\left(\frac{\varepsilon_c}{\varepsilon_c + \varepsilon_{un}}, \frac{0.09\varepsilon_{un}}{\varepsilon_c}\right)\sqrt{\varepsilon_c\varepsilon_{un}} \tag{4-124}$$

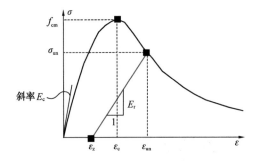

图 4-68　国家标准《混凝土结构设计规范》建议的混凝土滞回准则[1]

第 5 章 裸钢筋（材）和受拉素混凝土 单轴力学行为和本构关系

从本章节开始，我们将把视线转移到钢筋和混凝土的组合受拉问题上来。由于受拉刚化效应的存在，裸钢筋与素混凝土各自受拉的简单叠加，并不等于钢筋与混凝土的组合受拉，如图 5-1 所示，但为了充分研究钢筋与混凝土组合受拉的性能，预先掌握裸钢筋与素混凝土各自受拉的性能仍然非常重要，因此本章节是钢筋与混凝土组合受拉的前奏。此外，为了使讨论更具广泛性，本章节不仅讨论钢筋，还讨论钢材。

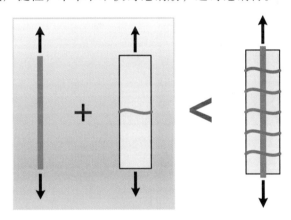

图 5-1 本章节是钢筋与混凝土组合受拉的前奏

5.1 裸钢筋（材）的材料性能试验

要获得钢筋或钢材的材料性能，最常见的方法就是进行材料性能试验。试验时，截取一段钢筋，或将钢材加工成哑铃形试件，如图 5-2（a）所示，放到如图 5-2（b）所示的材料性能试验机上进行拉伸试验。通过试验，我们可以测得拉伸力 P 和位移 Δ 之间的关系曲线，而要把测得的 P-Δ 曲线转换为 σ-ε 材料本构曲线，需要将纵坐标 P 除以截面积 A 得到应力 σ，横坐标位移 Δ 除以标距 L_0 得到应变 ε。当曲线处在弹性段、平台段和强化段时，曲线总体上是强化的，试件变形在标距内基本是均匀的，因此采用不同标距 L_0 得到的应力-应变关系曲线应该基本是相同的。

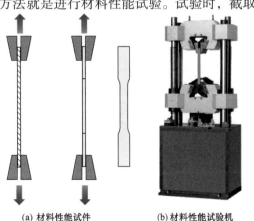

(a) 材料性能试件   (b) 材料性能试验机

图 5-2 材料性能试件和材料性能试验机

然而，当曲线软化进入下降段，试件会在某个截面出现颈缩直至断裂，试件的塑性应变几乎全部集中到颈缩截面形成一个集中化的塑性铰，如图 5-3 所示，标距内应变的强烈不均匀性导致采用不同的标距得到的材料应力-应变关系曲线是不同的，标距越长，得到的极限应变（也就是断后伸长率）越小，只有当标距恰巧等于塑性铰长度时，才能测得真正的颈缩曲线，如图 5-4 所示。然而，颈缩位置难以预知，真实颈缩曲线和断后伸长率难以测得，于是就有必要人为规定一个标距长度计算方法，用统一的名义断后伸长率来衡量钢筋的延性。

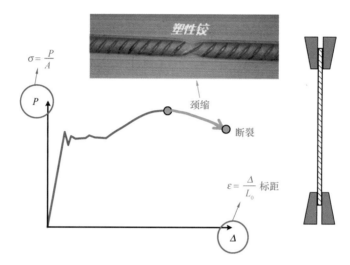

图5-3　由荷载-位移曲线求应力-应变曲线时的标距依赖

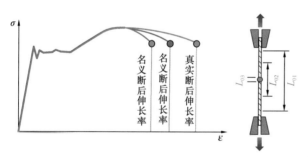

图5-4　名义断后伸长率和真实断后伸长率

目前，人为规定了两种标距的试件，一种是短标距试件，标距长度 $L_0 = 5d$（d 为钢筋直径），另一种是长标距试件，标距长度 $L_0 = 10d$，采用短标距试件测得的断后伸长率可表示为 δ_5，而用长标距试件测得的断后伸长率可表示为 δ_{10}，因此，谈断后伸长率必须谈标距。表 5-1 为文献［48］给出的不同钢筋等级短标距试件的断后伸长率下限要求。当然，这是对于圆形截面的规定，对于钢材材料性能试件的矩形截面，我们可以按截面积 S_0 等效，将其假想为圆形截面，这个假想圆形截面的直径 d 为：

$$d = \sqrt{\frac{4}{\pi} S_0} \tag{5-1}$$

因此，短标距试件的标距 L_0 为：

$$L_0 = 5d = 5\sqrt{\frac{4}{\pi} S_0} = 5.65\sqrt{S_0} \tag{5-2}$$

长标距试件的标距 L_0 为：

$$L_0 = 10d = 10\sqrt{\frac{4}{\pi}S_0} = 11.3\sqrt{S_0} \tag{5-3}$$

不同钢筋等级短标距试件的断后伸长率下限要求　　　　　表 5-1

钢筋等级	δ_5 下限要求
HPB300	25%
HRB335	18%
HRB400、RRB400	14%

有了上述的讨论，我们就可以很容易理解《金属材料 拉伸试验 第 1 部分：室温试验方法》GB/T 228.1—2021[49]关于比例试样和断后伸长率的以下规定：

试样原始标距与原始横截面积有 $L_0 = k\sqrt{S_0}$ 关系者称为比例试样。国际上使用的比例系数（k）的值为 5.65。原始标距应不小于 15mm。当试样横截面积太小，以致采用比例系数（k）为 5.65 的值不能符合这一最小标距要求时，可以采用较高的比例系数（优先采用 11.3）或采用非比例试样。非比例试样其原始标距（L_0）与其原始横截面积（S_0）无关。

断后伸长率为断后标距的残余伸长（$L_u - L_0$）与原始矩（L_0）之比，以% 表示。对于比例试样，若原始标距不为 $5.65\sqrt{S_0}$（其中 S_0 为平行长度的原始横截面积），符号 A 宜附以下脚标说明所使用的比例系数，例如 $A_{11.3}$ 表示按照 $11.3\sqrt{S_0}$ 计算的原始标距（L_0）的断后伸长率。对于非比例试样，符号 A 宜附以下脚标说明所使用的原始标距（以毫米表示），例如，A_{80mm} 表示原始标距（L_0）为 80mm 的断后伸长率。

以上所述的材料性能试验方法虽然被普遍使用，但仍存在诸多不足：首先，不能保证断口塑性集中区完全在标距内，如图 5-5（b）所示，有一部分塑性铰区落在了标距外，此时测到的断后伸长率一定偏小很多；其次，断后伸长率受标距影响大，且由于无法恰巧捕捉到塑性铰区的范围，因此无法测到真实下降段应力－应变曲线；最后，由于标距过长，试件在受压荷载作用下会失稳，如图 5-6 所示，因此难以测得拉压往复荷载作用下的应力－应变关系。

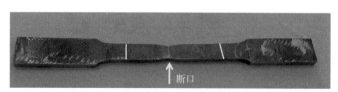

(a) 断口塑性区完全在标距内

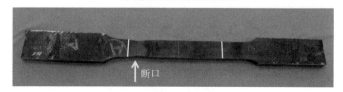

(b) 一部分断口塑性区落在标距外

图 5-5　断口塑性区和标距的位置关系

图 5-6　钢筋试件受压失稳屈曲

针对上述不足，我们可以采取一些改进措施。譬如，最新版的《混凝土结构设计规范》GB 50010—2010[1]规定用最大力下的总伸长率限值（而非断后伸长率限值）来控制钢筋的延性要求，如表 5-2 所示，这样结果就和标距无关了。又如，可以采用超短标距试样 + 精密引伸计的材料试验机（如图 5-7 所示为清华大学航空航天学院的材料性能试验机），使得塑性铰区恰好落在精密引伸计所包含的标距内，同时标距很短，试件不会失稳，因此这一方案可以很顺利地测得钢材在往复荷载作用下的应力-应变曲线，图 5-8 所示为试件的破坏形态，图 5-9 为实际测得的材料应力-应变滞回曲线。

普通钢筋及预应力筋在最大力下的总伸长率限值　　　　　　　　　　表 5-2

钢筋品种	普通钢筋			预应力筋
	HPB300	HRB335、HRBF335、HRB400、HRBF400、HRB500、HRBF500	RRB400	
δ_{gt}（%）	10.0	7.5	5.0	3.5

图 5-7　清华大学航空航天学院材料性能试验机

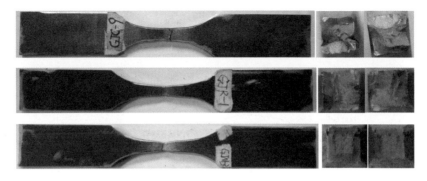

图 5-8　试件的破坏形态

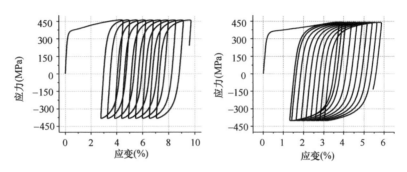

图 5-9　实测钢材的应力-应变滞回曲线

5.2　软钢的单调性能及其模型

软钢就是有明显屈服平台的钢材，以 HRB335 为例，软钢的单调受拉应力-应变关系曲线如图 5-10 所示，完整的曲线由弹性段、屈服平台段、强化段、颈缩段 4 部分构成。对于 HRB335 级钢筋，其开始强化时的应变约为 20000$\mu\varepsilon$，大致是屈服应变的 12 倍，而其达到最大应力时的应变（也是开始颈缩时的应变）大约为 200000$\mu\varepsilon$，大致是屈服应变的 120 倍。随着钢筋的屈服强度不断增加，屈服平台段不断缩小，达到最大应力时的应变也逐渐减小。总体上，钢筋（材）的延性和塑性变形能力与钢筋（材）的屈服强度呈负

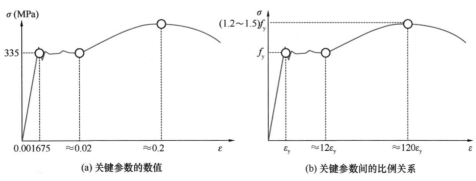

图 5-10　以 HRB335 为例的软钢单调性能曲线

相关，如图 5-11 所示。因此，工程中常在需要大变形的部位（例如梁端等）或是需要耗能的部位（例如各类金属阻尼器等）选用低屈服点的钢材。

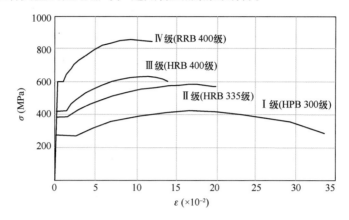

图 5-11　不同强度等级钢筋单调性能曲线的对比[15]

　　钢筋（材）单调加载的应力应变本构模型大致有以下几种类型：（1）当分析不关注强化段性能或实际结构中的材料不会进入强化段时，可以选用理想弹塑性模型，如图 5-12（a）所示；（2）当分析关注材料的强化行为时，可以选用双折线或三折线模型，分别如图 5-12（b）和（c）所示，以 HRB335 钢筋为例，强化模量大致可取为 0.005 倍的初始弹性模量 E_s，三折线模型也是国家标准《混凝土结构设计规范》GB 50010—2010（2015年版）[1]建议的钢筋本构模型；（3）当分析关注强化、颈缩、破坏一系列行为时，可以采用比较精细的二次塑流模型，也就是用二次抛物线模拟强化和颈缩曲线，Esmaeilly 和 Xiao[50] 给出了强化和颈缩曲线的二次抛物线公式为：

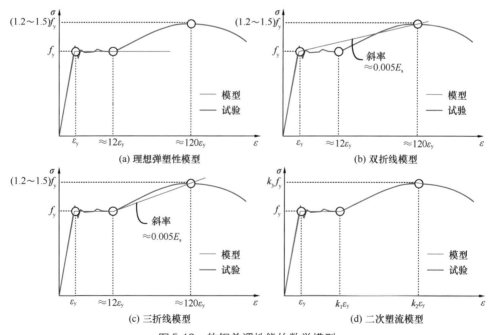

图 5-12　软钢单调性能的数学模型

$$\sigma = k_3 f_y + \frac{E_s(1-k_3)}{\varepsilon_y (k_2-k_1)^2}(\varepsilon - k_2 \varepsilon_y)^2 \tag{5-4}$$

式中：k_1 为开始强化点应变和屈服应变 ε_y 的比值；k_2 为达到最大应力点的应变和屈服应变 ε_y 的比值；k_3 为极限强度和屈服强度 f_y 的比值，具体详见图 5-12（d）。

5.3　硬钢的单调性能及其模型

硬钢是没有明显屈服平台的钢材，这里以预应力筋为例，讨论硬钢的单调拉伸本构关系。图 5-13 所示为预应力筋典型的单调应力-应变曲线，曲线上主要有三个控制点：比例极限点、屈服点以及极限强度点。当应力水平达到 75% 的极限强度 f_b 时，应力-应变曲线达到比例极限点，在该点之前，预应力筋按弹性模量 E_s 线性加载，当超过这一点时，预应力筋进入非线性。由于没有明显屈服平台，屈服点是人为定义的表征曲线明显拐弯的点，如图 5-13 所示，沿初始斜线刚度 E_s 卸载后残余应变为 0.002 的点定义为屈服点，该点的应力水平大概为极限强度的 85%。

以下介绍几种常用的预应力筋的本构模型。首先是汪训流模型[51]，也就是二次塑流模型，模型为两段式，第一段为达到比例极限前的线弹性，第二段为超过比例极限后的二次抛物线，如图 5-14 所示，第二段的二次抛物线方程为：

$$\sigma = k_3 f_e + \frac{E_s(1-k_3)}{\varepsilon_e (k_2-k_1)^2}(\varepsilon - k_2 \varepsilon_e)^2 \tag{5-5}$$

式中：$k_1=1$；$k_2=10$；$k_3=1/0.75=1.33$。

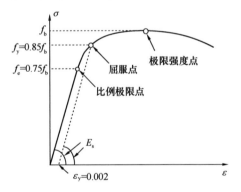

图 5-13　预应力筋的单调应力-应变曲线

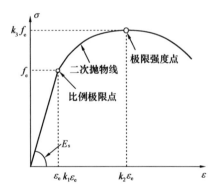

图 5-14　预应力筋的二次塑流模型

接下来我们介绍 Ramberg-Osgood 模型[52]（后面简称 RO 模型）。RO 模型为三参数的单曲线指数方程如下：

$$\varepsilon = \frac{\sigma}{E} + K\left(\frac{\sigma}{E}\right)^n \tag{5-6}$$

式（5-6）为 RO 模型的原始形式，可以继续改写为：

$$\varepsilon = \frac{\sigma}{E} + K\left(\frac{f_y}{E}\right)^n \left(\frac{\sigma}{f_y}\right)^n = \frac{\sigma}{E} + e\left(\frac{\sigma}{f_y}\right)^n \tag{5-7}$$

由图 5-13 屈服点的定义可知，当 $\sigma = f_y$ 时，$\varepsilon = f_y/E + \varepsilon_y$，将该条件代入式（5-7）

如下：

$$\frac{f_y}{E} + \varepsilon_y = \frac{f_y}{E} + e \tag{5-8}$$

由上式可得：$e = \varepsilon_y$，代入式（5-7）可得 RO 模型的另一个重要形式：

$$\varepsilon = \frac{\sigma}{E} + \varepsilon_y \left(\frac{\sigma}{f_y} \right)^n = \frac{\sigma}{E} + 0.002 \left(\frac{\sigma}{f_{0.002}} \right)^n \tag{5-9}$$

上式中包含三个关键参数：E 为初始弹性模量，$f_{0.002}$ 为屈服强度，指数 n 控制曲线形状。当预应力筋的极限强度 $f_b = 1860 \text{MPa}$ 时，预应力筋的屈服强度 $f_{0.002} = 0.85 f_b = 1581 \text{MPa}$，预应力筋的初始弹性模量取为 200000MPa，可得 n 不同取值对应的一系列曲线如图 5-15 所示，所有曲线都经过屈服点，$n = 1$ 时为直线，n 越大，曲线拐弯越显著，当 n 趋近于无穷大时，即为理想弹塑性。黄成若和李引擎等人[53]标定了预应力筋 n 的取值为 13.5。

需要特别说明的是，RO 模型是单曲线模型，这对于应用于纤维模型非常方便。但模型没有线弹性段和非线性段的分界，或者说从刚开始加载时曲线就是非线性的，这对于应用于以弹塑性力学为基础的通用有限元程序时并不方便。因为弹塑性力学的框架要求包含弹性段和塑性段，因此只能定义应力为 $0.75 f_b$ 的点为初始屈服强度，而需要输入程序的弹性模量应为应力为 $0.75 f_b$ 的点的割线模量 E_{sec}，而需要输入程序的等效应力 σ_{eq} 和等效塑性应变 ε_{eq} 的关系也不能简单地消去式（5-9）的第一项 σ/E，而应为：

$$\varepsilon_{eq} = \frac{\sigma_{eq}}{E} + 0.002 \left(\frac{\sigma_{eq}}{f_{0.002}} \right)^n - \frac{\sigma_{eq}}{E_{sec}} \tag{5-10}$$

为了使 RO 指数型模型更方便地应用于以弹塑性力学为基础的通用有限元程序，我们可以采用 Holmquist-Nadai 模型[54]（以下简称 HN 模型），如图 5-16 所示，比例极限点前为线弹性，弹性模量为 E，超过比例极限后为指数函数，具体表达式为：

$$\varepsilon = \frac{\sigma}{E} + 0.002 \left(\frac{\sigma - 0.75 f_b}{f_{0.002} - 0.75 f_b} \right)^n \tag{5-11}$$

式中：$n = 1$ 时为直线，$n > 1$ 时为曲线。

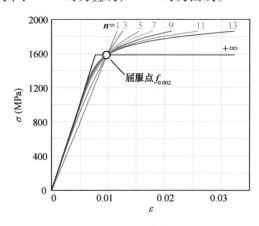

图 5-15 Ramberg-Osgood 曲线（$f_b = 1860 \text{MPa}$）

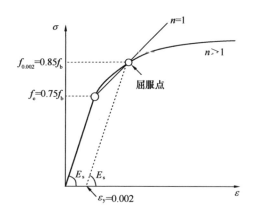

图 5-16 Holmquist-Nadai 曲线

对于 HN 模型中 n 的取值，我们可以令 RO 模型和 HN 模型在应力 $\sigma = f_b$ 时的应变相等，即：

$$\varepsilon(f_b) = \frac{f_b}{E} + 0.002\left(\frac{f_b}{0.85f_b}\right)^{n_{RO}} = \frac{f_b}{E} + 0.002\left(\frac{f_b - 0.75f_b}{0.85f_b - 0.75f_b}\right)^{n_{HN}} \quad (5\text{-}12)$$

求解上述方程可得：

$$n_{HN} = \frac{\log1 - \log0.85}{\log0.25 - \log0.1} \cdot n_{RO} = 0.1774\,n_{RO} \quad (5\text{-}13)$$

当 RO 模型中的 n 取 13.5 时，HN 模型中的 n 取 $0.1774 \times 13.5 = 2.4$，图 5-17 为两个模型的对比，可以看到两者给出的应力-应变关系曲线几乎一致。

HN 模型最大的优点就是非常契合通用有限元程序中的弹塑性力学框架，应用该模型时，程序中需要输入的初始屈服强度可取比例极限 $f_e = 0.75f_b$，程序中需要输入的弹性模量可直接取公式中的弹性模量 E，程序中需要输入的硬化准则，就是等效应力 σ_{eq} 和等效塑性应变 ε_{eq} 的关系，可直接取式（5-11）的第二项如下，非常方便！

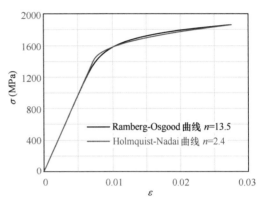

图 5-17　Ramberg-Osgood 曲线和 Holmquist-Nadai 曲线对比（$f_b = 1860\text{MPa}$）

$$\varepsilon_{eq} = 0.002\left(\frac{\sigma_{eq} - 0.75f_b}{f_{0.002} - 0.75f_b}\right)^n \quad (5\text{-}14)$$

历史上，HN 模型先于 RO 模型提出，RO 模型的提出理由是能将 HN 模型的四参数变为三参数，从而使表达形式更为简洁。很显然，参数少、表达形式简洁是当时进行模型研究的一个追求，从这个角度看，RO 模型优于 HN 模型。但随着弹塑性力学框架的建立和在通用有限元软件中的广泛应用，能否契合弹塑性力学框架也成为判断模型优劣的准则，从这个角度看，HN 模型显得比 RO 模型更有优势。所以，不同的角度看问题常常会得到不同的结论。从以上讨论我们也可以看到，讨论材料本构的优劣一定要和模型框架结合起来，RO 模型更适合于纤维模型，而 HN 模型更适用于通用有限元程序中的弹塑性力学框架。

5.4　钢筋（材）滞回模型的包辛格效应

图 5-18 所示为 Dodd 和 Cooke[55] 测得的钢筋的滞回曲线，图 5-19 所示为刘晓刚[56] 测得的 Q345GJ 钢材的滞回曲线，从这些曲线中可以看到，钢筋和钢材的滞回曲线呈现出饱满的梭形特征，具有很强的耗能能力。那么，该如何准确模拟钢筋和钢材的滞回曲线呢？传统的弹塑性力学给出了三种强化准则，如图 5-20 所示，通过和试验结果对比，这三种传统的强化准则中，随动强化和试验结果最接近。尽管如此，随动强化准则仍在包辛格效应的描述方面存在明显的不足。随动强化描述的包辛格效

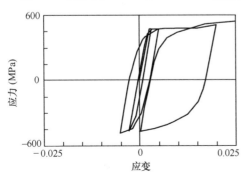

图 5-18　Dodd 和 Cooke 实测钢筋的滞回曲线[55]

应是指反向再加载时，应力尚未达到屈服应力 f_y 时就提前转折进入塑性，而实际材料的包辛格效应更为显著，从反向再加载一开始就进入塑性，沿曲线进行塑性发展，没有明显的转折点，这种曲线式包辛格效应是钢材滞回曲线的重要特征，如果用随动强化准则模拟，则会高估钢材实际的耗能，如图5-20（c）所示。

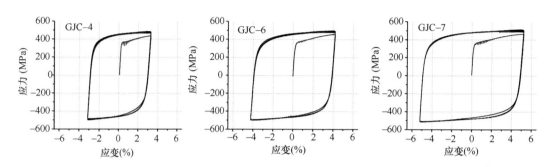

图 5-19　刘晓刚实测钢材的滞回曲线[56]

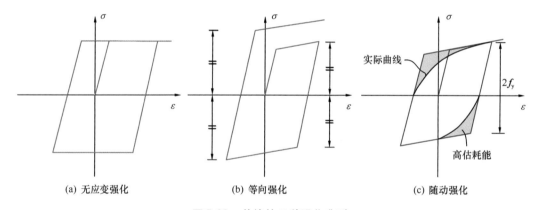

(a) 无应变强化　　　(b) 等向强化　　　(c) 随动强化

图 5-20　传统的几种强化准则

为了准确模拟钢材所特有的曲线式包辛格效应，Legeron 等人[57] 提出一种 p 次曲线的模型。如图 5-21（a）所示，由点 a 到点 b 的曲线为如下表达式的 p 次曲线：

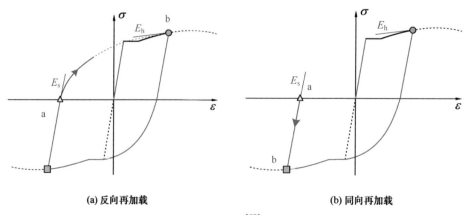

(a) 反向再加载　　　　　　(b) 同向再加载

图 5-21　Legeron 等人[57] 的钢材滞回模型

$$\frac{E_{\mathrm{s}}(\varepsilon - \varepsilon_{\mathrm{a}}) - \sigma}{E_{\mathrm{s}}(\varepsilon_{\mathrm{b}} - \varepsilon_{\mathrm{a}}) - \sigma_{\mathrm{b}}} = \left(\frac{\varepsilon - \varepsilon_{\mathrm{a}}}{\varepsilon_{\mathrm{b}} - \varepsilon_{\mathrm{a}}}\right)^{p} \tag{5-15}$$

式中：E_{s} 为钢材弹性模量；ε_{a} 和 ε_{b} 分别为 a 点和 b 点的应变，σ_{b} 为 b 点的应力。该式经整理可得：

$$\sigma = E_{\mathrm{s}}(\varepsilon - \varepsilon_{\mathrm{a}}) - \left[E_{\mathrm{s}}(\varepsilon_{\mathrm{b}} - \varepsilon_{\mathrm{a}}) - \sigma_{\mathrm{b}}\right]\left(\frac{\varepsilon - \varepsilon_{\mathrm{a}}}{\varepsilon_{\mathrm{b}} - \varepsilon_{\mathrm{a}}}\right)^{p} \tag{5-16}$$

该曲线的两个端点分别满足如下边界条件：（1）a 点的斜率等于 E_{s}；（2）b 点的斜率等于强化模量 E_{h}，即屈服点到极限强度点连线的斜率，如图 5-21（a）所示。

将式（5-16）求一阶导数可得：

$$k(\varepsilon) = \frac{\mathrm{d}\sigma}{\mathrm{d}\varepsilon} = E_{\mathrm{s}} - \left[E_{\mathrm{s}}(\varepsilon_{\mathrm{b}} - \varepsilon_{\mathrm{a}}) - \sigma_{\mathrm{b}}\right] \cdot p \cdot \left(\frac{\varepsilon - \varepsilon_{\mathrm{a}}}{\varepsilon_{\mathrm{b}} - \varepsilon_{\mathrm{a}}}\right)^{p-1} \cdot \frac{1}{\varepsilon_{\mathrm{b}} - \varepsilon_{\mathrm{a}}} \tag{5-17}$$

由式（5-17）可知，a 点的斜率 $k(\varepsilon_{\mathrm{a}}) = E_{\mathrm{s}}$，自动满足边界条件要求；b 点的斜率 $k(\varepsilon_{\mathrm{b}}) = E_{\mathrm{h}}$，即：

$$k_{\mathrm{b}} = \frac{\mathrm{d}\sigma}{\mathrm{d}\varepsilon} = E_{\mathrm{s}} - \frac{\left[E_{\mathrm{s}}(\varepsilon_{\mathrm{b}} - \varepsilon_{\mathrm{a}}) - \sigma_{\mathrm{b}}\right] \cdot p}{\varepsilon_{\mathrm{b}} - \varepsilon_{\mathrm{a}}} = E_{\mathrm{h}} \tag{5-18}$$

解上述方程可得 p 的计算公式为：

$$p = \frac{(E_{\mathrm{s}} - E_{\mathrm{h}})(\varepsilon_{\mathrm{b}} - \varepsilon_{\mathrm{a}})}{E_{\mathrm{s}}(\varepsilon_{\mathrm{b}} - \varepsilon_{\mathrm{a}}) - \sigma_{\mathrm{b}}} \tag{5-19}$$

上述公式成立的条件为：$E_{\mathrm{s}}(\varepsilon_{\mathrm{b}} - \varepsilon_{\mathrm{a}}) - \sigma_{\mathrm{b}} \neq 0$。

若 $E_{\mathrm{s}}(\varepsilon_{\mathrm{b}} - \varepsilon_{\mathrm{a}}) - \sigma_{\mathrm{b}} = 0$，则 $p = \infty$，代入式（5-16）可知 p 次曲线方程退化为直线：$E_{\mathrm{s}}(\varepsilon - \varepsilon_{\mathrm{a}}) - \sigma = 0$。这种情况的物理意义为图 5-21（b）所示的同向再加载，即沿刚度为 E_{s} 的直线再加载。

5.5 DIY：钢筋 (材) 滞回模型的程序实现

采用 Legeron 等人[57]建议的 p 次曲线模拟钢筋和钢材滞回曲线的包辛格效应，具体程序实现步骤如下：

（1）定义塑性往复标记 CYC。CYC 的初始值为 0，当 $|\varepsilon| > \varepsilon_{\mathrm{y}}$（$\varepsilon$ 为当前步应变，ε_{y} 为屈服强度，该式子代表曲线进入塑性）且 $|\varepsilon| < |\varepsilon_{\mathrm{p}}|$（$\varepsilon_{\mathrm{p}}$ 代表前一步应变，该式子代表曲线开始进入往复阶段）时，CYC 的值更新为 1。当 CYC = 0 时，曲线走骨架曲线（如图 5-22 中的路径 1），当 CYC = 1 时，则进入步骤（2）。

（2）当 $\sigma_{\mathrm{p}}\Delta\varepsilon < 0$（$\sigma_{\mathrm{p}}$ 为前一步应力，$\Delta\varepsilon$ 为当前步应变增量）时，曲线以钢材弹性模量 E_{s} 卸载，如图 5-22 中的路径 2、5、7、10。当 $\sigma_{\mathrm{p}}\Delta\varepsilon > 0$ 时，曲线进入再加载阶段，进入步骤（3）。

（3）当 $|\varepsilon| > |\varepsilon_{\mathrm{b}}|$（$\varepsilon_{\mathrm{b}}$ 为最大历史应变点，如图 5-22 中的绿色圆点和蓝色方点，初始时取为屈服点）时，沿骨架曲线再加载，如图 5-22 中的路径 4、9、12。当 $|\varepsilon| < |\varepsilon_{\mathrm{b}}|$ 时，非骨架线再加载，进入步骤（4）。

（4）记录再加载起点 a：应力变号点 $\sigma_{\mathrm{p}}\sigma_{\mathrm{pp}} < 0$（$\sigma_{\mathrm{p}}$ 为前一步应力，σ_{pp} 为前两步应力，应力变号点如图 5-22 路径 3、6、8 中的黄色三角形）和应变增量变号点 $\Delta\varepsilon\Delta\varepsilon_{\mathrm{p}} < 0$（$\Delta\varepsilon$

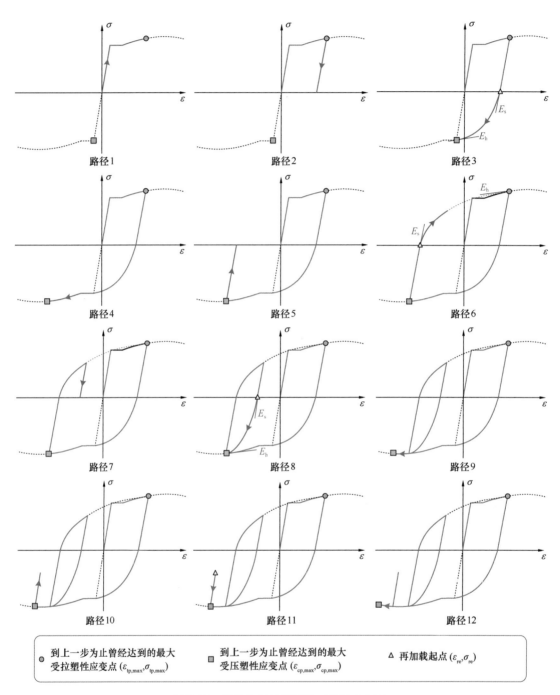

图 5-22　钢筋和钢材滞回模型的程序实现

为当前应变增量，$\Delta\varepsilon_p$ 为前一步应变增量，应变增量变号点如图 5-22 路径 11 中的黄色三角形）。记录再加载终点 b 为最大历史应变点，如图 5-22 中的绿色圆点和蓝色方点，初始时取为屈服点。当 $|E_s(\varepsilon_b - \varepsilon_a) - (\sigma_b - \sigma_a)| > 10^{-6}$ 时，按 p 次曲线反向再加载，如图 5-22 中的路径 3、6、8。当 $|E_s(\varepsilon_b - \varepsilon_a) - (\sigma_b - \sigma_a)| < 10^{-6}$ 时，按弹性模量 E_s 以直线同向再加载，如图 5-22 中的路径 11。

依据上述步骤，可以画出钢筋和钢材滞回模型的程序实现流程图如图 5-23 所示，具体程序实现代码详见附录 3。

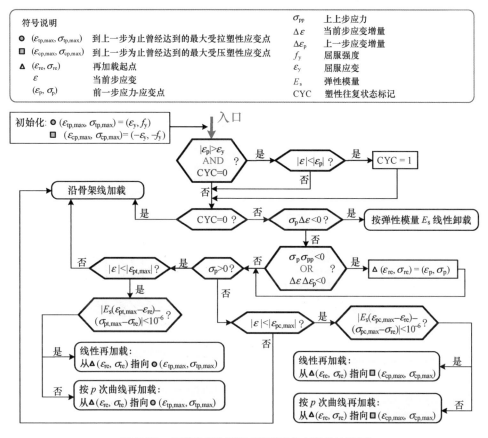

图 5-23　钢筋和钢材滞回模型程序实现的流程图

5.6　如何选择钢筋（材）的滞回模型？

这里我们主要对比两种钢筋和钢材的滞回准则对结构构件模拟结果的影响。第一种滞回准则是由 Légeron 等人[57]提出的可以较为精细地模拟钢筋和钢材所特有的曲线式包辛格效应的 p 次曲线模型，如图 5-24（a）所示，这里我们简称为"精细准则"。为了形成反差，第二种滞回准则是传统弹塑性力学中的随动强化模型，也是通用有限元程序中最简单的模型之一，如图 5-24（b）所示，这里我们简称为"简单准则"。我们同样选择和第 4.10 节相同的钢筋混凝土柱、组合梁以及钢管混凝土柱三个算例。

首先对日本学者 Kawashima 等人[45]于 2004 年开展的钢筋混凝土桥墩往复荷载作用下的抗震性能试验进行模拟，采用两种滞回准则的模拟结果对比如图 5-25（左）所示，可见两者差别很大，采用随动强化模型的简单准则会显著高估构件的耗能能力，使预测结果偏于不安全，而从图 5-25（右）所示钢筋应力应变历史的对比中也同样可以看出两种滞回准则具有显著的差异。

图 5-26 和图 5-27 所示分别为文献［46］和［47］中组合梁和钢管混凝土构件的模拟

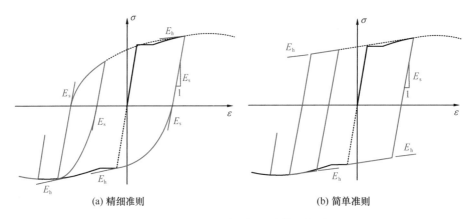

(a) 精细准则　　　　　　　　(b) 简单准则

图 5-24　用以对比的两种滞回准则

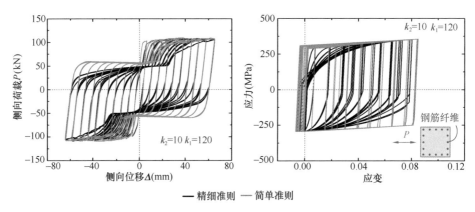

——精细准则　——简单准则

图 5-25　不同钢筋滞回准则对钢筋混凝土柱试件模拟结果的影响

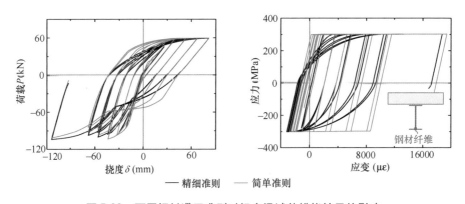

——精细准则　——简单准则

图 5-26　不同钢材滞回准则对组合梁试件模拟结果的影响

结果，同样可以得到和第一个算例类似的结论，也就是钢材采用精细滞回准则和简单滞回准则会导致模拟结果显著的差异，采用随动强化模型的简单准则会显著高估构件的耗能能力，使预测结果偏于不安全，**因此在工程实践中非常有必要采用能够精细描述钢材曲线式包辛格效应的滞回准则。**

为了进一步支撑上述结论，这里再引用两组其他学者的模拟结果。图 5-28 为周慧[58]

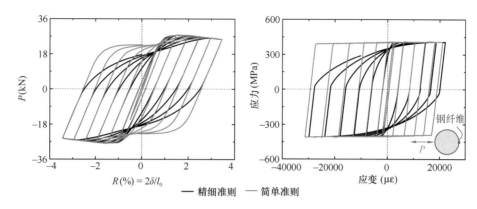

图 5-27　不同钢材滞回准则对钢管混凝土柱试件模拟结果的影响

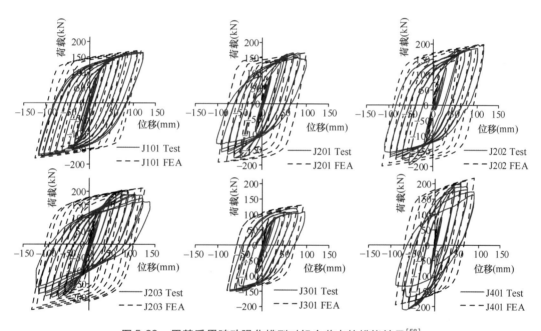

图 5-28　周慧采用随动强化模型对组合节点的模拟结果[58]

采用通用有限元程序 ABAQUS 对钢 – 混凝土空间组合节点的滞回性能进行模拟，钢材的滞回准则采用的是程序自带的随动强化模型，从模拟结果中可以看到，虽然能较为准确地预测试件的整体刚度和承载力，但计算出来的滞回环明显比试验结果饱满，因此从滞回性能的角度看，模拟结果并不能令人满意，究其原因，是由于钢材的滞回准则太过简单。图 5-29 为王强等人[59]对某一钢筋混凝土滞回性能的模拟，当采用随动强化滞回准则时，滞回环和试验结果相比明显偏大，随后当将钢材的滞回准则修改为更精细的多折线模型时（这里的多折线模型和 Legeron 等人[57]的 p 次曲线精细模型较为类似），滞回环明显缩小了，模拟结果明显变得更理想了，这也强有力地印证了钢筋的滞回准则对钢筋混凝土构件滞回耗能能力的模拟至关重要。

综合本节和第 4.10 节的结果，可知**钢筋或钢材的滞回准则远比混凝土的滞回准则重要**，有了这一认识，我们就可以理解为什么我国《混凝土结构设计规范》GB 50010—

2010[1]中的钢筋滞回准则为 Legeron 等人[57]建议的精细准则，而混凝土受压的滞回准则却比较简单。

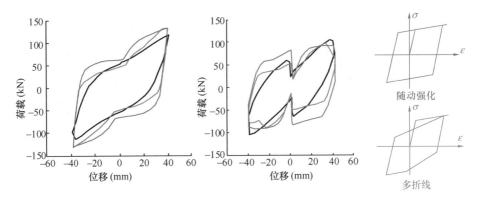

图 5-29 王强等人用不同滞回准则对钢筋混凝土柱模拟结果的对比[59]

5.7 断裂能 G_f 和受拉素混凝土的 $\sigma\text{-}w$ 模型

采用图 5-30 所示的素混凝土轴拉试验装置可以测得混凝土受拉的全过程曲线，图 5-31所示为 Wittmann 等人[60]测得的一个试件的典型应力 σ 和位移 δ 关系曲线，该曲线最大的特点是：达到峰值强度后下降段特别陡峭。经过对大量试验结果进行观察，可以发现无论试件尺寸如何变化，只要是同一种材料，其 $\sigma\text{-}\delta$ 曲线和坐标轴包围的面积是基本一致的，定义这一面积为断裂能 G_f。

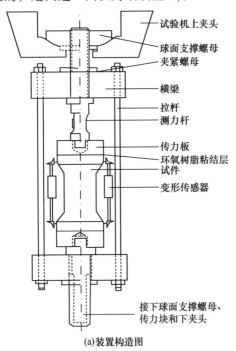

(a)装置构造图

(b) 装置实物照片

图 5-30 素混凝土试块受拉试验装置

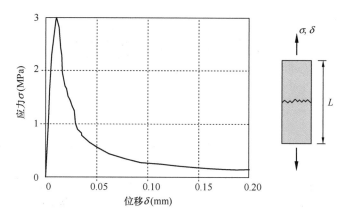

图 5-31　Wittmann 等人得到的应力-位移实测结果[60]

在试验过程中，素混凝土试件只在某个最薄弱的截面产生一道裂缝，而其他位置均未开裂。在测得的 $\sigma\text{-}\delta$ 关系曲线中，位移 δ 既包含裂缝处的轴向位移，还包含标距 L 内未开裂混凝土的弹性变形，我们可以采用以下关系式将总变形中的未开裂混凝土的弹性变形去除，使测得的应力 σ 和轴向位移 δ 关系曲线转换为应力 σ 和裂缝宽度 w 关系曲线（图 5-32），而 $\sigma\text{-}w$ 曲线是直接描述裂缝力学特性的基本曲线。

$$w = \delta - \frac{\sigma}{E}L \tag{5-20}$$

式中：E 为素混凝土受拉弹性模量；L 为测量标距。

可以非常容易证明，由于弹性应变能可恢复，$\sigma\text{-}w$ 曲线与坐标轴包围的面积同样为断裂能 G_f，而断裂能 G_f 的定义为：**一根裂缝张开全过程单位截面积所耗散的能量**，其量纲为 $\text{N}\cdot\text{m}/\text{m}^2 = \text{N}/\text{m}$。需要特别强调的是，断裂能是一种材料属性，和试件尺寸无关，其地位等同于弹性模量、轴心抗压强度、轴心抗拉强度等。

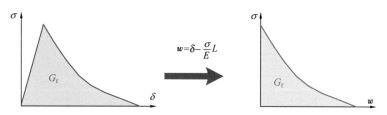

图 5-32　应力-位移曲线向应力-裂缝宽度曲线转换

过去的研究表明，断裂能主要受到两个因素的影响，一个是混凝土强度，另一个是最大骨料粒径，图 5-33 为 Wittmann[61] 测得的断裂能与最大骨料粒径之间的关系，可以看到，两者总体上呈正相关关系，同时试验结果仍然存在一定的离散性。

不同学者或规范提出的断裂能 G_f 的计算公式总结如表 5-3 所示，其中 MC90[62] 与 Bazant 和 Oh[63] 提出的公式同时和混凝土强度与最大骨料粒径相关，而 Wittmann[61] 提出的公式只与最大骨料粒径相关。采用文献［60，64-67］中共 17 个试件的断裂能实测结果和上述三组公式进行对比，如图 5-34 所示，可见 MC90[62] 建议的公式与试验结果吻合最好，而 Bazant 和 Oh 以及 Wittmann 提出的公式分别低估和高估了实测结果。

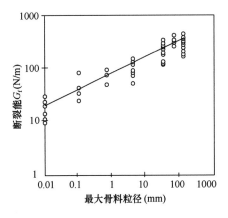

图5-33 Wittmann 测得的断裂能与
最大骨料粒径之间的关系[61]

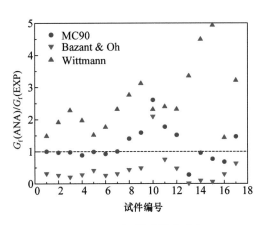

图5-34 不同断裂能公式和
试验结果的对比

不同学者或规范提出的断裂能计算公式　　　　　　　　表5-3

提出者	公式	单位	主要参数释义
MC90[62]	$G_f = G_{f0} \cdot (f_{cm}/f_{cm0})^{0.7}$	N/mm/MPa	f_{cm} 为混凝土平均轴心抗压强度；f_{cm0} 为混凝土平均轴心抗压强度基准值，取为 10MPa；G_{f0} 为断裂能基准值，与最大骨料粒径 d_{max} 相关：d_{max} 为 8mm、16mm、32mm 时，G_{f0} 分别对应为 0.025、0.03、0.058
Bazant 和 Oh[63]	$G_f = (2.72 + 0.0214f_t)f_t^2 \dfrac{d_{max}}{E_c}$	lb./inch/psi	d_{max} 为最大骨料粒径；f_t 为混凝土轴心抗拉强度；E_c 为混凝土弹性模量
Wittmann[61]	$G_f = a \cdot d_{max}^n \cdot 10^{-3}$	N/mm/MPa	d_{max} 为最大骨料粒径；$a = 80.6$；$n = 0.32$

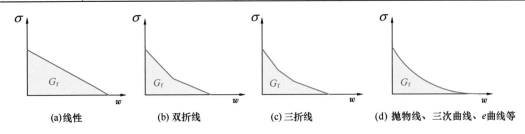

图5-35 已有的 σ-w 曲线形式

　　已知素混凝土的轴心抗拉强度 f_t，并按上述方法求得断裂能 G_f，要求 σ-w 全曲线，则只需要挑选一种合适的曲线形式。挑选标准主要包括以下 3 条：（1）陡峭下凹曲线；（2）表达式简单，尽量单公式；（3）从面积标定曲线参数简便。文献中已有的曲线形式如图5-35所示，包括线性、双折线、三折线、抛物线、三次曲线、e 曲线等，但这些曲线都无法完全满足以上 3 条挑选标准。为此，我们推荐采用椭圆曲线来描述 σ-w 关系，如图 5-36 所示。首先，椭圆曲线符合陡峭内凹的特征；其次，只用一个方程就可以描述，如下式所示：

$$\left(\frac{\sigma - f_\text{t}}{f_\text{t}}\right)^2 + \left(\frac{w - w_\text{u}}{w_\text{u}}\right)^2 = 1 \quad (5\text{-}21)$$

最后，曲线和坐标轴包围的面积（也就是断裂能 G_f）为矩形面积减去 1/4 椭圆面积，计算起来非常方便，如式（5-22）所示，由此可以非常方便地标定唯一的参数 w_u，如式（5-23）所示。

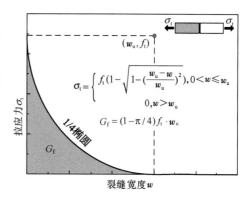

图 5-36　采用椭圆曲线描述 σ-w 关系

$$G_\text{f} = \left(1 - \frac{\pi}{4}\right) f_\text{t}\, w_\text{u} \qquad (5\text{-}22)$$

$$w_\text{u} = \frac{G_\text{f}}{\left(1 - \dfrac{\pi}{4}\right) f_\text{t}} \qquad (5\text{-}23)$$

第6章 钢筋-混凝土组合受拉的裂缝模型

开裂是混凝土材料所特有的一种复杂力学行为。开裂是结构损伤的表现，是结构破坏的先兆，是结构耐久性不足的预警，同时也是揭示结构受力机理和事故调查的重要线索，混凝土开裂现象的背后蕴藏着和结构正常使用性能、耐久性及破损特征等密切相关的重要信息，对结构开裂行为进行精细化预测具有重要的理论意义和工程应用价值。

抗裂分析和设计目前已经成为桥梁和建筑结构设计中非常重要的环节之一，是保障和提升工程结构全寿命性能的关键技术措施。以图6-1中的一些实际工程实践为例，北京市某标志性大跨斜拉桥，采用独塔单索面预应力混凝土结构体系，在该桥的设计中，从桥梁整体到局部，从施工各阶段到正常运营，桥梁的抗裂性能受到了空前重视。设计人员尽管意识到混凝土开裂行为是一种复杂的非线性行为，但限于基础理论方面的储备不足，只能采用弹性有限元方法粗糙地验算结构的主拉应力。而在建筑结构领域，大型公共建筑和高层建筑的快速发展对大跨承重结构产生巨大需求，由此带来的负弯矩区混凝土板的抗裂难题在实际工程中已屡见不鲜。除了研发新材料、新构造和新工艺，发展精细化裂缝计算方法也是解决这一难题的重要途径之一。大跨楼盖结构负弯矩区的开裂问题不仅受到使用荷载的影响，同时还受到温度及收缩徐变等多重因素的耦合作用[68]，基于弹性理论的分析方法已难以适应精细化裂缝计算的需求。近年来，随着非线性有限元方法的不断进步、相关软件平台的不断完善，在工程需求的不断推动下，基于有限元方法的非线性开裂分析开始萌芽发展，并在一些重要工程中尝试应用[69,70]，但是由于"平均裂缝间距"这一关键参数的求解难题，要使此类分析从定性走向定量，目前还存在很大的困难。

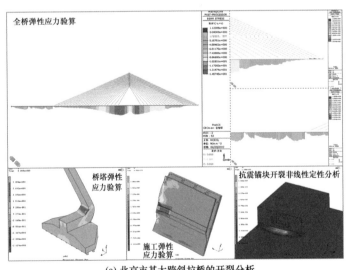

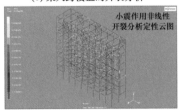

(a) 北京市某大跨斜拉桥的开裂分析　　(c) 某工业建筑的开裂分析

图6-1　实际工程实践中的结构开裂分析

因此，基于精细化分析的抗裂设计近年来受到了工程界和学术界的空前重视，弹性分析由于其简单易行仍大行其道，但效果存疑，非线性开裂分析仍停留在定性阶段，真正实现裂缝的非线性定量分析仍有很大困难。钢筋混凝土的开裂分析，可以抽象为钢-混凝土组合受拉这一基本问题，本章将从钢-混凝土组合受拉这一基本问题入手，讨论适用于纤维模型的裂缝宽度计算方法以及相应的材料等效单轴本构关系。

6.1　组合受拉的基本受力特征

以下通过两组试验来讨论钢筋-混凝土组合受拉的基本特征。

第一组试验是 2008 年 Lee 和 Kim[71] 完成的钢筋-混凝土组合受拉试验，试验的大致情况如图 6-2 所示。图 6-3 所示为试验中混凝土裂缝开展情况，可见裂缝是以某个间距较为均匀地分布，这和素混凝土试件只在最薄弱的截面出现一道裂缝是完全不一样的。图 6-4 所示为试验测得的轴力 – 钢筋平均应变关系曲线，从曲线上可以看到混凝土即使开裂后也未回到裸钢筋的曲线上，曲线高于裸钢筋的曲线，刚度大于裸钢筋，可见裂缝间外裹混凝土对裸钢筋的刚度提高作用显著，这就是受拉刚化效应。

图 6-2　Lee 和 Kim 完成的钢筋-混凝土组合受拉试验[71]

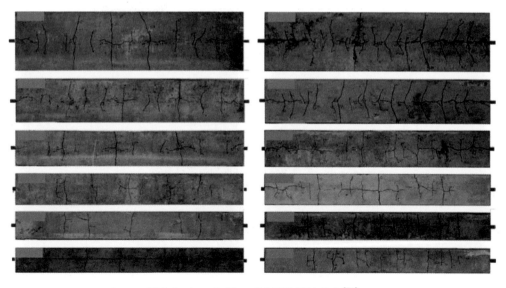

图 6-3　Lee 和 Kim 观察到的裂缝分布[71]

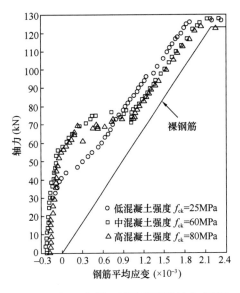

图 6-4　Lee 和 Kim 试验得到的轴力-钢筋平均应变的关系[71]

第二组试验为坂口淳一完成的承受负弯矩的钢-混凝土组合梁试验，如图 6-5 所示，对一个简支梁朝负弯矩方向施加跨中集中荷载，此时钢筋混凝土板可以近似为轴心受拉构件。图 6-6 所示为试验观察到的钢筋混凝土板裂缝分布情况，和第一组试验相类似，裂缝以某个间距较为均匀地分布，并且裂缝基本出现在横向钢筋的位置处，原因是横向钢筋削弱了板截面，使得裂缝更容易出现在削弱的截面处。图 6-7 所示为试验中测得的纵向钢筋应变沿梁的分布情况，可以看到受拉刚化效应导致钢筋应变纵向分布非常不均匀，呈现波浪状，在裂缝开展的位置处，也就是横向钢筋的位置处，钢筋应变处于波峰，而在两道裂缝之间，钢筋应变处于波谷。

由以上两组试验可知，钢筋-混凝土组合受拉具有以下 3 个重要特征：**（1）裂缝以某个间距均匀分布；（2）裂缝间外裹混凝土对裸钢筋的刚度提高作用显著，即受拉刚化效应显著；（3）受拉刚化效应导致钢筋应变纵向分布非常不均匀。**

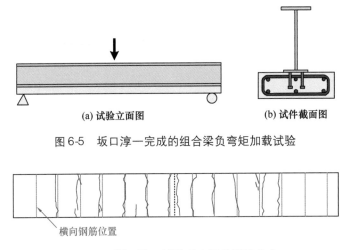

(a) 试验立面图　　　　　　　　(b) 试件截面图

图 6-5　坂口淳一完成的组合梁负弯矩加载试验

横向钢筋位置

图 6-6　坂口淳一试验观察到的裂缝分布

6.2　Bazant-Oh 弥散化裂缝带模型

在 Bazant 和 Oh[63] 所提出的经典裂缝带理论中，最基本的假定就是：采用断裂能 G_f 来描述一根裂缝开裂全过程的力学行为。断裂能 G_f 是一种混凝土材料性能参数，和其他诸如立方体抗压强度 f_{cu}、棱柱体抗压强度 f_c 等常用的混凝土材料性能参数具有同等的位置。

当确定了混凝土抗拉强度 f_t 和断裂能 G_f 后，只需假定 $\sigma\text{-}w$ 的曲线形式（大型通用有限元程序采用最简单的线性软化形式，如图 6-8a 所示），就可以唯一地确定混凝土材料的 $\sigma\text{-}w$ 关系。然而，有限元计算是以材料的应力 σ-应变 ε 本构关系为基础，而 $\sigma\text{-}w$ 关系虽然能够贴切地刻画混凝土材料的开裂特性，却无法直接用于有限元计算，因此将 $\sigma\text{-}w$ 关系转换为 $\sigma\text{-}\varepsilon$ 关系则成为非常关键的一步，而这一转换的核心就是将一根集中的裂缝宽度 w 在一个特定的范围内均匀弥散成应变 ε，这就是"弥散裂缝"的概念，而这个特定的弥散范围就是所谓的"裂缝带"（crack band）。

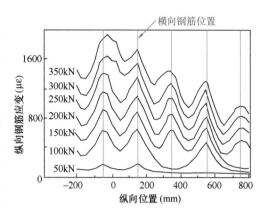

图 6-7　坂口淳一试验测得的纵向钢筋应变沿梁长的分布规律

因此，经典裂缝带理论中的裂缝带宽 h_c 其实就是裂缝宽度向应变弥散的标距：

$$h_c = \frac{w}{\varepsilon_{cr}} \tag{6-1}$$

式中：ε_{cr} 为开裂应变，代表一根裂缝宽度在裂缝带范围内的弥散化。

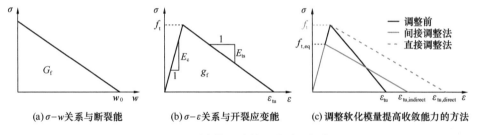

(a) $\sigma\text{-}w$ 关系与断裂能　　(b) $\sigma\text{-}\varepsilon$ 关系与开裂应变能　　(c) 调整软化模量提高收敛能力的方法

图 6-8　裂缝带理论的一些重要概念

有了式（6-1）这一转换关系，$\sigma\text{-}w$ 关系就可以转换为用于有限元计算的 $\sigma\text{-}\varepsilon$ 关系。Bazant 和 Oh[63] 定义开裂应变能 g_f 如下：

$$g_f = \int_0^{\varepsilon_{cr}} \sigma \mathrm{d}\varepsilon_{cr} \tag{6-2}$$

裂缝带模型认为，混凝土开裂后，其弹性拉应变 ε_{te} 随应力的降低而逐渐降低，其在开裂前积累的弹性应变能在开裂后是缓慢释放的，在受拉软化曲线上任意一点的应变 ε，均可分解为弹性应变 ε_{te} 和开裂应变 ε_{cr}，如图 6-9（a）所示，式（6-2）所定义的开裂应变能 g_f 表示的就是图 6-9（a）中曲线下部涂色部分的面积。这里需要补充的是，一些通用有限元程序和这一定义略有区别，譬如，MSC. Marc[72] 认为混凝土开裂后，其弹性应变能瞬间释放，在受拉软化曲线上任意一点的应变 ε 就是开裂应变，则开裂应变能 g_f 表示的面积比 Bazant 和 Oh 定义的面积大，如图 6-9（b）所示。这两个观点虽然对混凝土开裂机理的解释是不同的，但由于实际工程重点关注正常使用极限状态下（荷载水平大约为极限荷载的 50%）裂缝稳定形成后的裂缝宽度值，此时这一差别就显得无关紧要，因为在混凝土从受拉到完全开裂（应力降为 0）的过程中发生的总开裂应变能 g_f 指的是受拉应

钢筋混凝土原理与分析

力-应变关系曲线的下部面积，如图 6-8（b）所示，且完全开裂点的开裂应变 ε_{cr} 均和总应变 ε 相等。因此，裂缝开裂全过程的总开裂应变能 g_f 为 σ-ε 曲线和坐标轴包围的面积，具体可写为：

$$g_f = \int_0^{\varepsilon_{tu}} \sigma d\varepsilon_{cr} = \int_0^{\varepsilon_{tu}} \sigma d\varepsilon \qquad (6\text{-}3)$$

式中：ε_{tu} 为完全开裂点的总应变，如图 6-8（b）所示。

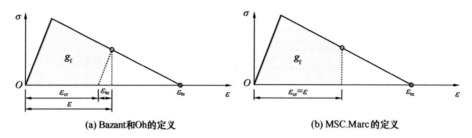

(a) Bazant和Oh的定义　　　　　　(b) MSC.Marc的定义

图 6-9　开裂应变和开裂应变能的定义

根据断裂能的定义，一根裂缝开裂全过程的断裂能 G_f 为：

$$G_f = \int_0^{w_0} \sigma dw \qquad (6\text{-}4)$$

式中：w_0 的含义如图 6-8（a）所示。

由式（6-2）～式（6-4），可以推出裂缝开裂全过程 g_f 和 G_f 的关系为：

$$G_f = g_f h_c \qquad (6\text{-}5)$$

由于 g_f 代表的是受拉应力-应变曲线的下部面积，当通用有限元程序采用如图 6-8（b）所示最简单的受拉线性软化形式时，g_f 可具体写为：

$$g_f = \frac{f_t^2}{2}\left(\frac{1}{E_{ts}} + \frac{1}{E_c}\right) \qquad (6\text{-}6)$$

将式（6-6）代入式（6-5）可得受拉开裂后软化模量 E_{ts} 的计算公式如式（6-7）所示，在这个公式中，除了裂缝带宽 h_c，其他所有参数都是材料属性参数。

$$E_{ts} = \cfrac{1}{\cfrac{2 g_f}{f_t^2} - \cfrac{1}{E_c}} = \cfrac{1}{\cfrac{2 G_f}{f_t^2 h_c} - \cfrac{1}{E_c}} \qquad (6\text{-}7)$$

式中：f_t 为混凝土单轴抗拉强度；E_c 为混凝土弹性模量。

当完成有限元分析后，得到的开裂应变 ε_{cr} 还需按照式（6-1）乘上裂缝带宽 h_c 才能得到我们最终需要的裂缝宽度 w 值。

式（6-1）和式（6-7）是裂缝带理论的两个核心方程，在这两个方程中，裂缝带宽 h_c 无疑是最关键的参数。因此，采用裂缝带理论进行混凝土开裂有限元分析的核心就是要选取合适的裂缝带宽 h_c，经典的裂缝带理论认为裂缝带宽 h_c 应选为单元特征尺寸 l_{ele}（垂直于裂缝方向单元尺寸的投影），也就是当采用不同的单元网格尺寸分析同一个问题时，如果采用相同的参数设置，那么计算结果就和网格相关，如果要使计算结果一致，那么参数取值就要和网格相关。

网格相关是经典裂缝带理论最重要的结论之一，其背后的力学本质是混凝土开裂作为一种软化行为具有显著的局部化（Localization）特点。为了更清晰地阐明这一机理，这里采用大型通用有限元程序 MSC. Marc 完成了一个如图 6-10 所示的算例。

该算例为跨中承受竖向集中荷载的一根简支无筋素混凝土梁，该梁的基本尺寸如图 6-10（a）所示，采用分层壳单元模拟该梁的全过程开裂行为。分别建立三个数值模型：模型 A 采用 100mm 的单元网格进行计算，计算过程中的裂缝带宽 h_c 也取为 100mm，和单元尺寸相同；模型 B 在模型 A 的基础上加密一倍网格，采用 50mm 的单元网格进行计算，但计算过程中的裂缝带宽 h_c 仍保持不变，取为 100mm；模型 C 同样在模型 A 的基础上加密一倍网格，采用 50mm 的单元网格进行计算，但计算过程中的裂缝带宽 h_c 也随之变为和单元网格 50mm 一致。表 6-1 详细列出了这三个模型的具体参数取值，混凝土材料受压性能设为弹性，只考虑其受拉开裂的行为。采用位移控制对模型进行加载，分为均匀的 400 个加载子步逐步对跨中施加竖向位移至 2mm。采用残余力的收敛准则，收敛误差限设为 0.02。

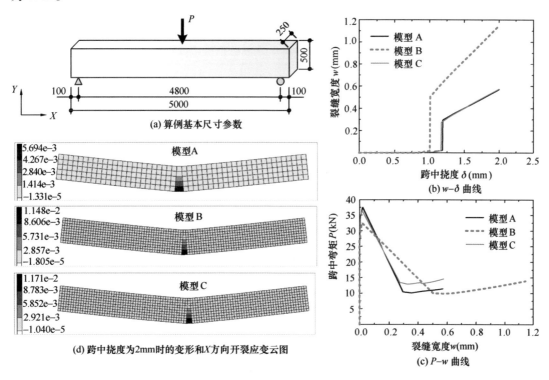

(a) 算例基本尺寸参数

(d) 跨中挠度为2mm时的变形和X方向开裂应变云图

(b) w-δ 曲线

(c) P-w 曲线

图 6-10　跨中单点加载素混凝土梁算例

素混凝土梁数值算例参数　　　　　　　　　　　　　表 6-1

模型号	l_{ele} （mm）	h_c （mm）	E_{ts} （N/mm²）	G_f （N/mm）	f_t （N/mm²）	E_c （N/mm²）	ν_c	η
模型 A	100	100	3000					
模型 B	50	100	3000	0.165	3	30000	0.2	0.1
模型 C	50	50	1428.6					

注：表中 ν_c 为材料泊松比，η 为剪力传递系数，其余参数含义均已在正文中说明。

图 6-10 给出了三个模型的计算结果对比，包括：跨中梁底最大裂缝宽度 w 随跨中竖向位移 δ 的变化曲线（图 6-10b）以及跨中荷载 P 随跨中梁底最大裂缝宽度 w 的变化曲线（图 6-10c），在计算单元裂缝宽度 w 的过程中，提取的开裂应变为单元 4 个积分点开裂应变值的平均值。这些计算结果可从以下两个方面进行讨论：

（1）对比模型 A 和模型 B，两者采用的单元网格尺寸不同，而计算参数 h_c 取值相同，所得的计算结果差距很大，由此可证明：当采用不同的单元网格尺寸分析同一个问题时，如果采用相同的参数设置，那么计算结果就和网格相关。

（2）对比模型 A 和模型 C，两者采用的单元网格尺寸不同，而计算参数 h_c 也随着网格尺寸的变化按照经典裂缝带理论进行调整，所得的计算结果几乎相同，由此又可证明：当采用不同的单元网格尺寸分析同一个问题，如果要使计算结果一致，那么参数取值就要和网格相关。

以上两组对比充分验证了经典裂缝带理论的网格相关性，而这种相关性可以进一步从构件的破坏模式进行解释。对于一根素混凝土梁，当跨中梁底出现第一条裂缝后，承载力就会急剧下降，其他位置就不会再出现新的裂缝，图 6-10（d）所示三个模型计算得到的变形和开裂应变云图（跨中挠度达到 2mm 时）就很好地模拟了这种破坏特征。而进一步仔细观察各单元的应力应变变化过程，当跨中截面单元率先达到抗拉强度 f_t 后开裂进入软化段本构时，其余截面单元则随着结构承载力的下降进行弹性卸载而无法进入开裂，因此无论单元如何划分，只有跨中截面的一列单元会进入开裂，一条裂缝总是在一个单元的范围内弥散，所以裂缝带宽 h_c 自然应取为一个单元的尺寸 l_{ele}。此外，图 6-10（d）云图中的开裂应变数值也可印证这一规律，模型 B 和模型 C 的单元网格尺寸相比模型 A 缩小了一倍，而它们的开裂应变数值也相应放大了大约一倍，因为裂缝弥散成应变的标距缩小了，自然应变就放大了，可见裂缝弥散成应变的标距，也就是裂缝带宽 h_c，应该就是单元网格尺寸了。

值得关注的是，和上面这个算例类似，Bazant 和 Oh[63] 在论文中讨论的都是不配筋的素混凝土构件，用于模型验证的试验都是不配筋素混凝土的缺口试验，这些构件最大的特点是一旦在最薄弱的地方出现一条裂缝后，就不会在其他地方出现新裂缝，自然具有显著的局部化特点。然而，实际工程结构中绝大部分都采用配筋混凝土构件，由于配筋的存在，混凝土的裂缝以某一个间距均匀地分布在构件中，这种裂缝的分布模式与素混凝土的集中分布模式截然不同。退一步讲，实际工程中即使采用素混凝土或配筋很少的混凝土构件，一旦达到抗拉强度开裂后，就马上发生脆性破坏丧失承载力，如图 6-10（c）所示，因此这种构件在实际工程中根本不允许出现裂缝，而此时再去研究如何计算开裂后的裂缝宽度则显得毫无意义。因此，针对素混凝土结构的经典裂缝带理论与结构工程实践有一定差距，只有将裂缝带理论根据配筋混凝土的力学特点进行改造和拓展，才能真正解决结构工程的问题。

在配筋混凝土中，由于钢筋和混凝土之间的粘结作用，混凝土的裂缝以某一特定的间距分布出现，因此，在一个有限元网格 l_{ele} 范围内有可能出现多条裂缝，这是和素混凝土在开裂行为上最显著的区别。基于这样的认识，可以将一个单元内的开裂应变看作这一个单元内所有裂缝宽度总和的弥散化，因此开裂应变 ε_{cr} 与一条裂缝的宽度 w 之间满足以下关系式：

$$\varepsilon_{\mathrm{cr}} = \frac{nw}{l_{\mathrm{ele}}} \tag{6-8}$$

式中：n 为一个单元内的平均裂缝数量。

根据式（6-3）、式（6-4）和式（6-8），可以推出裂缝开裂全过程 g_{f} 和 G_{f} 的关系为：

$$nG_{\mathrm{f}} = l_{\mathrm{ele}} g_{\mathrm{f}} \tag{6-9}$$

根据平均裂缝间距 l_{m} 的含义，即可得到平均一个有限单元中的裂缝数量 n 为：

$$n = \frac{l_{\mathrm{ele}}}{l_{\mathrm{m}}} \tag{6-10}$$

将式（6-10）代入式（6-9），g_{f} 和 G_{f} 之间的关系可进一步写为式（6-11），可以发现该式与单元网格尺寸 l_{ele} 无关。

$$G_{\mathrm{f}} = g_{\mathrm{f}} l_{\mathrm{m}} \tag{6-11}$$

将式（6-6）代入式（6-11），即可得到软化模量 E_{ts} 的表达式如下：

$$E_{\mathrm{ts}} = \frac{1}{\dfrac{2g_{\mathrm{f}}}{f_{\mathrm{t}}^2} - \dfrac{1}{E_{\mathrm{c}}}} = \frac{1}{\dfrac{2G_{\mathrm{f}}}{f_{\mathrm{t}}^2 l_{\mathrm{m}}} - \dfrac{1}{E_{\mathrm{c}}}} \tag{6-12}$$

从式（6-12）中可以得到一个非常重要的结论，那就是对于配筋混凝土，基于裂缝带理论推导得到的混凝土单轴应力-应变关系和单元网格尺寸无关，和素混凝土的结论截然相反。这一结论意味着当我们采用有限元方法进行配筋混凝土的裂缝分析时，不必考虑单元网格划分对计算结果的影响，这给配筋混凝土的裂缝分析带来了极大的便利，因为在实际结构的分析中，网格划分的选取往往受制于构件布置、计算代价等其他诸多因素，如果计算结果和网格无关，那么网格划分在具体操作过程中就会非常自由。

式（6-12）还告诉我们，当混凝土材料一定时，断裂能 G_{f}、混凝土开裂应力 f_{t}、混凝土弹性模量 E_{c} 都是确定的，则平均裂缝间距 l_{m} 是影响混凝土受拉本构关系的最关键因素。裂缝越密，则软化模量 E_{ts} 就越小，曲线的下降段就越缓。这一规律同样可以从裂缝带理论的基本假定加以解释，裂缝越密集意味着单位长度内的裂缝数量越多，而单个裂缝开裂所需的断裂能 G_{f} 是一定的，越多的裂缝数量意味着结构受拉过程中耗散的能量越多，因此结构因开裂导致的损伤退化发展也就越迟缓，表现在应力－应变关系上就是曲线下降段越缓。

最后，当完成非线性有限元分析后，可根据得到的开裂应变 $\varepsilon_{\mathrm{cr}}$ 按式（6-13）算得裂缝宽度值。同样的，这一公式也和网格尺寸无关。

$$w = \frac{\varepsilon_{\mathrm{cr}} l_{\mathrm{ele}}}{n} = \varepsilon_{\mathrm{cr}} l_{\mathrm{m}} \tag{6-13}$$

分别对比式（6-12）和式（6-7）、式（6-13）和式（6-1），对于配筋混凝土结构，裂缝带理论中的核心参数——裂缝带宽 h_{c} 应取为平均裂缝间距 l_{m}，而非单元特征尺寸 l_{ele}，这从裂缝带的基本概念入手也非常容易解释，裂缝带表示一条集中的裂缝宽度均匀弥散成应变的范围，对于按一定间距 l_{m} 分布的一系列裂缝，每一条裂缝恰好向两侧各 $0.5l_{\mathrm{m}}$ 范围内弥散才能恰好使所有裂缝弥散到开裂单元的所有范围内。

以上讨论均在理论层面，但在实践层面，混凝土开裂分析作为强非线性分析，常常会遇到难以回避的收敛性问题。软化模量 E_{ts} 对程序的收敛性具有十分关键的影响，许多时

钢筋混凝土原理与分析

候，我们按照式（6-12）计算出来的软化模量 E_{ts} 值较大（尤其是配筋率不太高的情况下，平均裂缝间距较大），此时虽然理论上很完善，但输入到程序中却难以收敛，无法得到计算结果，那么这种理论上的完善就失去了意义。为应对此问题，最常见的做法就是人为地调小软化模量 E_{ts} 值，使程序收敛，下文将该方法简称为"直接调整法"，如图 6-8（c）所示，但这样的做法改变了材料的断裂能，从根本上违背了"断裂能是表征裂缝力学行为的本质参数"这一基本结论，其可能导致的误差将在后面的算例中做进一步的讨论。而另一种可行的做法是仍然坚持"采用断裂能来描述一条裂缝开裂全过程的力学行为"这一最基本的假定，在保证应力-应变关系曲线下包面积不变（也就是开裂应变能 g_f 不变）的情况下，通过人为调小开裂应力 f_t 至 $f_{t,eq}$，来间接地调小软化模量，使程序便于收敛，下文将该方法简称为"间接调整法"，如图 6-8（c）所示，这一做法的效果也将在后面的算例中进行讨论。

在上述讨论的基础上，这里总结了采用通用有限元程序计算裂缝宽度的流程如图 6-11 所示。在这一计算流程中，平均裂缝间距 l_m 占据了至关重要的位置，它架起了连接"应变"和"裂缝宽度"的桥梁，从而实现了有限元计算的"开裂应变"转换为"裂缝宽度"这一最终目标。关于该计算流程的具体说明如下：

- 步骤 1：根据混凝土棱柱体轴心抗压强度 f_c 和最大骨料粒径 D_{max}，计算断裂能 G_f；
- 步骤 2：采用理论或经验公式计算平均裂缝间距 l_m；
- 步骤 3：根据式（6-11）通过 l_m 将断裂能 G_f 转换为开裂应变能 g_f，也就是应力-应变曲线的下包面积；
- 步骤 4：由应力应变曲线的下包面积 g_f，根据混凝土弹性模量 E_c 和混凝土抗拉强度 f_t，采用式（6-12）算得受拉软化模量 E_{ts}，输入有限元程序进行非线性有限元分析；
- 步骤 5：若程序不收敛，则将 f_t 折减为 $f_{t,eq}$，重新按步骤 4 计算，若程序收敛，则提取有限元程序算得的开裂应变 ε_{cr}；
- 步骤 6：根据式（6-13）通过 l_m 将开裂应变 ε_{cr} 转换为裂缝宽度 w。

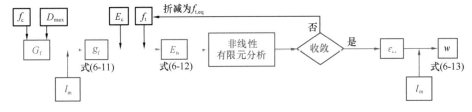

图 6-11 采用通用有限元程序计算裂缝宽度的流程

在有限元的理论体系里只存在"应变"的概念，但要完整地描述开裂行为必须要有"平均裂缝间距"和"裂缝宽度"两个物理量，因此单纯依靠有限元方法，裂缝是不可解的，这就是有限元方法在处理非连续介质问题时的固有缺陷。这也从根本上解释了为什么在上述计算流程中，平均裂缝间距 l_m 需要游离于有限元裂缝分析过程之外预先单独计算确定，而无法在有限元裂缝分析过程中自动解得。

以下我们举两组算例来对以上理论讨论中的相关结论进行验证。

1. 第一组算例：采用纤维梁单元模拟配筋混凝土

采用如图 6-12 所示的纤维梁单元对承受负弯矩的简支组合梁进行模拟，共模拟 3 根

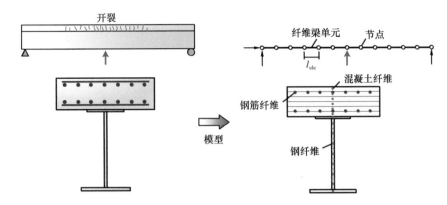

图 6-12　采用纤维模型模拟承受负弯矩的组合梁

组合梁试件[73-75]，具体参数如图 6-13 所示，分别采用单元网格尺寸为 50mm、100mm、200mm 的网格尺寸来模拟组合梁跨中混凝土板最大裂缝宽度随荷载的变化曲线，模拟结果如图 6-14 所示，可以清楚地看到裂缝宽度计算结果受有限元网格变化的影响很小，从而证明了网格无关性的结论。

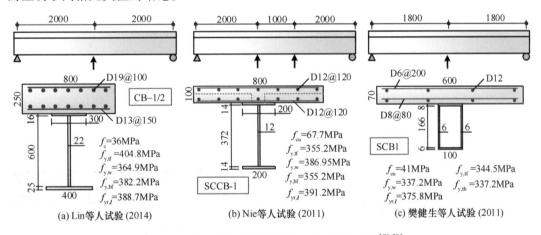

图 6-13　采用纤维模型模拟组合梁试件的参数[73-75]

2. 第二组算例：采用分层壳单元模拟配筋混凝土

选取聂建国等人[76]完成的承受负弯矩作用的简支组合梁静力加载试验进行有限元分析，算例的具体参数和加载模式如图 6-15（a）所示。与第一组算例不同的是，这里采用梁－壳混合模型进行分析，钢筋混凝土板采用分层壳单元进行模拟（混凝土分为 5 层），钢梁采用纤维梁单元进行模拟（钢梁上翼缘、腹板、下翼缘的纤维划分数分别为：16、20、16）。

分别采用如图 6-15（b）所示的 4 种不同的单元划分进行模拟，从模型 A 到模型 D，单元网格由密到疏。图 6-16（a）给出了采用不同网格尺寸计算得到的跨中弯矩－跨中挠度曲线及其和试验结果的对比。不同单元网格的模型给出几乎完全一致的结果，说明结果确实和网格无关。所有的计算结果都与试验结果吻合良好，也验证了模型的准确性。图 6-16（b）给出了跨中弯矩-跨中板顶层裂缝宽度曲线，网格尺寸对计算结果也几乎没有影

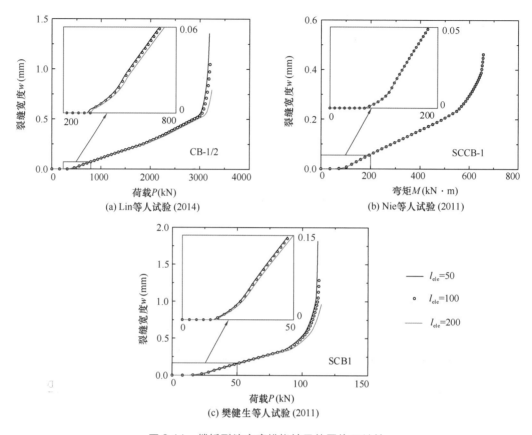

图 6-14 楼板裂缝宽度模拟结果的网格无关性

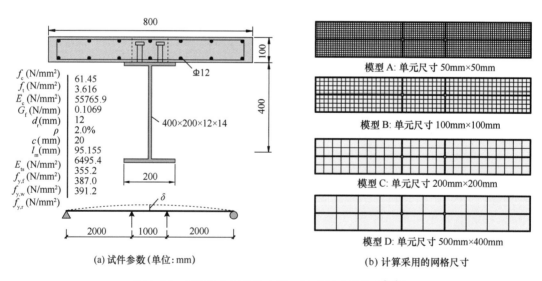

图 6-15 承受负弯矩的简支组合梁（聂建国等人[76]）

响。图 6-17 对比了两个荷载水平下不同网格尺寸模型给出的混凝土板顶开裂区范围，同样可以清楚地看到，不同的网格划分计算出的混凝土板开裂区范围也非常接近。

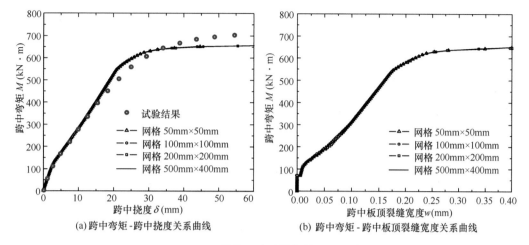

(a) 跨中弯矩-跨中挠度关系曲线　　　　(b) 跨中弯矩-跨中板顶裂缝宽度关系曲线

图 6-16　网格尺寸对模拟结果的影响

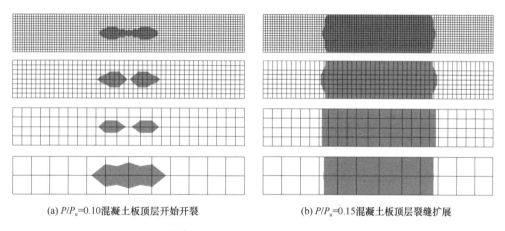

(a) P/P_{u}=0.10 混凝土板顶层开始开裂　　　(b) P/P_{u}=0.15 混凝土板顶层裂缝扩展

图 6-17　不同网格尺寸混凝土板顶层开裂区范围计算结果对比

　　为应对基于裂缝带理论计算得到的软化模量 E_{ts} 过大而导致的收敛困难，前述从理论层面讨论了两种应对策略：一种是直接人为调小软化模量 E_{ts} 值，即"直接调整法"；另一种是基于断裂能等效通过调小开裂应力 f_{t} 来间接调小软化模量 E_{ts} 值，即"间接调整法"。以下通过对本算例进行参数分析，进一步讨论这两种调整法的实际计算效果。

　　首先讨论"直接调整法"。软化模量 E_{ts} 调整为裂缝带理论计算值的 0.75 倍和 0.5 倍，同时保持所有其他参数不变。图 6-18（a）给出了跨中板顶裂缝宽度随荷载的发展曲线对比，可见三根曲线有显著的差异。调小软化模量对开裂点以及刚开裂之后的一小段裂缝发展的计算结果没有影响，但随着荷载水平不断提高，裂缝不断发展，裂缝宽度的预测误差逐步增大，直到荷载水平大约超过极限承载力的 50% 后，裂缝宽度的预测误差才逐渐减小直至所有曲线又回到相同的结果。因此，"直接调整法"会导致正常使用荷载水平下显著的裂缝宽度预测误差，尽管如此，从图 6-18（b）可以看到这一调整对宏观曲线的影响较小。

　　下面进一步讨论"间接调整法"。因为软化模量的大小直接决定收敛的困难程度，为了使两种方法具有可比性，这里在保证开裂应变能不变的情况下通过调整开裂应力 f_{t} 同样

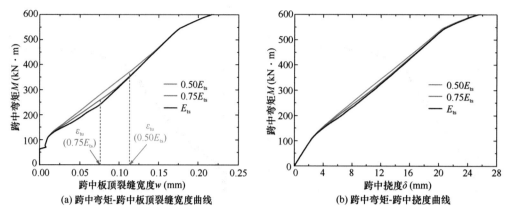

(a) 跨中弯矩-跨中板顶裂缝宽度曲线   (b) 跨中弯矩-跨中挠度曲线

图6-18　"直接调整法"应对软化模量过大导致收敛困难的效果

使软化模量 E_{ts} 变为裂缝带理论计算值的 0.75 倍和 0.5 倍，即近似达到同样的收敛难易度。由式（6-6）可知，调整后的等效开裂应力 $f_{t,eq}$ 和真实开裂应力 f_t 的比值 γ 按下式计算：

$$\gamma = \frac{f_{t,eq}}{f_t} = \sqrt{\frac{E_{ts} + E_c}{\beta E_{ts} + E_c} \cdot \beta} \tag{6-14}$$

式中：β 为调整后的软化模量与裂缝带理论计算得到的软化模量的比值，对本算例，当 β 取为 0.75 和 0.5 时，γ 分别为 0.878 和 0.726。

图6-19（a）给出了采用"间接调整法"后跨中板顶裂缝宽度随荷载的发展曲线对比，可见其误差情况和"直接调整法"完全相反，由于改变了开裂应力，开裂荷载以及刚开裂后的一小段裂缝发展有一定的误差，但很快随着荷载水平逐步提高（大约荷载水平提高到极限荷载的20%之后），三个模型几乎给出相同的裂缝宽度预测结果。因此，"间接调整法"在达到与"直接调整法"同样的软化模量折减效果的同时，也很好地保证了正常使用荷载水平下裂缝宽度的预测精度，同时由图6-19（b）还可以看到，"间接调整法"除了略微改变了开裂点附近的宏观曲线外，对整体宏观曲线的影响也很小，可见"间接调整法"是一种非常理想的应对软化模量过大导致收敛困难的策略。

为了更直观地展现两种调整法的计算效果，图6-20（a）和（b）分别给出了两种调整法在不同荷载水平（定义为实际荷载和极限荷载的比值）下裂缝宽度值的预测误差，图中 w_0 为采用裂缝带理论得到的裂缝宽度值，是衡量误差的基准。从两个图中可以清楚地看到，"直接调整法"产生误差的主要荷载水平范围为20%～50%，"间接调整法"产生误差的主要荷载水平范围为20%以下，而实际结构中正常使用阶段裂缝宽度验算最关心的荷载水平范围恰好落在20%～50%，因此对于面向实际工程结构应用的裂缝宽度预测，应选用"间接调整法"。

实际上，无论采用哪种调整法，在材料本构层面产生的误差主要都集中在材料完全开裂点（即拉应变达到图6-8c中的 ε_{tu}）之前，从图6-18（a）和图6-19（a）中也可清楚地看到，当混凝土材料的拉应变达到完全开裂点 ε_{tu} 之后，裂缝宽度的预测误差就开始显著减小，而主要的误差都集中在材料达到完全开裂点 ε_{tu} 之前，因此要减小调整软化模量造成

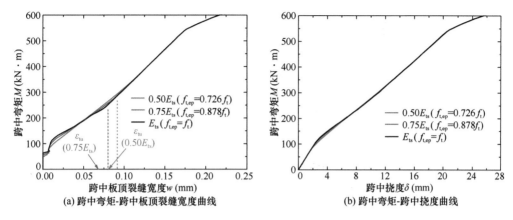

(a) 跨中弯矩-跨中板顶裂缝宽度曲线　　　(b) 跨中弯矩-跨中挠度曲线

图 6-19　"间接调整法"应对软化模量过大导致收敛困难的效果

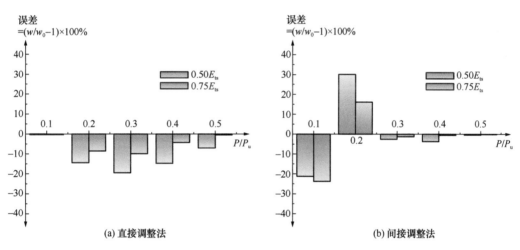

(a) 直接调整法　　　　　　　　　(b) 间接调整法

图 6-20　不同荷载水平下裂缝宽度的预测误差

的误差，就需要尽可能提前 ε_{tu}，使得材料完全开裂点尽可能避开结构正常使用状态的荷载水平，而图 6-8(c)清楚地表明，要达到同样的软化模量折减程度，"间接调整法"的完全开裂点 ε_{tu} 相比"直接调整法"显著提前，这也从基本原理上进一步解释了为什么应当选用"间接调整法"。

6.3　Belarbi-Hsu 受拉刚化模型

Bazant 和 Oh 提出的弥散化裂缝带模型只考虑了裂缝处的力学行为，但未考虑钢筋混凝土构件两道相邻裂缝间的混凝土与钢筋的粘结作用所产生的受拉刚化效应，如图 6-21 所示，Bazant-Oh 模型的模拟曲线在开裂之后会低于实际曲线且很快和裸钢筋曲线重合。受拉刚化效应是钢筋与混凝土组合受拉的重要特征，相关研究有很多，这里我们主要介绍较为著名的 Belarbi-Hsu 模型[77]，该模型于 1994 年发表在 ACI Structural Journal 上，我们重点讲解其中的思路，模型的细节读者可以查阅相关文献。

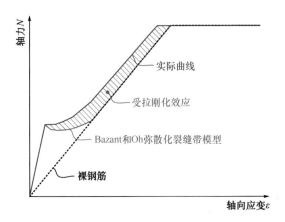

图 6-21　Bazant 和 Oh 弥散化裂缝带模型的不足

　　钢筋与混凝土之间的粘结作用是受拉刚化效应背后的机理，而粘结作用会导致钢筋与混凝土应力分布的不均匀性，在裂缝处，混凝土应力最小，钢筋应力最大，而在两条裂缝中间，混凝土应力最大，钢筋应力最小，因此为了描述这种不均匀的应力-应变状态，Belarbi 和 Hsu 提出混凝土和钢筋各自采用**平均化的应力-应变本构关系**代入有限元程序进行计算。

　　图 6-22 所示为 Belarbi-Hsu 模型的基本思路。当混凝土开裂后，裂缝处的混凝土拉应力会逐渐降低直至降为 0 退出工作，但两条裂缝中间的混凝土由于和钢筋的粘结作用应力并不为 0，那么混凝土的平均应力应当大于 0，反映到混凝土的平均应力-应变关系就是平均应力会逐渐趋近于 0，但不会等于 0，相比素混凝土的应力-应变关系曲线的下降段要"高"出一块，如图 6-22 右上小图中的绿线所示。按照相同的思路，我们可以分析一下钢筋的平均应力-应变关系，在裂缝处，钢筋应力最大，而在两条裂缝之间，钢筋应力会随着远离裂缝而逐渐变小，当钢筋屈服时，裂缝处的钢筋应力达到裸钢筋的屈服强度，但两条裂缝之间的钢筋应力却低于屈服强度，因此平均下来，钢筋屈服时的平均应力小于裸钢

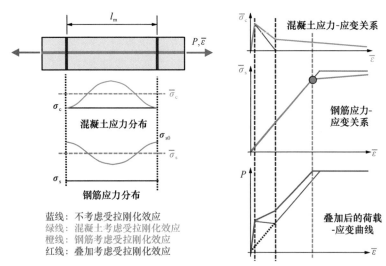

图 6-22　Belarbi-Hsu 模型的基本思路

筋的屈服强度，需要对裸钢筋应力-应变关系中的屈服点进行下调才能得到钢筋的平均应力-应变关系，如图 6-22 右中小图中的橙线所示。总结起来，考虑受拉刚化效应后，**应将素混凝土应力-应变关系的下降段抬高，将裸钢筋应力-应变关系的屈服点降低**，从而得到平均化的混凝土和钢筋的应力-应变关系。

根据上述思路，Belarbi 和 Hsu 首先对钢筋-混凝土组合受拉构件考虑以下平衡条件：

$$P = \overline{\sigma}_s A_s + \overline{\sigma}_c A_c \tag{6-15}$$

式中：P 为轴力；$\overline{\sigma}_s$ 为平均钢筋应力；$\overline{\sigma}_c$ 为平均混凝土应力；A_s 为钢筋截面积；A_c 为混凝土截面积。

在钢筋屈服前，有以下关系式：

$$\overline{\sigma}_s = E_s \overline{\varepsilon} \tag{6-16}$$

式中：$\overline{\varepsilon}$ 为平均拉应变；E_s 为钢筋弹性模量。

将式（6-16）代入式（6-15）可得：

$$P = E_s \overline{\varepsilon} A_s + \overline{\sigma}_c A_c \tag{6-17}$$

试验中，可以测得轴拉力 P 和受拉平均应变 $\overline{\varepsilon}$ 的关系，针对测得的每一组 P 和 $\overline{\varepsilon}$，代入式（6-17），均可得到对应的混凝土平均应力 $\overline{\sigma}_c$，这样就可以间接测得混凝土平均应力 $\overline{\sigma}_c$ 和平均应变 $\overline{\varepsilon}$ 的本构关系曲线。通过对这些间接测得的混凝土平均应力-应变关系进行拟合，提出开裂混凝土受拉平均应力-应变本构方程如下（图 6-23 和图 6-24a）：

$$\overline{\sigma}_c = f_t \left(\frac{\varepsilon_t}{\overline{\varepsilon}} \right)^{0.4} \tag{6-18}$$

式中：f_t 为开裂应力；ε_t 为开裂应变。

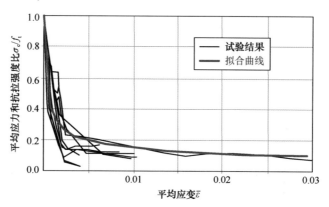

图 6-23 混凝土平均应力-应变关系公式拟合[77]

下面继续推导裂缝处钢筋屈服时的钢筋平均屈服应力 f_y^*（原文作者将该应力叫做 apparent yield stress，意思为表面上的屈服应力），如前所述，该应力应该低于裸钢筋的屈服强度 f_y。还是从平衡条件出发，裂缝处的钢筋屈服时，轴力 P 可写为：

$$P = f_y A_s \tag{6-19}$$

由式（6-15）和式（6-19）可得：

$$f_y A_s = f_y^* A_s + \overline{\sigma}_c A_c \tag{6-20}$$

将式（6-18）代入式（6-20）可得：

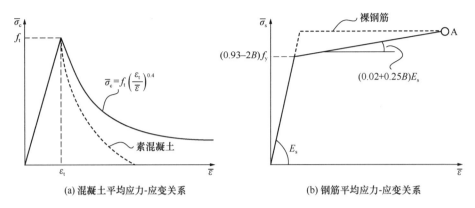

(a) 混凝土平均应力-应变关系 (b) 钢筋平均应力-应变关系

图 6-24　Belarbi 和 Hsu 提出的混凝土和钢筋的平均应力-应变关系

$$f_y A_s = f_y^* A_s + f_t \left(\frac{\varepsilon_t}{\bar{\varepsilon}} \right)^{0.4} A_c \tag{6-21}$$

钢筋屈服时钢筋平均应力和平均应变的关系为:

$$\bar{\varepsilon} = \frac{f_y^*}{E_s} \tag{6-22}$$

式中: E_s 为钢筋弹性模量。

将式(6-22)代入式(6-21)可得关于 f_y^* 的隐式方程如下:

$$f_y A_s = f_y^* A_s + f_t \left(\frac{E_s \varepsilon_t}{f_y^*} \right)^{0.4} A_c \tag{6-23}$$

要由上式直接求解 f_y^* 比较困难, Belarbi 和 Hsu 通过参数分析得到了如下近似解:

$$\frac{f_y^*}{f_y} = 1 - \frac{4}{\rho} \left(\frac{f_t}{f_y} \right)^{1.5} \tag{6-24}$$

式中: ρ 为纵向钢筋配筋率。

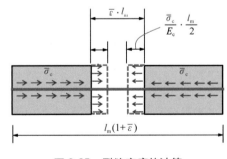

图 6-25　裂缝宽度的计算

针对钢筋屈服后的行为, Belarbi 和 Hsu 引入了钢筋纵向应力分布为 cosine 曲线的假定, 计算较为复杂, 在此不具体展开, 感兴趣的读者可以查阅原文献。

最终, Belarbi 和 Hsu 提出了钢筋平均应力-应变本构关系的二折线模型如下(图 6-24b):

(1) 当 $\varepsilon \leqslant (0.93 - 2B) \varepsilon_y$ 时:

$$\sigma = E_s \varepsilon \tag{6-25}$$

(2) 当 $\varepsilon > (0.93 - 2B) \varepsilon_y$ 时:

$$\sigma = (0.98 - 0.25B)(0.93 - 2B)f_y + (0.02 + 0.25B)E_s \varepsilon$$

式中: $B = (f_t / f_y)^{1.5} / \rho$; ε_y 为裸钢筋的屈服应变。

找到了混凝土和钢筋的平均应力-应变关系后, 可以按照图 6-25 所示的一倍平均裂缝间距 l_m 内的混凝土进行隔离体分析, 得到裂缝宽度的计算公式如下:

$$w = \overline{\varepsilon} \cdot l_{\mathrm{m}} - \frac{\overline{\sigma}_{\mathrm{c}}}{E_{\mathrm{c}}} \cdot l_{\mathrm{m}} = \left(\overline{\varepsilon} - \frac{\overline{\sigma}_{\mathrm{c}}}{E_{\mathrm{c}}} \right) \cdot l_{\mathrm{m}} \tag{6-26}$$

从上式中可以得到两个结论：（1）受拉刚化效应可以减小裂缝宽度，如果计算中忽略了受拉刚化效应，则可能高估裂缝宽度；（2）平均裂缝间距 l_{m} 依然是关键参数。

6.4 基于三大基本方程的 β-椭圆模型

在上一小节中，Belarbi 和 Hsu 为了得到混凝土平均应力-应变关系，采用了平衡条件并配合试验拟合的方法，仔细观察图 6-23 所示的用于曲线拟合的试验结果，可以发现试验结果具有较强的离散性，从而无法避免曲线拟合具有一定的随意性。

我们仔细考察混凝土平均应力-应变关系，如图 6-26 所示，其中包含两种完全不同的物理机制，一种是裂缝本身的行为，表现出显著的受拉软化效应，由裂缝本身的 $\sigma\text{-}w$ 本构所决定，另一种是裂缝之间混凝土与钢筋的粘结作用，导致受拉刚化效应，表现在混凝土平均应力-应变关系曲线上就是软化段的"上抬"，这一效应由钢筋与混凝土之间的粘结滑移本构所决定。因此，本节我们试图通过联立平衡、物性和协调三大基本方程将上述两种不同的物理机制（即"受拉软化"和"受拉刚化"）剥离开[78]。

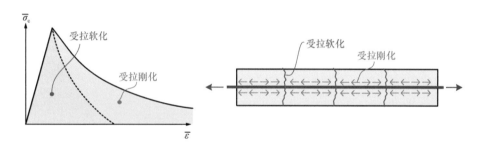

图 6-26 混凝土平均应力-应变关系中包含的两种物理机制

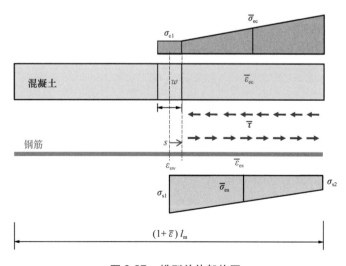

图 6-27 模型总体架构图

钢筋混凝土原理与分析

图 6-27 所示为模型总体架构图，取一个平均裂缝间距 l_m 内的混凝土和钢筋进行隔离体受力分析，总体的计算思路为：不断递增裂缝宽度 w，针对每一个裂缝宽度，通过联立平衡、协调和物性三大方程求解钢筋和混凝土各自的平均应力（$\bar{\sigma}_{es}$ 和 $\bar{\sigma}_{ec}$）以及平均应变 $\bar{\varepsilon}$，从而得到钢筋和混凝土的平均应力-应变关系。下面首先讨论钢筋不屈服的情况，再讨论钢筋屈服后的情况。

步骤一： 由如下钢筋与混凝土之间的滑移协调条件计算得到钢筋相对于混凝土的滑移量。

$$s = \frac{1}{2}w \tag{6-27}$$

步骤二： 由如下混凝土的平衡条件以及裂缝与界面本构关系可得混凝土的平均应力 $\bar{\sigma}_{ec}$。

$$\sigma_{c1}(w)A_c + \bar{\tau}(s)\pi d \frac{l_m}{4} = \bar{\sigma}_{ec}A_c \tag{6-28}$$

式中：σ_{c1} 为裂缝处的混凝土应力；A_c 为混凝土截面积；$\bar{\tau}$ 为钢筋与混凝土界面平均剪应力；d 为钢筋直径。

步骤三： 由如下未开裂混凝土的本构关系可得未开裂混凝土的平均应变 $\bar{\varepsilon}_{ec}$。

$$\bar{\varepsilon}_{ec} = \frac{\bar{\sigma}_{ec}}{E_c} \tag{6-29}$$

式中：E_c 为混凝土弹性模量。

步骤四： 由如下混凝土应变协调条件可得钢筋-混凝土组合体的总体平均应变 $\bar{\varepsilon}$。

$$\bar{\varepsilon} \cdot l_m = w + \bar{\varepsilon}_{ec} \cdot l_m \tag{6-30}$$

步骤五： 由如下钢筋的应变协调条件可得钢筋的平均应变 $\bar{\varepsilon}_{es}$。

$$\bar{\varepsilon}_{es} = \bar{\varepsilon} \tag{6-31}$$

步骤六： 由如下钢筋的弹性本构关系可得钢筋平均应力 $\bar{\sigma}_{es}$。

$$\bar{\sigma}_{es} = E_s \bar{\varepsilon}_{es} \tag{6-32}$$

式中：E_s 为钢筋弹性模量。

步骤七： 由如下钢筋的平衡条件以及界面本构关系可得裂缝处的钢筋应力 σ_{s1}，从而判别钢筋是否屈服。

$$\sigma_{s1}A_r - \bar{\tau}(s)\pi d \frac{l_m}{4} = \bar{\sigma}_{es}A_r \tag{6-33}$$

式中：A_r 为钢筋截面积。

若 σ_{s1} 小于钢筋的屈服强度 f_y，则结束本轮计算；若 σ_{s1} 大于钢筋的屈服强度 f_y，则应重新计算钢筋平均应力 $\bar{\sigma}_{es}$，具体可将 $\sigma_{s1}=f_y$ 代入式（6-33）解得钢筋屈服后的钢筋平均应力 $\bar{\sigma}_{es}$。

在上述的计算过程中，有两个重要的本构关系需要确定，一个是钢筋与混凝土界面粘结滑移 τ-s 本构关系，另一个是混凝土裂缝的 σ-w 本构关系。

（1）τ-s 本构关系

观察如图 6-28 中钢筋-混凝土组合受拉构件的裂缝分布图，除了有一系列横向裂缝

122

外，还有许多沿钢筋方向的纵向裂缝，这些纵向裂缝的出现标志着钢筋与混凝土的界面粘结已经破坏，因此有必要在模型中增加一个粘结劣化区，如图 6-29 所示的 D 区，粘结劣化区内的界面剪应力取为 0，粘结劣化区外的界面剪应力按照欧洲模式规范 MC90 的建议计算：

$$
\tau(s) = \begin{cases} \tau_{\max}\left(\dfrac{s}{s_1}\right)^{\alpha} & 0 \leqslant s \leqslant s_1 \\[2mm] \tau_{\max} & s_1 < s \leqslant s_2 \\[2mm] \tau_{\max} - (\tau_{\max} - \tau_{\mathrm{f}})\left(\dfrac{s - s_2}{s_3 - s_2}\right) & s_2 < s \leqslant s_3 \\[2mm] \tau_{\mathrm{f}} & s > s_3 \end{cases} \tag{6-34}
$$

式中：$\tau_{\max}$ 为最大平均粘结应力；τ_{f} 为残余平均粘结应力；s_1、s_2、s_3 和 α 为考虑不同粘结条件的参数。这里考虑非约束混凝土，则 $s_1 = s_2 = 0.6\mathrm{mm}$，$s_3 = 1.0\mathrm{mm}$，$\alpha = 0.4$，$\tau_{\max} = 2.0(f_{\mathrm{ck}})^{0.5}$（$f_{\mathrm{ck}}$ 为混凝土抗压强度标准值），$\tau_{\mathrm{f}} = 0.15\tau_{\max}$。

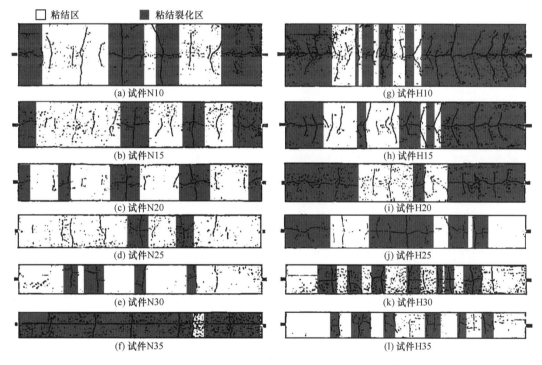

图 6-28　钢筋-混凝土组合受拉构件的裂缝分布图[71]

根据试验观察，粘结劣化区的范围随着裂缝宽度的增加而蔓延扩大，因此可以定义粘结劣化区范围参数 β 为粘结劣化区范围和裂缝宽度之比：

$$
l_{\mathrm{D}} = \beta \cdot \frac{w}{2} \tag{6-35}
$$

图 6-30 所示为不同 β 取值下混凝土平均应力-应变关系的计算结果和试验结果的对比，从中可以清楚地看到，如果 β 取为 0，即不考虑粘结劣化区，则曲线从开裂点软化后又会再次硬化，与试验结果给出的变化趋势不符，这也证明了在模型中考虑粘结劣化区的

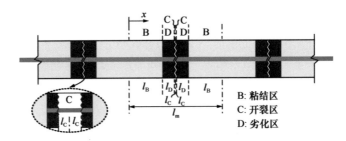

图6-29　粘结劣化区的引入

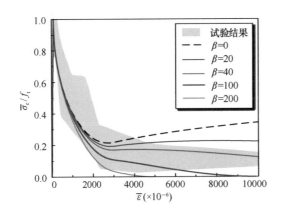

图6-30　不同粘结劣化区范围参数
β 的计算效果

必要性。对于粘结劣化区范围参数 β 的取值，我们可以考虑一种极限状态，钢筋和混凝土之间的粘结全部失效，此时式（6-35）中的 $l_D = l_m/2$（l_m 为平均裂缝间距），式（6-35）可以重新写为：

$$\beta = \frac{l_m}{w_\infty} = \frac{1}{\varepsilon_\infty} \qquad (6-36)$$

式中：w_∞ 为钢筋和混凝土之间粘结全部失效时的裂缝宽度；ε_∞ 为钢筋和混凝土之间粘结全部失效时的平均应变。

当钢筋应变没有发展到强化段时，ε_∞ 就是裸钢筋的应力-应变关系曲线和钢筋平均应力-应变关系曲线的交点，即图6-24（b）中的 A 点，根据 Belarbi 和 Hsu 的实测结果，ε_∞ 约为 0.01，则粘结劣化区范围参数 β 可近似取为 100，由图6-30也可以看到，β 取 100 和试验曲线也较为吻合。对于钢筋应变发展到强化段的情况，ε_∞ 的确定异常复杂，在此请读者思考。

（2）σ-w 本构关系

单条裂缝的 σ-w 本构关系曲线采用本书第 5.7 节推荐的椭圆曲线来模拟。

上述模型用参数 β 来描述导致受拉刚化效应的界面粘结滑移的逐步劣化特征，用椭圆曲线来描述导致受拉软化效应的单条裂缝的软化行为，因此上述模型取名为"β-椭圆"模型。

根据 β-椭圆模型的计算结果，可以总结出用于有限元计算的材料平均应力-应变本构关系如图6-31所示。对于混凝土，平均应力-应变本构关系为：

$$\bar{\sigma}_c = \begin{cases} E_c \bar{\varepsilon} & \bar{\varepsilon} \leq \varepsilon_t \\ f_t - (f_t - f_t^*)\sqrt{1 - \dfrac{(\bar{\varepsilon} - \varepsilon_t^*)^2}{(\varepsilon_t^* - \varepsilon_t)^2}} & \varepsilon_t < \bar{\varepsilon} \leq \varepsilon_t^* \\ f_t^* - \dfrac{f_t^*}{\varepsilon_\infty - \varepsilon_t^*}(\bar{\varepsilon} - \varepsilon_t^*) & \varepsilon_t^* < \bar{\varepsilon} \leq \varepsilon_\infty \\ 0 & \bar{\varepsilon} > \varepsilon_\infty \end{cases} \qquad (6-37)$$

式中：$\bar{\sigma}_c$ 为混凝土平均应力；$\bar{\varepsilon}$ 为平均应变；f_t 和 ε_t 分别为开裂应力和开裂应变；ε_∞ 为钢筋

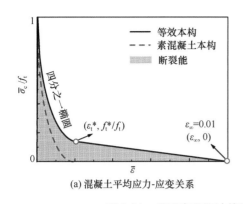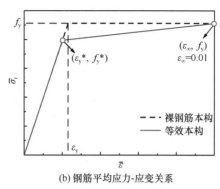

(a) 混凝土平均应力-应变关系　　　　　(b) 钢筋平均应力-应变关系

图 6-31　用于有限元计算的平均应力-应变本构关系

和混凝土粘结全部失效的平均应变，可取为 0.01；f_t^* 和 ε_t^* 分别为断裂能完全释放时（即 $w = w_u$ 时，w_u 可按式（5-23）计算）的应力和应变，具体按以下两式计算：

$$f_t^* = \frac{\rho_r \cdot \tau(s = w_u/2)}{d l_m}\left[l_m - (1 + \beta)w_u \right]^2 \tag{6-38}$$

式中：ρ_r 为纵向钢筋配筋率；d 为钢筋直径；l_m 为平均裂缝间距；$\tau(s = w_u/2)$ 为将 $w_u/2$ 代入式（6-34）；β 取 100。

$$\varepsilon_t^* = \frac{w_u}{l_m} + \frac{f_t^*}{E_c} \tag{6-39}$$

钢筋的平均应力-应变关系如下：

$$\overline{\sigma}_r = \begin{cases} E_s \overline{\varepsilon} & 0 \leqslant \overline{\varepsilon} \leqslant \varepsilon_y^* \\ f_y^* + \dfrac{f_y - f_y^*}{\varepsilon_\infty - \varepsilon_y^*}(\overline{\varepsilon} - \varepsilon_y^*) & \varepsilon_y^* < \overline{\varepsilon} \leqslant \varepsilon_\infty \\ f_y & \overline{\varepsilon} > \varepsilon_\infty \end{cases} \tag{6-40}$$

式中：E_s 为钢筋的弹性模量；f_y^* 和 ε_y^* 可分别按以下两式计算：

$$f_y^* = f_y - \frac{f_t^*}{\rho_r} \tag{6-41}$$

$$\varepsilon_y^* = \frac{f_y^*}{E_s} \tag{6-42}$$

6.5　平均裂缝间距

平均裂缝间距是联系应变和裂缝宽度的重要桥梁，如前所述，无论在纤维模型中应用怎样的本构关系，都需要通过平均裂缝间距将有限元分析得到的开裂应变转化为实际工程中关注的裂缝宽度，即如下式所示：

$$w = \left(\varepsilon - \frac{\sigma}{E_c} \right) \cdot l_m = (\varepsilon - \varepsilon_e) \cdot l_m = \varepsilon_{cr} \cdot l_m \tag{6-43}$$

式中：w 为裂缝宽度；ε 为总应变；σ 为应力；E_c 为混凝土弹性模量；l_m 为平均裂缝间距；ε_e 为弹性应变；ε_{cr} 为开裂应变。

1. 钢筋混凝土梁柱构件的平均裂缝间距

首先定义一个重要的概念，叫临界粘结传递长度 $l_{\min}$。如图 6-32 所示，对于钢-混凝

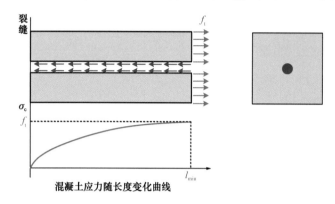

图 6-32   临界粘结传递长度的概念

土组合受拉构件，取某个裂缝截面，该截面上混凝土拉应力为 0。从该截面开始，沿构件纵向受到钢筋作用于混凝土的粘结应力，这些粘结应力传递到混凝土上，使得混凝土的拉应力不断增加，直到增加到抗拉强度 f_t，定义此时的粘结应力传递长度为临界粘结传递长度 $l_{\min}$，在 $l_{\min}$ 范围内，混凝土拉应力小于 f_t，混凝土不可能出现新的裂缝，因此临界粘结传递长度 $l_{\min}$ 是平均裂缝间距 l_m 的下界，即：

$$l_m > l_{\min} \tag{6-44}$$

通过对 $l_{\min}$ 范围内的混凝土进行隔离体分析可得：

$$f_t A_c = \tau_m \pi d l_{\min} \tag{6-45}$$

式中：A_c 为混凝土截面积；τ_m 为界面平均粘结应力；d 为钢筋直径。

由式（6-45）可得临界粘结传递长度 $l_{\min}$ 的计算公式如下：

$$l_{\min} = \frac{d}{4\rho} \frac{f_t}{\tau_m} \tag{6-46}$$

式中：ρ 为纵向钢筋配筋率。

下面讨论平均裂缝间距 l_m 的上界。如图 6-33 所示，假设已有两条裂缝的间距大于 $2l_{\min}$，根据临界粘结传递长度的定义，在这两条裂缝中间存在一段混凝土的拉应力大于 f_t，于是会出现一条新的裂缝，裂缝间距减半。可见，平均裂缝间距不可能超过 $2l_{\min}$，因

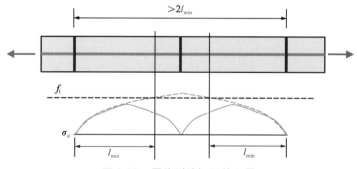

图 6-33   平均裂缝间距的上界

此 $2l_{\min}$ 是平均裂缝间距 l_m 的上界,即:

$$l_m < 2l_{\min} \tag{6-47}$$

综上所述,平均裂缝间距 l_m 在 $l_{\min}$ 和 $2l_{\min}$ 之间,因此平均裂缝间距 l_m 可近似取为 $1.5l_{\min}$。由式(6-46)可知,平均裂缝间距 l_m 和 d/ρ 成正比,钢筋直径越小,配筋率越高,平均裂缝间距就越小,裂缝宽度也就越小。因此,要提高钢筋混凝土的抗裂性能,应尽可能采用细而密的钢筋,这也就回答了为什么钢纤维混凝土具有优越的抗裂性能。

以上介绍的这套计算平均裂缝间距的方法叫"粘结滑移法"。粘结滑移法揭示了平均裂缝间距和 d/ρ 相关关系,但图 6-34 所示的试验结果表明,除了参数 d/ρ,纵筋保护层厚度也对平均裂缝间距有重要影响,平均裂缝间距随着保护层厚度的增加而显著增加。

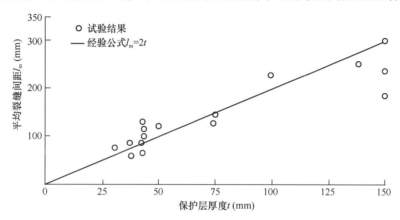

图 6-34 试验中平均裂缝间距和保护层厚度之间的关系[15]

我国规范最终建议的平均裂缝间距公式综合了"粘结滑移法"的结果以及试验中观察到的和保护层厚度相关的规律,如下式所示:

$$l_m = c_f\left(1.9c + 0.08\frac{d_{eq}}{\rho_{te}}\right) \tag{6-48}$$

式中:c_f 为构件内力状态系数,轴心受拉为 1.1,其余受力状态为 1.0;c 为最外层受拉钢筋的外边缘至截面受拉底边的距离,即保护层厚度;ρ_{te} 为按混凝土受拉有效面积计算的配筋率;d_{eq} 为受拉钢筋的等效直径,按下式计算:

$$d_{eq} = \frac{\sum n_i d_i^2}{\sum n_i \nu_i d_i} \tag{6-49}$$

式中:n_i 为第 i 种钢筋的根数;d_i 为第 i 种钢筋的直径;ν_i 为第 i 种钢筋的相对粘结特性系数,带肋钢筋取 1.0,光圆钢筋取 0.7。

近年来,随着试验数据的不断积累,人们发现混凝土强度和尺寸效应也会显著影响平均裂缝间距,而这两个因素在已有的公式中没有得到体现。针对这一问题,笔者团队[79]采用精细有限元方法,借用"粘结滑移法"的思路,引入断裂能判据,定义临界粘结传递长度 $l_{\min}$ 满足下式:

$$U(2l_{\min}) - 2U(l_{\min}) = A_e G_f \tag{6-50}$$

式中:U 为弹性应变能,可由有限元软件计算得到;G_f 为断裂能;A_e 为混凝土受拉有效面积,可按下式计算,参数含义详见图 6-35。

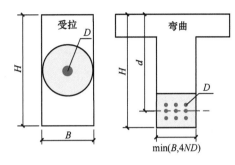

图 6-35　混凝土受拉有效面积的定义

（1）轴心受拉构件：

$$A_e = \frac{1}{4}\pi B^2 - A_s \qquad (6\text{-}51)$$

（2）受弯构件：

$$A_e = 2(H - d) \cdot \min(B，4ND) - A_s$$

式中：A_s 为受拉钢筋的截面积；d 为弯曲构件受压边缘到所有受拉钢筋形心之间的距离；N 为受拉区最底层钢筋的数量；D 为单根钢筋的直径。

式（6-50）的物理意义是，一个长度为 $2l_{min}$ 的钢筋-混凝土组合受拉构件，中间开了一条裂缝后分裂成两个长度为 l_{min} 的构件，这个过程中耗散的能量（也就是损失的能量）为开裂面的断裂能乘以面积。实际应用中，可以通过牛顿迭代法求得满足式（6-50）的临界粘结传递长度 l_{min}，从而进一步求得平均裂缝间距为 $1.5l_{min}$。

利用上述方法可以进行大量的参数分析，最后总结出平均裂缝间距 l_m 的简化公式：

（1）轴心受拉构件：

$$l_m = \frac{1}{\alpha}\sqrt[4]{A_e} \cdot f_c'^{-0.4}\left[-29.1\left(\frac{c}{D}\right)^2 + 228\left(\frac{c}{D}\right) + 18.9\right] \qquad (6\text{-}52)$$

（2）受弯构件：

$$l_m = \frac{1}{\alpha}\sqrt[6]{A_e t} \cdot f_c'^{-0.3} \cdot (134170\rho^2 - 10958\rho + 339)$$

式中：A_e 为混凝土受拉有效面积，按式（6-51）计算；f_c' 为混凝土圆柱体抗压强度；c 为不包含钢筋半径的最小保护层厚度；t 为包含钢筋半径的最小保护层厚度；D 为钢筋直径；ρ 为钢筋配筋率；α 为粘结应力和混凝土抗拉强度的比值，按下式计算：

$$\alpha = \begin{cases} 3.77\dfrac{c}{D} - 1.51 & \text{轴拉构件且 } c/D < 2.1 \\ 6.41 & \text{弯曲构件或 } c/D \geqslant 2.1 \end{cases} \qquad (6\text{-}53)$$

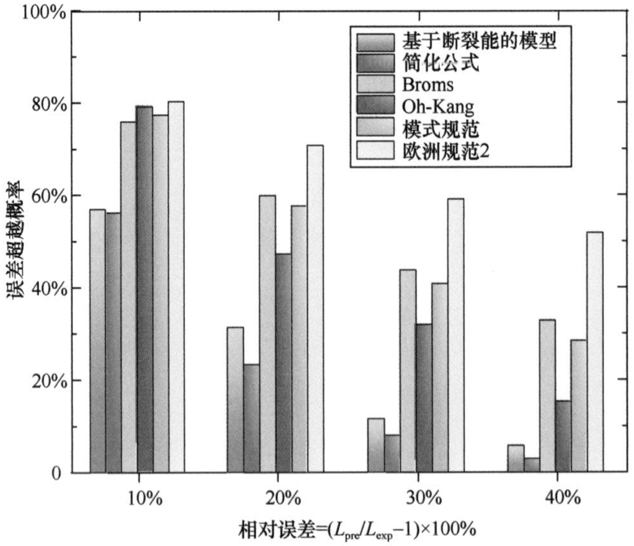

图 6-36　笔者团队建议模型和公式的误差分布以及与已有公式的对比

为了验证笔者团队建议的上述模型和公式，选择了 136 个试验数据进行对比分析，其误差分布如图 6-36 所示，可见笔者建议的模型和公式相比已有公式[62,80-82]精度明显提高，误差显著缩小。

2. 钢筋混凝土板的平均裂缝间距

钢筋混凝土板在厚度方向上的尺度相比其他方向要小很多，因此横向钢筋对截面的削弱效应比较显著，横向钢筋位置处的截面容易开裂，如图 6-37 所示。此时平均裂缝间距就是横向钢筋的间距。这里搜集了 5 组钢-混凝土组合梁在负弯矩作用下的试验结果，如表 6-2 所示，楼板在组合梁中承受拉力，试验测得的楼板平均裂缝间距和横向钢筋间距基本一致，但和欧洲规范、模式规范和日本规范建议的轴心受拉构件平均裂缝间距计算结果相去甚远，这些结果也充分证明了钢筋混凝土楼板的平均裂缝间距和横向钢筋间距密切相关的结论。

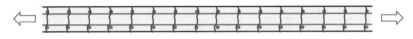

图 6-37　楼板在横向钢筋位置处开裂

组合梁楼板平均裂缝间距试验和预测值对比　　　　　　　　　　　　　　　表 6-2

试件来源	平均裂缝间距（mm）				平均横向钢筋间距（mm）
	试验	Eurocode	CEB-FIP	JSCE	
SCCB-1，Nie 等人（2011）[74]	120	174	112	109	120
CBS-1，Lin 等人（2011）[73]	150	284	176	144	150
Ryu 等人（2005）[83]	165	360	199	220	173
C-2，Lebet 等人（2006）[84]	200	205	135	121	200
SCB-4，樊健生等人（2011）[75]	200	239	186	173	200

6.6　补记：捏拢效应与拉压过渡

如图 6-38 所示的捏拢效应是钢筋混凝土构件滞回响应中的重要特征，造成捏拢效应的原因是混凝土裂缝闭合的过程中刚度尚未恢复，光有应变却没有应力，因此笔者把这一

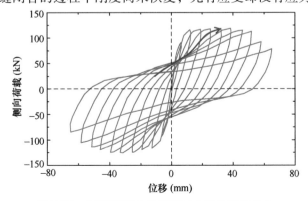

图 6-38　钢筋混凝土构件滞回曲线的捏拢效应

特征称为裂缝闭合的"空程效应"。要准确模拟"空程效应"，就要合理地定义混凝土材料从拉到压的过渡本构。图 6-39 给出了两种拉压过渡的处理方法，两者最大的区别在于受压骨架曲线是否需要平移。图 6-39（a）中受压骨架曲线不平移，受拉混凝土卸载后，仍留有较大的残余拉应变，这时裂缝尚未闭合，此后，保持应力为 0 而拉应变逐渐减小，直到接近受压骨架线刚度才逐渐恢复，这一过程（图中用红圈表示）就是裂缝闭合的空程效应，因此受压骨架曲线始终保持不变，不发生平移，就可以模拟捏拢效应。相反地，如图 6-39（b）所示，受拉混凝土卸载后，直接进入受压骨架线加载，相当于把受压骨架线进行了平移，这样的处理就无法模拟裂缝闭合的空程效应。综上所述，**受压骨架线不平移是模拟捏拢效应的关键点**。

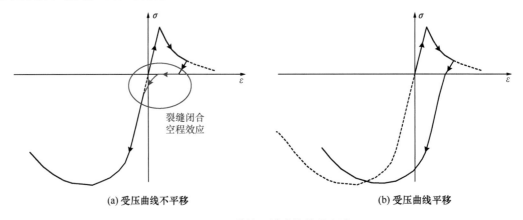

(a) 受压曲线不平移　　　　　　　　　　(b) 受压曲线平移

图 6-39　两种拉压过渡的处理方法

第7章 压弯篇总结

以压弯内力为主的钢筋混凝土构件，我们建议可以采用分布塑性铰纤维截面模型进行模拟，该模型相比集中塑性铰模型可以预测任意位置截面的塑性发展，相比宏观截面模型更具通用性。当遇到软化问题时，位移场（主要指曲率）突变，基于位移的单元由于位移场差值函数精度不足，导致局部化网格依赖严重，此时可以改用基于力的单元。

模型选用的材料单轴本构关系主要考虑以下几个要点，如图 7-1 所示：（1）混凝土受压骨架线要考虑约束效应，可采用 Rücsh、Hognestad、Mander 模型等；（2）混凝土和钢筋受拉骨架线要考虑受拉刚化效应的影响，可采用 Belarbi-Hsu 或 β-椭圆模型，若要预测裂缝宽度 w，还需单独额外计算平均裂缝间距 l_{m}；（3）混凝土受压滞回准则可以采用最简单的按初始弹性模量加卸载的准则；（4）钢筋的滞回准则要采用考虑曲线式包辛格效应的 p 次曲线。

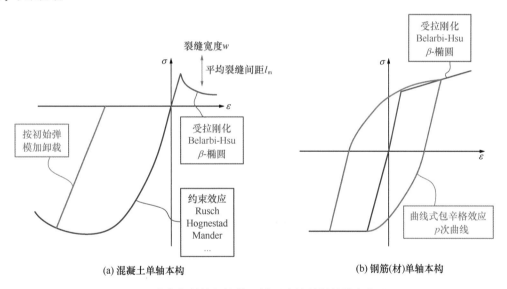

(a) 混凝土单轴本构　　　　　　　(b) 钢筋(材)单轴本构

图 7-1　分布塑性铰纤维截面模型中的材料单轴本构关系

剪 切 篇

第 8 章　基于宏观试验的钢筋混凝土梁受剪承载力

本章将单纯地讨论钢筋混凝土简支梁的剪切试验以及受剪承载力的计算方法，主要出于以下三方面的考虑：

（1）钢筋混凝土的压弯承载力早已解决，但受剪承载力至今仍未弄清，因此这个看似很简单的问题实际上非常值得深入讨论。

（2）钢筋混凝土梁剪切试验是整个研究的历史源头，而整个剪切研究的脉络是由试验指引着理论的发展。美国混凝土学会（ACI）技术委员会（Technical Committees）中的445 剪切和扭转（Shear and Torsion）分会中有 5 个小组，其中有专门一个小组来建立钢筋混凝土梁的剪切试验数据库，他们在 2013—2015 年之间发布了最新的钢筋混凝土梁剪切试验数据库[85-88]，包含了 1365 根无腹筋梁剪切试验数据和 886 根有腹筋梁剪切试验数据。因此，鉴于试验研究在剪切研究中的重要地位，本章要以试验作为切入点，在此基础上讨论钢筋混凝土梁受剪承载力的计算方法。

（3）受剪承载力是剪切宏观模型最关键的参数，而梁的剪切是其他各类构件剪切的缩影，本章讨论钢筋混凝土简支梁的剪切，可为钢筋混凝土其他类型构件（柱子、节点域、连梁等）的剪切研究提供样板和参考，如图 8-1 所示。

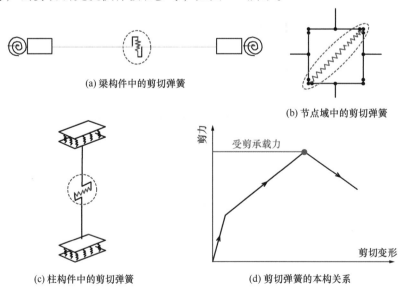

(a) 梁构件中的剪切弹簧

(b) 节点域中的剪切弹簧

(c) 柱构件中的剪切弹簧

(d) 剪切弹簧的本构关系

图 8-1　受剪承载力是各类构件剪切宏观模型的最关键参数

8.1　无腹筋梁剪切的三种典型破坏形态

除了板式受弯构件外，无腹筋梁在实际工程中并不常见，而之所以要研究无腹筋梁的抗剪性能，是因为世界各国的标准体系通常都认为有腹筋梁的抗剪性能是由无腹筋梁和腹筋（箍筋或弯起钢筋等）各自抗剪性能的简单叠加，如图 8-2 所示，这里面暗含着一个基本假定，那就是无腹筋梁和箍筋之间没有相互作用。事实上，严格来说这一假定并不成立。Bresler and Scordelis[89] 于 1963 年完成了一组无腹筋梁和有腹筋梁剪切性能的对比试验，试验中，无腹筋梁由于增加了箍筋，破坏形态由斜拉破坏转变为剪压破坏，如图 8-3 所示，可见箍筋显著影响了无腹筋梁的破坏机制，无腹筋梁和箍筋之间存在相互作用。尽管如此，为了方便实际工程中的应用，世界各国的标准体系仍然采用无腹筋梁和箍筋简单叠加的做法。

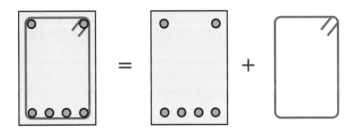

图 8-2　有腹筋梁的抗剪性能是由无腹筋梁和腹筋各自抗剪性能的简单叠加

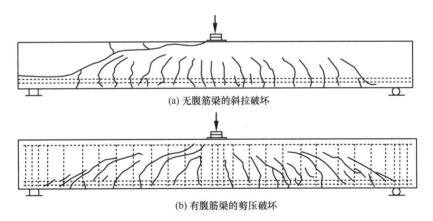

(a) 无腹筋梁的斜拉破坏

(b) 有腹筋梁的剪压破坏

图 8-3　同样参数无腹筋梁和有腹筋梁破坏形态对比[31]

无腹筋梁剪切的三种典型破坏形态为：斜拉破坏、剪压破坏、斜压破坏。

1. 斜拉破坏

当剪跨比 λ 大于 2.5 ~ 3 时，无腹筋梁发生斜拉破坏。**斜拉破坏的特征是出现一条贯穿的临界斜裂缝后混凝土受拉脆性破坏，**如图 8-3(a) 所示。图 8-4 所示为 Vecchio and Shim[90] 于 2004 年完成的一组 3 根无腹筋梁剪切试验结果，3 根梁的剪跨比分别为 4、5、7，均发生了斜拉破坏，其破坏形态的最大特点是有一根宽度很大的贯穿主斜裂缝，图 8-5 为主斜裂缝的照片。图 8-6 所示为多伦多大学完成的无腹筋宽扁梁的剪切试验，试件最后

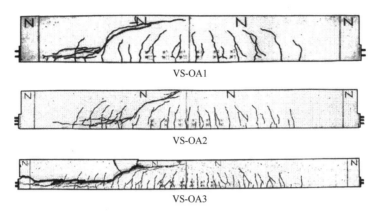

图 8-4 发生斜拉破坏的无腹筋梁[90]

图 8-5 斜拉破坏时的临界斜裂缝[90]

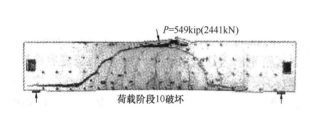

(a) 裂缝分布

(b) 从临界斜裂缝处剥离出来的半圆柱体

图 8-6 无腹筋宽扁梁发生斜拉破坏[31]

也发生了斜拉破坏,沿着贯穿临界斜裂缝,可以剥离出一个半圆柱体。相信这些试验照片能让读者对斜拉破坏有一个直观的认识。

2. 剪压破坏

当剪跨比 λ 小于 2.5~3 且大于 1 时,无腹筋梁发生剪压破坏。当无腹筋梁发生剪压破坏时,虽然有斜裂缝出现,但不会发展成宽度很大的贯穿主斜裂缝,**最后在加载点附近受压区混凝土在压力和剪力的共同作用下发生破坏**。虽然无腹筋梁的剪切破坏都是脆性的,但剪压破坏比斜拉破坏的脆性程度要低,图 8-7 所示为无腹筋梁发生剪压破坏的一些

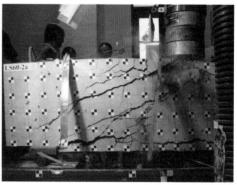

图 8-7　无腹筋梁的剪压破坏照片

照片。

3. 斜压破坏

当剪跨比 $\lambda < 1$ 时，无腹筋梁发生斜压破坏。**斜压破坏的特征是支座和加载点之间形成斜向受压的短柱（或亦可称为压杆），该短柱达到受压承载力而发生脆性破坏**，如图 8-8 所示。斜压破坏和斜拉破坏都是非常脆性的破坏，都比剪压破坏的脆性大。

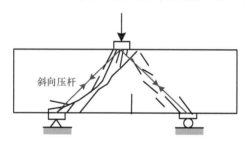

图 8-8　无腹筋梁的斜压破坏

8.2　中国标准建议的无腹筋梁受剪承载力计算公式

《混凝土结构设计规范》GB 50010—2010（2015 年版）[1]（以下简称中国标准）建议的无腹筋梁受剪承载力计算公式如下：

$$V_{u} = \alpha_{cv} \beta_{h} f_{t} \, b_{w} \, h_{0} \tag{8-1}$$

式中：α_{cv} 根据荷载类型按式（8-2）计算，其中剪跨比 $\lambda < 1.5$ 时取 1.5，$\lambda > 3.0$ 时取 3.0；β_{h} 为截面高度影响系数，按式（8-3）计算，其中截面有效高度 $h_{0} < 800mm$ 时取 800mm，$h_{0} > 2000mm$ 时取 2000mm；f_{t} 为混凝土抗拉强度；b_{w} 为梁腹板厚度；h_{0} 为梁有效高度。

$$\alpha_{cv} = \begin{cases} 0.7 & \text{均布荷载} \\ \dfrac{1.75}{\lambda + 1} & \text{集中荷载} \end{cases} \tag{8-2}$$

$$\beta_{h} = \left(\dfrac{800}{h_{0}}\right)^{1/4} \tag{8-3}$$

　　关于这个公式，最大的疑问在于，当剪跨比 λ 较小时，无腹筋梁无论发生剪压破坏还是发生斜压破坏，归根到底都是"压"坏的，但公式中依然采用混凝土的抗拉强度指标 f_t，这种破坏特征和强度指标之间的不协调导致这个公式在预测小剪跨比无腹筋梁受剪承载力的时候会变得无比保守，如图 8-9 所示，而在中大剪跨比范围内，仍有一些预测结果偏于不安全。

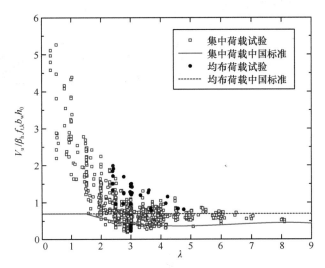

图 8-9　中国标准和试验结果随剪跨比 λ 变化规律的对比

8.3　Kani 建议的剪切破坏谷

　　Kani 是多伦多学派的代表者，是世界上做钢筋混凝土梁剪切试验最多的人之一，是剪切研究的先驱者。图 8-10 所示为 Kani[91] 完成的一组无腹筋梁剪切试验的结果，图中给出了无腹筋梁的受剪承载力随剪跨比的变化规律。试验变化了不同的纵向配筋率，试验结果充分表明纵向钢筋配筋率对无腹筋梁受剪承载力有非常显著的影响，这也是为什么美国混凝土结构设计规范 ACI 318 中无腹筋梁的受剪承载力公式包含了纵向钢筋配筋率这一参数。**因此纵向钢筋配筋率既可以提高受弯承载力，也可以提高受剪承载力**，我们有时在进行剪切试验时为了能够做出剪切破坏的形态而人为增加纵向钢筋配筋率来提高受弯承载力，实际上并不能得到真正的受剪承载力。

　　图 8-10 的试验结果还告诉我们一个重要的规律，就是无腹筋梁的极限承载力随剪跨比的增大而降低。实际上，这个规律不仅适用于剪切破坏的情形，同样也适用于弯曲破坏的情形。假设无腹筋梁的截面极限弯矩为 M_{flex}，由极限弯矩对应的极限剪力 V_{flex} 可按下式计算：

$$V_{flex} = \frac{M_{flex}}{a} = \frac{M_{flex}}{\lambda \cdot d} \tag{8-4}$$

式中：d 为截面有效高度；λ 为剪跨比。

　　式（8-4）告诉我们弯曲破坏对应的极限剪力同样随剪跨比的增大而降低。我们可以把式（8-4）代表的弯曲破坏线和剪切破坏实测曲线画在同一张图里，如图 8-10（b）中的

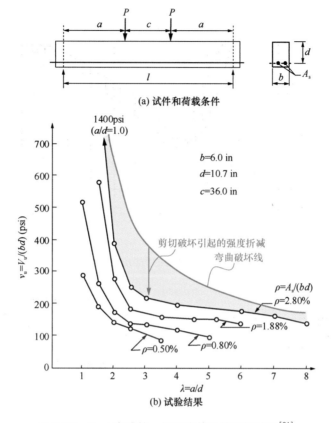

(a) 试件和荷载条件

(b) 试验结果

图 8-10　Kani 完成的一组无腹筋梁的剪切试验[91]

黄线所示，由于试件实际发生了剪切破坏，因此实测的剪切破坏线落在对应的弯曲破坏线之下，降低的幅度就代表剪切破坏导致的强度折减。这里我们定义剪切破坏导致的强度折减系数 β 为：

$$\beta = \frac{V_u}{V_{flex}} = \frac{M_u}{M_{flex}} \leqslant 1 \tag{8-5}$$

式中：V_u 和 M_u 分别为实测的极限剪力和极限弯矩。

由式（8-5）将图 8-10(b) 转换为 β 和剪跨比 λ 之间的关系图，如图 8-11 所示，这个图在剪跨比为 2.5 处有一个转折，总体上像一个下凹的山谷，因此被形象地称为剪切破坏谷（shear valley）。

如图 8-11 所示，在剪跨比大约为 2.5 时，对应了剪切破坏谷的谷底，Kani[92] 分别用两种不同的理论模型来解释剪跨比小于 2.5 和大于 2.5 这两种情况。根据的材料力学基本原理，由图 8-12(a) 的梁微元体分析可知：

$$V = \frac{dM}{dx} \tag{8-6}$$

式中：V 为截面剪力；M 为截面弯矩。

由图 8-12(b) 所示的截面平衡分析可知截面弯矩 M 可按下式计算：

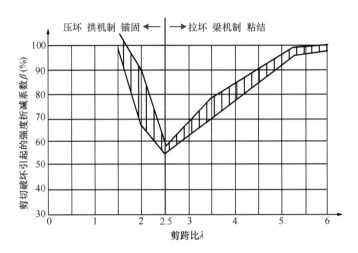

图 8-11　Kani 建议的剪切破坏谷[31]

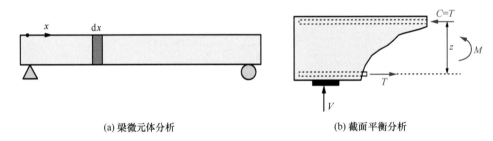

(a) 梁微元体分析　　　　　　　　(b) 截面平衡分析

图 8-12　剪切机制分析

$$M = T \cdot z \tag{8-7}$$

式中：T 为受拉钢筋的拉力；z 为截面内力臂，即截面拉力和压力作用线之间的距离。

将式（8-7）代入式（8-6）可得截面剪力 V 可按下式计算：

$$V = z \frac{\mathrm{d}T}{\mathrm{d}x} + T \frac{\mathrm{d}z}{\mathrm{d}x} \tag{8-8}$$

上式中截面剪力可以分解为两项，这两项分别代表了两种不同的受剪机理：

（1）式（8-8）中的第一项代表力臂不变而底部纵向受拉钢筋拉力变化的情况。纵向受拉钢筋拉力的变化原因是纵向受拉钢筋和混凝土之间存在粘结作用，这种粘结作用使得混凝土以某一个间距开裂（详见第 6 章受拉刚化效应的相关内容），混凝土开裂后，形成如图 8-13(a) 所示的一系列端部承受集中力（大小等于纵筋拉力的变化值 ΔT）的悬臂

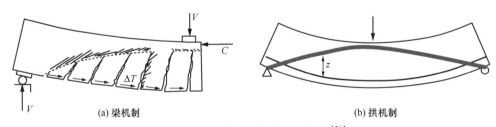

(a) 梁机制　　　　　　　　　　(b) 拱机制

图 8-13　无腹筋梁剪切的两种机制[31]

梁，形态上犹如一颗颗牙齿，故许多文献称该模型为齿模型（tooth model）。齿模型实际上描述的是一种**梁机制**，这种梁机制的形成是以纵向钢筋和混凝土之间的**粘结**作为基础，这种梁机制的破坏特点是**混凝土拉坏**。

（2）式（8-8）中的第二项代表底部纵向受拉钢筋的拉力不变而力臂变化的情况。这种情况代表了如图 8-13(b) 所示的**拱机制**，这种拱机制的形成是以纵向受拉钢筋两端的充分**锚固**作为基础，这种拱机制的破坏特征是压力轴线上的**混凝土压坏**。

Kani 认为，当剪跨比大于 2.5 时，梁剪切的机制主要为梁机制，通过纵筋和混凝土之间的粘结来发挥作用，破坏形态为混凝土拉坏；而当剪跨比小于 2.5 时，梁剪切的机制主要为拱机制，通过纵筋和混凝土之间的锚固来发挥作用，破坏形态为混凝土压坏。虽然 Kani 阐述的这些模型仅仅是概念模型，并没有转化为具体的计算方法，但必须承认这些模型深刻影响了日后剪切设计的发展。

Kani 的剪切破坏谷形态其实存在很多疑问，最大的疑问在于当剪跨比较小时（如图 8-11 剪跨比小于 1.5 时），剪切破坏引起的承载力折减系数 β 又回到了 1.0，相当于梁实际的承载力由弯曲承载力控制，照此推算，斜压破坏的承载力居然和弯曲承载力相等，这实在让人费解。而在 2014 年，Reineck and Todisco[86] 通过搜集大量的试验数据，将 50 多年前 Kani 提出的剪切破坏谷的形态推翻了。图 8-14 所示为由 Kani 的试验得到的小剪跨比 β 的趋势线和由其他学者试验得到的小剪跨比 β 的趋势线，两者截然不同，可见 Kani 建议的剪切破坏谷形态仅仅基于有限的试验结果，并不具有普遍性。

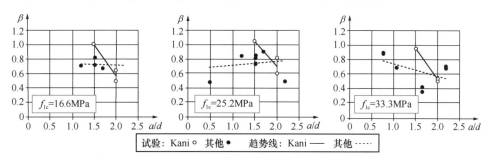

图 8-14　小剪跨比的剪切破坏谷形态[86]

8.4　ACI 建议的无腹筋梁受剪承载力计算方法

在正式介绍美国混凝土规范 ACI 318-14[2] 建议的无腹筋梁受剪承载力计算方法前，首先介绍两个重要的概念：B 区和 D 区。B 区，即 Bernoulli-region，指的是满足平截面假定的区域；而 D 区，即 Discontinuity-region，指的是不满足平截面假定的区域。ACI 318-14 专门针对 D 区编写了第二十三章（章节名称为：STRUT-AND-TIE MODEL 拉压杆模型）而其他章节均适用于 B 区。

下面我们摘录 ACI 318-14 中与无腹筋梁受剪承载力计算方面的条文并作翻译和注解，最后根据这些条文再作总结和归纳。

9.9 *Deep beams*

9.9 *深梁*

9.9.1.1 *Deep beams are members that are loaded on one face and supported on the opposite face such that strut-like compression elements can develop between the loads and supports and that satisfy (a) or (b)：(a) Clear span does not exceed four times the overall member depth h；(b) Concentrated loads exist within a distance 2h from the face of the support.*

9.9.1.1 *深梁是指加载在一个面上并且支撑于相反的面上使得加载点和支撑点之间可以形成压杆的构件，它们满足以下（a）或（b）的要求：（a）梁的净跨不超过四倍的梁高h；（b）集中荷载作用在距离支撑面2h的范围内。*

9.9.1.2 *Deep beams shall be designed taking into account nonlinear distribution of longitudinal strain over the depth of the beam.*

9.9.1.2 *深梁的设计需要考虑纵向应变沿梁高度的非线性分布（注：即不满足平截面假定）。*

9.9.1.3 *Strut-and-tie models in accordance with Chapter 23 are deemed to satisfy 9.9.1.2.*

9.9.1.3 *第23章的拉压杆模型可以用来满足9.9.1.2的要求。*

CHAPTER 23 STRUT-AND-TIE MODEL

第23章 拉压杆模型

23.2.7 *The angle between the axes of any strut and any tie entering a single node shall be at least 25 degrees.*

23.2.7 *任何拉杆和压杆在一个节点处形成的夹角至少为25°（注：相当于剪跨比小于cot 25° = 2.14）。*

根据上述条文可知，当采用如图8-15所示的深梁时，即剪跨比 $\lambda < 2.14$ 时，应采用如图8-16所示的拉压杆模型计算其受剪承载力。事实上，图8-16所示的拉压杆模型描述的就是一种拱机制，这种拱机制通过纵筋和混凝土之间的锚固来发挥作用，破坏形态为混凝土压坏。

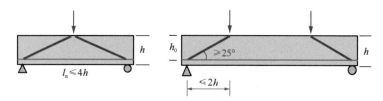

图8-15 深梁采用拉压杆模型计算受剪承载力

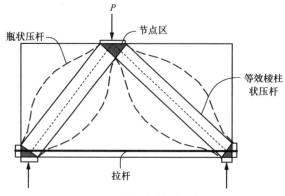

图8-16 拉压杆模型示意图

CHAPTER 22 SECTIONAL STRENGTH

第22章　截面强度

22.5　One-way shear strength

22.5　单向剪切承载力

R22.5.1.1　The shear strength is based on an average shear stress over the effective cross section. Sectional shear design procedures are acceptable in B-regions.

R22.5.1.1　剪切承载力是基于沿有效截面分布的平均剪应力。截面剪力设计法适用于B区（注：满足平截面假定）。

上述条文说明当梁满足平截面假定而不在D区时，即剪跨比 $\lambda > 2.14$ 时，可以采用截面强度法计算受剪承载力，具体计算公式如下：

$$V_u = 0.166\sqrt{f_c'}\,b_w d \tag{8-9}$$

式中：f_c' 为圆柱体抗压强度；b_w 为腹板厚度；d 为截面有效高度。

在上式中，ACI 318-14 采用了 $\sqrt{f_c'}$ 作为强度破坏指标，表明 ACI 318-14 认为此时的破坏形态为混凝土拉坏。同时，ACI 318-14 条文用了"截面（Sectional）"这个概念，表明 ACI 318-14 认为此时的破坏机制为梁机制，因为"梁"和"截面"这两个概念才是相互配套的。

综上所述，**ACI 318-14 建议的无腹筋梁受剪承载力计算方法为：以剪跨比 $\lambda = 2.14$ 作为分界点，小于 2.14 时为深梁，采用拉压杆模型，压杆混凝土压坏作为破坏的标志；大于 2.14 时为浅梁，采用截面强度法，以混凝土拉坏作为破坏标志。**大家可以体会，这套分类法和 Kani 当初提出的理论模型是何等的相似。

2013 年和 2014 年，ACI-445 委员会在 ACI Structural Journal 上发表两篇文章，用大量的试验数据来评价 ACI 318-14 建议的无腹筋梁受剪承载力计算方法，这两篇文章将深梁和浅梁的界限由 $\lambda = 2.14$ 调整为 $\lambda = 2.4$，这也代表了 ACI-445 委员会的最新观点。

8.5　有腹筋梁的受剪承载力公式

首先我们来看一组有腹筋梁的剪切试验。图 8-17 所示为 Vecchio 和 Shim[90] 于 2004 年

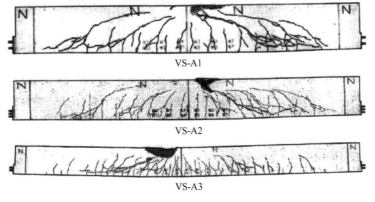

VS-A1

VS-A2

VS-A3

图8-17　一组有腹筋梁的试验结果[90]

完成的一组 3 根有腹筋梁剪切试验结果，3 根梁的剪跨比分别为 4、5、7，标记为 A1、A2、A3，这三根梁分别在图 8-4 所示的无腹筋梁 OA1、OA2、OA3 基础上增加了箍筋。无腹筋梁 OA1、OA2、OA3 均发生的是斜拉破坏，而增加了箍筋之后，A1、A2、A3 三根有腹筋梁分别发生了剪压破坏、剪压破坏和弯曲破坏，图 8-18 所示为发生剪压破坏的 A1 梁的破坏照片，可以清晰地看到破坏时，梁上有明显斜裂缝，同时加载点附近混凝土压溃。这组对比试验结果表明：箍筋可能会改变无腹筋梁的破坏形态，斜拉破坏可能转为剪压破坏。Vecchio 和 Shim 的试验证明了箍筋会改变无腹筋梁的破坏形态，然而，箍筋对无腹筋梁破坏形态的影响至今只是纯学术的探讨，设计依然采用最简单的叠加法。

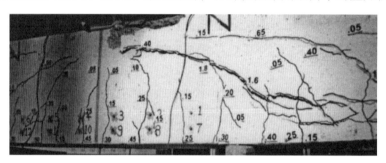

图 8-18　发生剪压破坏的有腹筋梁 A1[90]

中国标准建议的有腹筋梁受剪承载力设计公式简单地将无腹筋梁受剪承载力设计公式叠加上箍筋的贡献项 V_s，具体表达形式如下，式中相关参数的含义详见第 8.2 节。

$$V_u = \alpha_{cv} f_t b_w h_0 + V_s \tag{8-10}$$

上式中，箍筋的贡献项 V_s 采用经典桁架模型进行计算，如图 8-19 所示，斜截面在水平面的投影长度为 $h_0/\tan\theta$（h_0 为截面有效高度，θ 为斜裂面的倾角），在这个长度内，共包含了 $(h_0/\tan\theta)/s$ 根受拉箍筋和支座剪力平衡，假设这些箍筋均受拉屈服，则这些箍筋屈服时所提供的总拉力就是箍筋的贡献项 V_s，如下式所示：

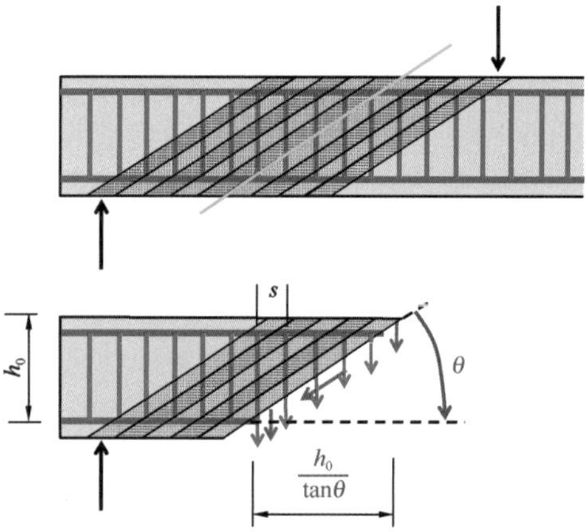

$$V_s = \frac{f_{yv}A_{sv}h_0}{s \cdot \tan\theta} \tag{8-11}$$

图 8-19　采用经典桁架模型计算箍筋贡献项

中国标准建议斜裂面的倾角 θ 为 45°，则箍筋的贡献项可写为：

$$V_s = \frac{f_{yv}A_{sv}h_0}{s} \tag{8-12}$$

箍筋的贡献项 V_s 还有一些其他的公式，主要的区别在于对斜裂面倾角的假定，ACI 318-14[2] 建议取为 45°，FEMA 306[93] 建议取为 35°，Priestley 等人[94] 建议取为 30°，Sezen 和 Mohele[95] 建议取为沿梁长变化的倾角。

下面，我们讨论式（8-10）可能存在的问题。无论是大剪跨比的浅梁，还是小剪跨比的深梁，中国标准建议的式（8-10）都直接叠加上箍筋受拉屈服的贡献项，而事实上，这两种情况对应的箍筋受力模式是截然不同的。如图 8-20 所示的大剪跨比浅梁，发生了斜拉破坏，破坏时箍筋穿过主斜裂缝，受拉屈服并最后发生断裂，在这种情况下，箍筋是通过受拉屈服直接发生作用，此时采用式（8-10）是非常合理的。然而，当我们遇到小剪跨比深梁时，如图 8-21 所示发生斜压破坏，破坏时混凝土压杆达到极限受压承载力，在这种情况下，箍筋是通过对混凝土压杆提供约束效应而间接发挥作用，此时，依然采用以箍筋受拉屈服为假定的公式来考虑箍筋的贡献，显然是不合理的。需要特别指出的是，小剪跨比时箍筋的约束效应对混凝土斜压杆强度的提高效应是有限的，这与中国标准建议的式（8-10）完全相悖，因此工程师可以利用式（8-10）进行大量配箍筋获得虚高的受剪承载力，从而造成设计的不安全，为了弥补这一缺陷，中国标准引入了截面限制条件来防止过度配箍。

鉴于上述分析，美国标准 ACI 318-14 建议的有腹筋梁的受压承载力方法分两种情况讨论，对于剪跨比 $\lambda > 2.14$ 的浅梁，采用和中国标准相同的方法将混凝土的贡献项直接叠加上箍筋受拉屈服时的贡献项，如下式所示，式中第一项混凝土贡献项的参数含义详见第 8.4 节。

$$V_{\mathrm{u}} = 0.166 \sqrt{f_{\mathrm{c}}'} b_{\mathrm{w}} d + \frac{f_{\mathrm{yv}} A_{\mathrm{sv}} h_0}{s} \tag{8-13}$$

而对于剪跨比 $\lambda < 2.14$ 的深梁，通过调高拉压杆模型中的压杆强度来间接考虑箍筋对压杆混凝土的约束效应。

最后我们通过一个例题来体会中国标准和美国标准在小剪跨比范围内的区别。图 8-22 所示为某钢筋混凝土梁的剪切试验，试件的剪跨比为 1.1，试件的几何与材料参数详见

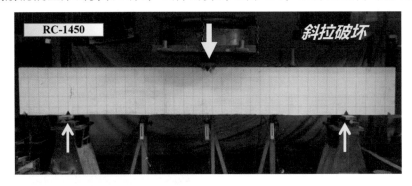

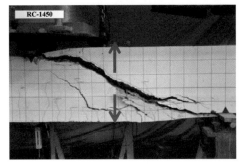
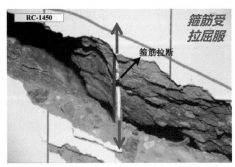

图 8-20　大剪跨比浅梁中的箍筋受力模式

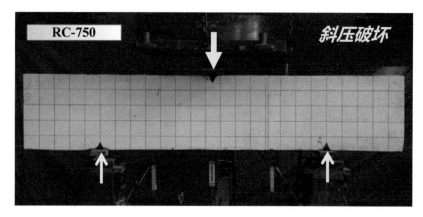

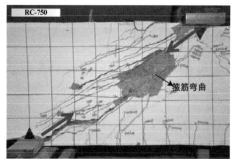

图 8-21　小剪跨比深梁中的箍筋受力模式

图 8-22。首先，我们采用中国标准的计算公式计算这根梁的受剪承载力如下：

$$V_u = 0.7 f_t b_w h_0 + \frac{f_{yv} A_{sv} h_0}{s} \tag{8-14}$$

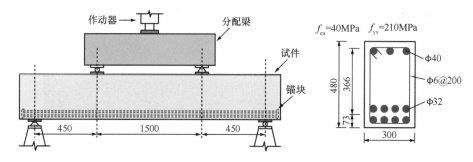

图 8-22　钢筋混凝土简支梁剪切试验例题

上式中混凝土抗拉强度 f_t 按如下计算：

$$f_t = 3.75 \sqrt{f_c'} (\text{psi}) \approx 0.3 \sqrt{f_c'} (\text{MPa}) = 0.3 \sqrt{0.8 f_{cu}} = 1.697 \text{MPa} \tag{8-15}$$

将式（8-15）代入式（8-14）可得梁的受剪承载力等于：

$$V_u = \left(0.7 \times 1.697 \times 300 \times 407 + \frac{210 \times 56.5 \times 407}{200} \right) / 1000 = 169 \text{kN} \tag{8-16}$$

下面我们按照美国标准，采用类似于节点域的简化压杆模型来计算受剪承载力。如图 8-23 所示根据竖向力的平衡条件可得受剪承载力 V_u 为：

$$V_u = F_c \cdot \sin\theta \tag{8-17}$$

式中：F_c 为压杆轴力；θ 为压杆倾角。

因为此处 $\lambda = 1.1$ 类似节点域，所以这里依据节点域的试验结果，可简单地假定压杆宽度为长度的 0.3 倍，其他情况的压杆宽度计算更复杂，可参考 ACI 318-14。有了这一假定，则压杆轴力 F_c 可按下式计算：

$$F_c = f'_c \cdot \frac{0.3h}{\sin\theta} \cdot b \tag{8-18}$$

将式（8-18）代入式（8-17）可得梁的受剪承载力为：

$$V_u = f'_c \cdot \frac{0.3h}{\sin\theta} \cdot b \cdot \sin\theta = 0.3f'_c bh = 1382\text{kN} \tag{8-19}$$

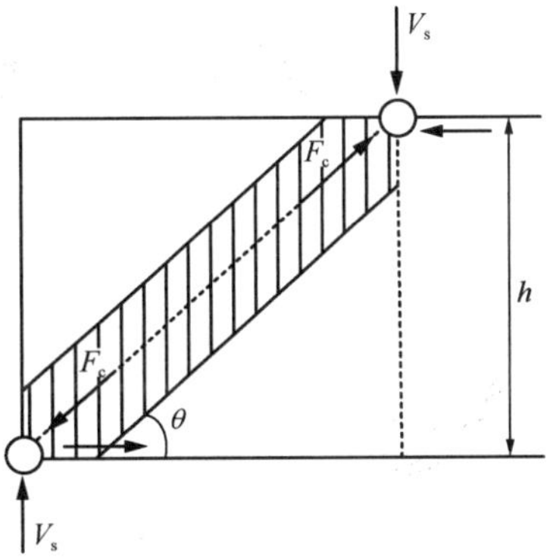

图 8-23 简化压杆模型

试验中受剪承载力的实测结果为 1437kN，按照美国标准的思路采用简化压杆模型计算得到的梁受剪承载力与试验结果非常接近，而按照中国标准的建议公式计算得到的梁受剪承载力仅为实测值的 12%，差了一个数量级。

第 9 章　基于微观试验的本构关系

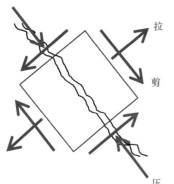

图 9-1　斜裂缝处微元体的受力状态

对于钢筋混凝土构件剪切的试验研究从宏观逐渐转为微观的最重要的动力就是有限元分析对本构关系的需求。选取一个斜裂面处的微元体进行分析，如图 9-1 所示，它处于一个复杂的受力状态。首先，垂直于裂面方向受拉；其次，平行于裂面方向受压；最后，还受到骨料咬合引起的裂面剪切。因此，微元体处于拉-压-剪的复合受力状态。本章将介绍两种微观试验，来揭示微元体的两种重要的耦合本构关系。第一种微观试验为 Collins 和 Hsu 等人开展的钢筋混凝土薄膜单元试验，主要揭示的是裂面受拉对其正交方向受压本构的影响；第二种微观试验为 Maekawa 等人开展的裂面剪切试验，主要揭示的是裂面受拉对裂面受剪本构的影响。这两个本构关系代表了剪切研究中里程碑式的突破，为剪切有限元分析提供了重要基础。

9.1　钢筋混凝土薄膜单元试验

1978 年，多伦多大学 Collins 等人[96]研发了一套如图 9-2 所示的平板试验装置，用于研究钢筋混凝土薄膜单元的剪切本构关系，该装置包含 40 个作动器。图 9-3（a）所示为该平板试验装置的实物照片，通过和人对比，可以看出该装置大致的尺度。图 9-3（b）所示为采用该装置得到的薄膜单元的裂缝分布模式及其破坏形态。

和多伦多大学的平板试验装置相类似，1988 年，休斯顿大学 Hsu 等人研发了一套薄膜单元试验装置，1993 年又耗资 65 万美元升级改造为电液伺服和变形控制，如图 9-4 所示，同样包含了 40 个作动器。图 9-5 所示为该试验装置的实物照片。

无论是多伦多大学还是休斯顿大学，他们通过薄膜试验得到的一个最重要的结论就是：**一个方向受拉会降低其正交方向的抗压强度，即对其正交方向产生软化效应**，这也回答了以往的剪力计算总是高估承载力的重要原因之一就是没有考虑这一软化效应。应该说，这一发现具有里程碑式的意义。Vecchio 和 Collins[96]建议的考虑软化效应后的混凝土受压应力-应变关系为：

$$\sigma = \zeta f_{c}'\left[2\left(\frac{\varepsilon}{\varepsilon_0} \right) - \left(\frac{\varepsilon}{\varepsilon_0} \right)^2 \right] \tag{9-1}$$

式中：f_c'为峰值压应力；ε_0为峰值压应变；ζ为软化系数，按下式计算：

$$\zeta = \frac{1}{0.8 + 170\,\varepsilon_1} \tag{9-2}$$

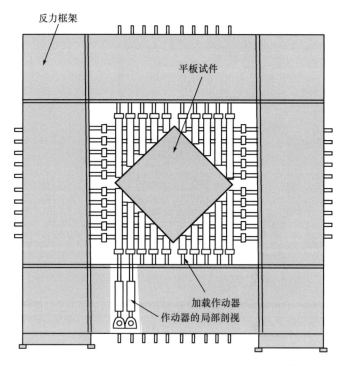

图 9-2　多伦多大学研发的平板试验装置构造图[31]

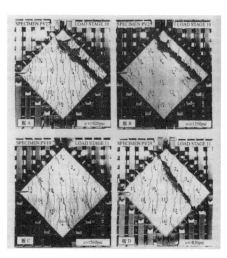

(a) 平板试验装置的实物照片　　　　　　　(b) 试验得到的薄膜单元的破坏形态

图 9-3　多伦多大学研发的平板试验装置照片[31]

式中：ε_1 为正交方向上的拉应变。

图 9-6(a) 所示为 Vecchio 和 Collins 建议的考虑拉压软化效应和未考虑拉压软化效应的混凝土受压应力-应变关系曲线的对比，从中可以看出，Vecchio 和 Collins 只是简单地将公式中的峰值压应力进行了一个折减，而通过这一折减，实际上不仅降低了受压承载力，还降低了初始抗压刚度。Belarbi 和 Hsu[97] 认为这与试验结果不符，他们建议通过同时折

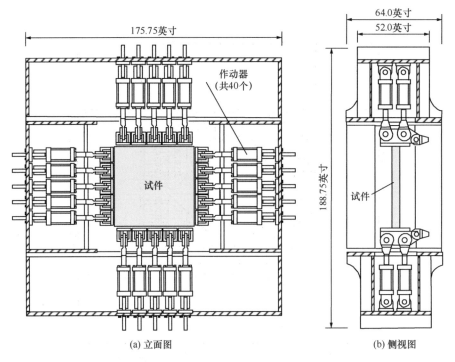

(a) 立面图   (b) 侧视图

图 9-4　休斯顿大学研发的薄膜单元试验装置构造图[97]

图 9-5　休斯顿大学研发的薄膜单元试验装置实物照片

减公式中的峰值压应力和峰值压应变，使得在受压承载力降低的同时保持初始抗压刚度不变。Belarbi 和 Hsu 建议的考虑软化效应后的混凝土受压应力-应变关系为：

（1）当 $\dfrac{\varepsilon}{\zeta\,\varepsilon_0} \leqslant 1$ 时：

$$\sigma = \zeta f'_c \left[2 \left(\frac{\varepsilon}{\zeta \varepsilon_0} \right) - \left(\frac{\varepsilon}{\zeta \varepsilon_0} \right)^2 \right] \tag{9-3}$$

（2）当 $\dfrac{\varepsilon}{\zeta \varepsilon_0} > 1$ 时：

$$\sigma = \zeta f'_c \left[1 - \left(\frac{\dfrac{\varepsilon}{\zeta \varepsilon_0} - 1}{2/\zeta - 1} \right)^2 \right]$$

式中：软化系数 ζ 按下式计算：

$$\zeta = \frac{0.9}{\sqrt{1 + 400 \varepsilon_1}} \tag{9-4}$$

图 9-6（b）所示为 Belarbi 和 Hsu 建议的考虑拉压软化效应和未考虑拉压软化效应的混凝土受压应力-应变关系曲线的对比，可见软化后的曲线只是强度得到了折减，而初始刚度并未得到折减。图 9-7 所示为 Vecchio 和 Collins、Belarbi 和 Hsu 建议的软化系数公式和试验结果的对比。

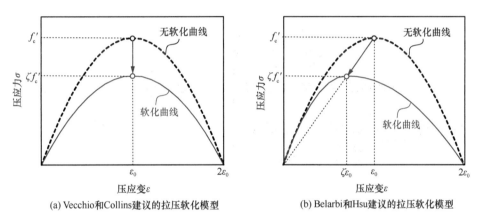

(a) Vecchio和Collins建议的拉压软化模型　　(b) Belarbi和Hsu建议的拉压软化模型

图 9-6　拉应变对正交方向受压本构关系的影响

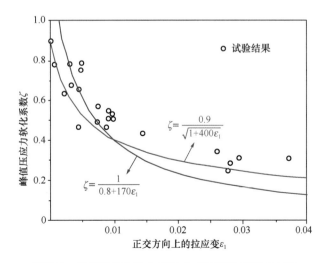

图 9-7　峰值压应力软化系数公式和试验结果的对比

9.2 混凝土裂面剪切试验

Maekawa 等人[35]采用如图 9-8 所示的四点剪切试验装置来研究裂面骨料咬合性能并提出裂缝剪切本构关系。这套装置有以下 3 个特点：（1）通过反对称的四点加载模式实现裂面上只有剪力而没有弯矩；（2）由于骨料咬合作用的剪胀特性（shear dilatancy），混凝土裂缝在纯剪作用下会膨胀，即裂面法向拉应变增加、裂缝宽度增大，因此必须在裂面法向施加压应力来实现恒定的裂缝宽度，试验装置中布置了一对穿过裂缝的预应力筋和千斤顶来实现法向压应力的施加；（3）为了消除预应力筋销栓作用的影响，预应力筋和其外面的护套之间留有 3mm 的间隙。试验时，首先在缺口位置处拉开一道裂缝，然后对裂缝施加剪力，同时通过水平方向的千斤顶对裂面施加法向压应力来实现裂缝宽度的恒定，这样就可以测得每个恒定的法向拉应变和裂缝宽度下裂面的剪应力-剪切变形的本构关系曲线，从而定量地揭示裂面的拉剪耦合效应。

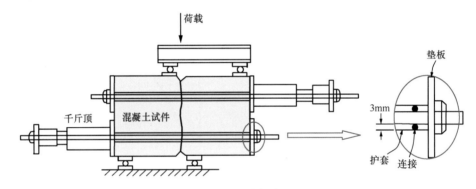

图 9-8　裂面剪切性能试验装置图

图 9-9（a）所示为固定裂缝宽度为 0.3mm 时测得的裂面剪应力-剪切位移滞回曲线，可见具有很强的捏拢效应。图 9-9（b）所示为实测的剪应力-法向压应力曲线，可见法向压应力随着剪应力绝对值的增大而增大，从而验证了裂面的剪胀特性。

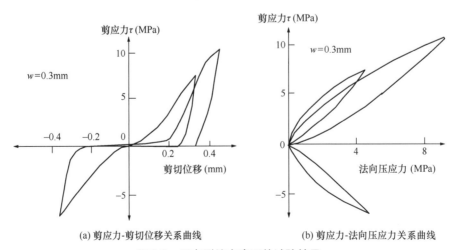

(a) 剪应力-剪切位移关系曲线　　　　　(b) 剪应力-法向压应力关系曲线

图 9-9　固定裂缝宽度下的试验结果

图 9-10（a）所示为裂缝宽度逐级增加时裂面的剪切本构曲线，可见每一次裂缝宽度
的增加都会使裂面的骨料咬合作用变弱，从而使曲线有一个明显的下落。图 9-10（b）所
示为裂缝宽度逐级减小时裂面的剪切本构曲线，可见每一次裂缝宽度的减小都会使裂面的
骨料咬合作用变强，从而使曲线有一个明显的上升。

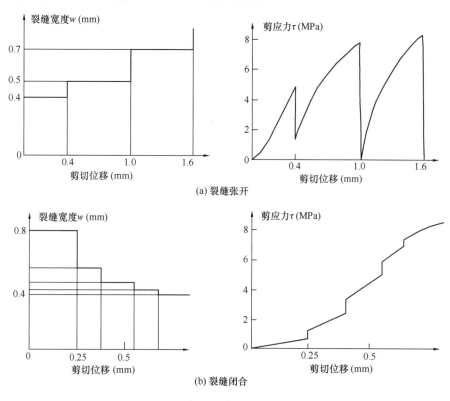

图 9-10　变裂缝宽度下的试验结果

根据大量试验和理论模型研究的结果，Maekawa 最终提出了裂面剪应力-剪切变形
（τ-γ）骨架曲线如下式所示：

（1）当 $\gamma \leqslant \gamma_u$ 时：

$$\tau = f_{st} \frac{(\gamma / \varepsilon_t)^2}{1 + (\gamma / \varepsilon_t)^2} \tag{9-5}$$

（2）当 $\gamma > \gamma_u$ 时：

$$\tau = f_{st} \frac{(\gamma / \varepsilon_t)^2}{1 + (\gamma / \varepsilon_t)^2} \left(\frac{\gamma_u}{\gamma}\right)^c$$

式中：f_{st} 为未开裂混凝土的抗剪强度，按下式计算；ε_t 为裂面法向拉应变；γ_u 为开始软化
时的剪应变，对于配筋混凝土可取 $4000\mu\varepsilon$；c 为调整软化曲线形态的参数，可取 0.5。

$$f_{st} = 3.8 f_c^{1/3} \tag{9-6}$$

图 9-11 所示为按式（9-5）取不同法向拉应变对应的裂面剪切本构曲线，可见裂面法
向拉应变越大，裂面的抗剪能力越弱。

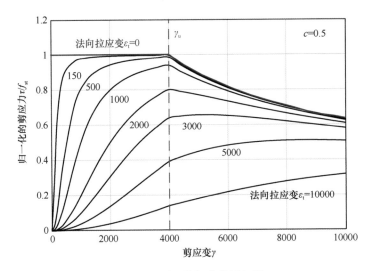

图 9-11　裂面剪切本构骨架线

此外，在试验结果的基础上，Maekawa 等人还提出了裂面剪切滞回准则如图 9-12 所示，其卸载和再加载曲线分为两段，一段为直线，一段为 9 次曲线，具体如下式所示：

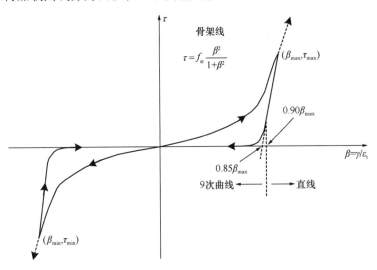

图 9-12　裂面剪切滞回准则

（1）当 $0.9\beta_{max} \leqslant \beta < \beta_{max}$ 时：

$$\tau = \frac{\tau_{max}}{0.15\beta_{max}}(\beta - 0.85\beta_{max}) \tag{9-7}$$

（2）当 $\beta < 0.9\beta_{max}$ 时：

$$\tau = \tau_{max} \cdot \left(\frac{0.05}{0.15}\right) \cdot \left(\frac{\beta}{0.9\beta_{max}}\right)^9$$

式中：β 为裂面剪应变和裂面法向拉应变的比值，其余参数含义详见图 9-12。

第10章 剪切有限元数值模型

本章从主应力和主应变方向的共轴条件谈起，通过"本构关系施加在裂缝坐标系"这一重要假定，指出剪切有限元数值模型争论的焦点为"裂缝方向""主应变方向"和"主应力方向"三者之间的关系问题，如图 10-1 所示，由此衍生出 4 类剪切有限元模型，最后基于这 4 类剪切有限元模型框架，讨论了本研究方向的代表性学者 Rots、Collins、Hsu、Maekawa 等人提出的剪切有限元数值模型。

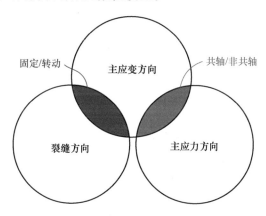

图 10-1 剪切有限元数值模型的争论焦点

10.1 主应力和主应变方向的共轴转动条件

如图 10-2（a）所示，在主应变（ε_1，ε_2）空间内，增加一个剪应变增量 $\Delta\gamma_{12}$，主应变的方向会偏转一个角度记为 θ_ε，相应地，在主应力（σ_1，σ_2）空间内增加了一个剪应力增量 $\Delta\tau_{12}$，主应力的方向也会偏转一个角度记为 θ_σ。由图 10-2（b）的莫尔圆分析可得 θ_ε 和 θ_σ 分别如以下两式所示：

$$2\theta_\varepsilon = \frac{\Delta\gamma_{12}}{\varepsilon_1 - \varepsilon_2} \tag{10-1}$$

$$2\theta_\sigma = \frac{2\Delta\tau_{12}}{\sigma_1 - \sigma_2} \tag{10-2}$$

若要使主应变和主应力方向共轴转动，即：

$$\theta_\varepsilon = \theta_\sigma \tag{10-3}$$

则将式（10-1）和式（10-2）代入上式可得材料的初始切线剪切模量为：

$$G_t = \frac{\Delta\tau_{12}}{\Delta\gamma_{12}} = \frac{\sigma_1 - \sigma_2}{2(\varepsilon_1 - \varepsilon_2)} = G_0 \tag{10-4}$$

以上就是 Bazant[98] 于 1983 年提出的**主应力和主应变空间内主应力和主应变方向共轴**

转动的条件。

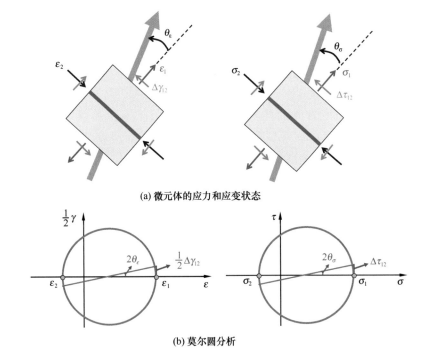

(a) 微元体的应力和应变状态

(b) 莫尔圆分析

图 10-2　主应力和主应变空间内主应力和主应变方向共轴的条件分析

对于弹性均质材料，根据广义胡克定律可知：

$$\varepsilon_1 = \frac{\sigma_1}{E} - \nu \frac{\sigma_2}{E} \tag{10-5}$$

$$\varepsilon_2 = \frac{\sigma_2}{E} - \nu \frac{\sigma_1}{E} \tag{10-6}$$

将以上两式代入共轴条件式（10-4），可得：

$$G_0 - \frac{\sigma_1 - \sigma_2}{2(\varepsilon_1 - \varepsilon_2)} - \frac{\sigma_1 - \sigma_2}{2\left(\dfrac{\sigma_1}{E} - \nu\dfrac{\sigma_2}{E} - \dfrac{\sigma_2}{E} + \nu\dfrac{\sigma_1}{E}\right)} = \frac{E}{2(1 + \nu)} = G_e \tag{10-7}$$

由上式可知，根据共轴条件推得的剪切模量恰好等于材料力学里的弹性剪切模量，因此在材料力学里，主应力方向就等于主应变方向。

2001 年，Zhu 等人[99]将式（10-4）推广到一般应力状态。如图 10-3（a）所示，微元体的应变状态为两个正应变 ε_1 和 ε_2，以及一个剪应变 γ_{12}，主应变方向和正应变 ε_1 的夹角为 θ_ε。对应地，微元体的应力状态为两个正应力 σ_1 和 σ_2，以及一个剪应力 τ_{12}，主应力方向和正应力 σ_1 的夹角为 θ_σ。由图 10-3（b）所示的莫尔圆分析可得如下关系：

$$\tan(2\theta_\varepsilon) = \frac{\gamma_{12}}{\varepsilon_1 - \varepsilon_2} \tag{10-8}$$

$$\tan(2\theta_\sigma) = \frac{2\tau_{12}}{\sigma_1 - \sigma_2} \tag{10-9}$$

若要使主应变和主应力方向共轴转动，即：

$$\theta_\varepsilon = \theta_\sigma \tag{10-10}$$

则将式（10-8）和式（10-9）代入上式可得材料的割线剪切模量为：

$$G_s = \frac{\tau_{12}}{\gamma_{12}} = \frac{\sigma_1 - \sigma_2}{2(\varepsilon_1 - \varepsilon_2)} = G_0 \tag{10-11}$$

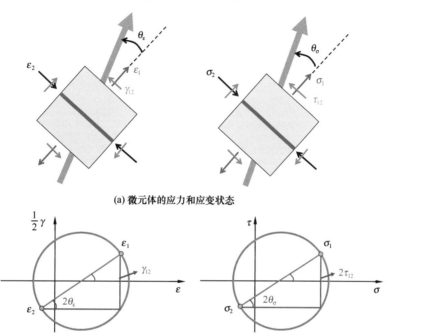

(a) 微元体的应力和应变状态

(b) 莫尔圆分析

图 10-3　任意应力应变状态下主应力和主应变方向共轴的条件分析

式（10-11）为 Zhu 等人于 2011 年提出的**任意应力应变状态下主应力和主应变方向共轴转动的条件**。式（10-11）和式（10-4）表达形式看似一样，其实其中参数的含义完全不同，式（10-4）中的 σ_1、σ_2、ε_1、ε_2 为主应力或主应变，而式（10-11）中 σ_1、σ_2、ε_1、ε_2 为任意应力应变状态下的正应力和正应变，因此式（10-11）给出的主应力和主应变方向的共轴转动条件更具一般性。此外，用式（10-11）中的割线剪切模量相当于从数值上虚拟了一个裂面剪切行为，从后面的介绍中我们可以看到，当裂面剪切本构尚不明确时，许多学者选择了共轴条件来虚拟一个裂面剪切行为，在某些情况下仍然能够取得不错的计算效果。

10.2　剪切有限元的 4 大类模型

剪切有限元分析的一个基本假定是：**本构关系施加在裂缝坐标系下**。如图 10-4 所示为裂缝坐标系下施加的本构关系，主要包括：（1）垂直于裂缝方向施加单轴受拉的本构关系，需要考虑受拉刚化效应（详见本书第 6 章）；（2）平行于裂缝方向施加单轴受压的本构关系，需要考虑受压约束效应（详见本书第 4 章）和拉压耦合效应（详见本书第 9.1 节）；（3）沿裂缝错动方向施加裂面剪切本构关系，需要考虑拉剪耦合效应（详见本书第 9.2 节）。

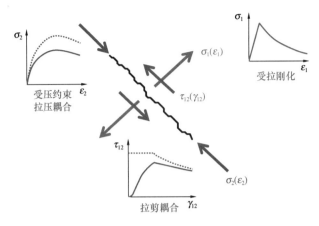

图 10-4　在裂缝坐标系下施加本构关系

在有限元分析中，并没有"裂缝"这个概念，只有"主应变"和"主应力"这两个概念，于是，**"裂缝方向""主应变方向""主应力方向"这三者之间的关系就成为各学者关于剪切有限元分析所争论的焦点。**

首先，裂缝方向是否跟着主应变方向走，决定了是固定裂缝模型还是转动裂缝模型。其次，主应力方向是否跟着主应变方向走，决定了是共轴模型还是非共轴模型。由上述两组概念相互两两组合，可以得出以下 4 大类模型：

（1）**非共轴固定裂缝模型**。裂缝永远固定在第一次开裂的方向上，不随主应变方向的变化而变化，因此裂面方向不等于主应变方向。裂面剪切本构不满足共轴条件（详见本书第 10.1 节），主应力方向不等于主应变方向。该模型的应力应变状态如图 10-5（a）所示，裂面上既存在剪应变又存在剪应力。

（2）**共轴转动裂缝模型**。裂缝始终跟随着主应变方向的转动而转动，因此裂面方向等于主应变方向。裂面剪切本构满足共轴条件（详见本书第 10.1 节），主应力方向等于主应变方向。该模型的应力应变状态如图 10-5（d）所示，裂面上既不存在剪应变又不存在剪应力。

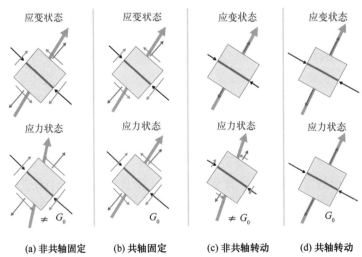

图 10-5　不同剪切模型的应力和应变状态

（3）**共轴固定裂缝模型**。裂缝永远固定在第一次开裂的方向上，不随主应变方向的变化而变化，因此裂面方向不等于主应变方向。裂面剪切本构满足共轴条件（详见本书第10.1节），主应力方向等于主应变方向。该模型的应力应变状态如图10-5（b）所示，裂面上既存在剪应变又存在剪应力。

（4）**非共轴转动裂缝模型**。裂缝始终跟随着主应变方向的转动而转动，因此裂面方向等于主应变方向。裂面剪切本构不满足共轴条件（详见本书第10.1节），主应力方向不等于主应变方向。该模型的应力应变状态如图10-5（c）所示，裂面上不存在剪应变但存在剪应力。

上述4类模型究竟该如何选择？首先，对于"固定"和"转动"，如果我们选择"转动"，则裂缝需要跟随着主应变方向不停地转动，这就意味着裂缝坐标系下材料单轴应力应变状态随时清除，对于需要历史应力应变状态作为参照的滞回分析，则无法进行。其次，对于"共轴"和"非共轴"，如果我们已经能够准确把握裂面剪切行为，则无需再用"共轴"条件所代表的虚拟裂面剪切行为，因此"共轴"条件只是裂面行为无法准确把握时的妥协办法。因此，上述4类剪切有限元模型，最后终将回归到"非共轴固定裂缝模型"。

10.3　Rots 的剪切模型

Rot[100]以弹性素混凝土为背景，提出了三种剪切模型，并以此讨论了裂缝模型的一些基本概念。

1. Fixed crack model 固定裂缝模型

因为是固定裂缝模型，所以裂缝固定在第一次开裂的方向上，不随主应变方向的转动而转动。在裂缝坐标系上，Rots 施加的本构关系如图10-6所示，垂直于裂缝方向施加单轴受拉的裂缝带模型（详见本书第6.2节），平行于裂缝方向为简单的单轴受压弹性混凝土模型，沿裂缝剪切错动方向施加了裂面剪切本构，其剪切模量为弹性剪切模量 G_e 的 β 倍（β 为剪力传递系数 <1），并不等于共轴条件的 G_0，因此该模型为非共轴固定裂缝模型。

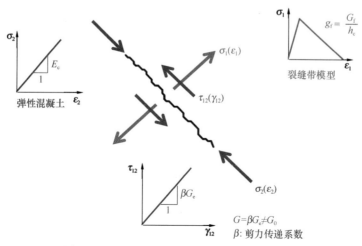

图 10-6　Rots 提出的固定裂缝模型的本构关系

下面我们特别讨论一下剪力传递系数（Shear Stiffness Reduction Factor or Shear Retention Factor）β，它的定义为因为开裂导致的裂面剪切模量的折减系数，如下式所示：

$$\beta = \frac{\Delta\tau/\Delta\gamma}{G_e} \tag{10-12}$$

式中：$\Delta\tau$ 为剪应力增量；$\Delta\gamma$ 为剪应变增量；G_e 为未开裂混凝土的弹性剪切模量。

如果 β 取固定值，则无论取多小，τ-γ 曲线都是强化的，如图 10-7（b）所示，而剪应力的不断强化会导致主拉应力远远超过材料的抗拉强度，导致超强锁死，如图 10-7（a）所示，这一现象被称为剪力锁死。为了缓解剪力锁死，Rots 提出 β 随裂缝法向拉应变逐步变小，如下式所示：

$$\beta = \beta_0 \left(1 - \frac{\varepsilon_1}{\varepsilon_u^{cr}}\right)^p \tag{10-13}$$

在上式中，随着法向拉应变的增大，剪力传递系数 β 从初始值逐渐降低为 0，表明随着裂缝开展，裂面的骨料咬合能力逐步下降。尽管这一模型更贴近裂面剪切的真实情况，但 β 仍然大于 0，导致剪应力随剪应变仍然强化，只是强化的幅度逐渐减小，如图 10-7（b）所示，因而剪力锁死的问题仍然存在。事实上，根据 Maekawa[35] 的试验结果（详见本书第 9.2 节），真实的裂面剪切行为是先强化后软化，而要实现软化，剪力传递系数 β 就必须取小于 0 的数，但现有的通用有限元程序都是不允许取 β 小于 0，这也是采用通用有限元程序计算钢筋混凝土剪切时承载力容易偏高的重要原因之一。

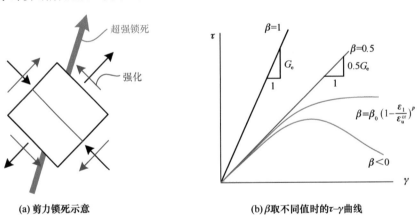

(a) 剪力锁死示意　　　　　(b) β 取不同值时的 τ-γ 曲线

图 10-7　β 的取值与剪力锁死

2. Rotating crack model 转动裂缝模型

因为是转动裂缝模型，裂缝随着主应变的转动而转动，因此裂面上不存在剪应变，而在裂缝坐标系上施加的本构关系如图 10-8 所示，Rots 采用了共轴条件，因此主应力和主应变方向共轴，裂面上也不存在剪应力。裂面上既没有剪应变，又没有剪应力，随着裂缝、主应力和主应变的共轴转动，有效消除了锁死剪力，因此也就不存在剪力锁死的问题。

3. Multi-directional fixed crack model 多方向固定裂缝模型

裂缝和主应变方向夹角 α 超过临界角 α^*，裂缝转到新的主应变方向，否则裂缝不转动，而采用的本构关系如图 10-6 所示，不满足共轴条件。因此，Rots 所述的"多方向固

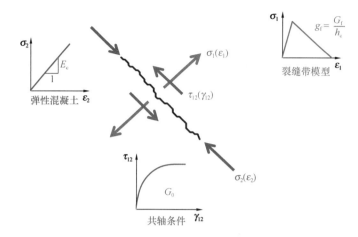

图 10-8　Rots 提出的转动裂缝模型的本构关系

定裂缝模型"其实有些词不达意,更严谨地应该将该模型称作"非共轴有条件转动裂缝模型"。在每一次转动,都可以消去剪应变,但由于采用非共轴条件,裂面上还会残存剪应力,这一模型可以消除部分锁死剪力,对剪力锁死有一定的缓解作用。当临界角 $\alpha^* = 0$ 时,也就是 Rots 所述的"0 度多方向固定裂缝模型",裂缝每一步都要转动,因此更准确地应该称作"非共轴转动裂缝模型"。

　　总结起来,**Rots 所称的"固定裂缝模型""转动裂缝模型"和"0 度多方向固定裂缝模型",实际上更准确地应称作"非共轴固定裂缝模型""共轴转动裂缝模型""非共轴转动裂缝模型"**。以下通过两个算例来进一步讨论这三个模型。

　　第一个算例为一个平面微元体的拉剪性能模拟,如图 10-9 所示。首先在 x 方向施加轴向应变 $\Delta\varepsilon_{xx}$,同时在与 x 方向正交的方向上施加 $-\nu\Delta\varepsilon_{xx}$($\nu$ 为泊松比)来模拟泊松效应,使得平面微元体仅在 x 方向受到轴向拉应力。随后对微元体施加剪应变 $\Delta\gamma_{xy}$,两个方向正应变和剪应变的比例关系 $\Delta\varepsilon_{xx}:\Delta\varepsilon_{yy}:\Delta\gamma_{xy} = 0.5:0.75:1$。分别采用共轴转动裂缝模型(本构关系采用图 10-8)、非共轴固定裂缝模型(本构关系采用图 10-6)和非共轴转动裂缝模型(本构关系采用图 10-6)进行模拟。非共轴模型中的剪力传递系数按式(10-13)计算,p 取 2。

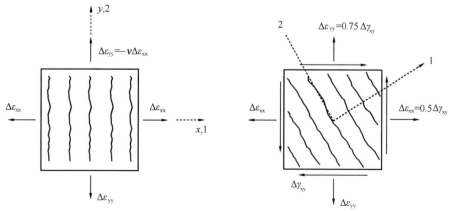

图 10-9　算例 1:平面微元体的拉剪性能模拟

图 10-10（a）所示为不同模型计算得到的主应力偏转角随剪应变的变化曲线，可见只有共轴转动模型的主应力偏转角和主应变偏转角相同，其余模型主应力方向都比主应变方向转得快，非共轴固定模型转得最快。图 10-10（b）所示为不同模型计算得到的剪应力-剪应变关系曲线，固定裂缝模型表现出显著的剪切强化，而转动裂缝模型表现出显著的剪切软化，非共轴转动模型仍比共轴转动模型略刚。图 10-10（c）所示为不同模型计算得到的主应力-主应变关系曲线，非共轴固定裂缝模型的主拉应力远远超过开裂强度，这就是剪力锁死，而共轴转动模型最贴切地反映了受拉软化特征。图 10-10（d）所示为共轴转动裂缝模型的等效剪力传递系数，该系数从 1.0 开始逐步下降直至小于 0，可见共轴条件虚拟了裂面剪切软化行为，从而避免了剪力锁死。

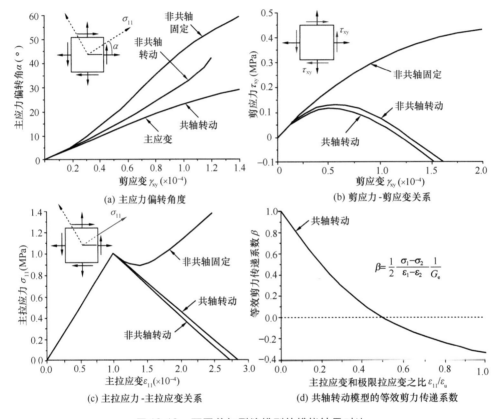

图 10-10　不同剪切裂缝模型的模拟结果对比

第二个算例为 Kabayashi 等人[101]于 1985 完成的平板缺口张开试验，如图 10-11 所示，试件 50.8mm 厚，处于平面应力状态，同时承受缺口张开荷载 F_1 和对角受压荷载 F_2。试件的加载过程为：先保持 F_2：F_1 为 0.6 加载至 $F_2 = 3.78$kN，随后固定 F_2，继续增大 F_1 直至试件破坏。

图 10-12 所示为采用不同模型的计算结果和试验结果的对比。当采用非共轴固定裂缝模型时，剪力传递系数 β 无论取如式（10-13）的变化值还是很小的值 0.05，计算结果均远远高出试验结果，试验结果表现出明显的软化行为，而计算结果给出了强化行为，即使 β 取为 0，结果也略高于试验结果，可见采用剪力传递系数描述裂面行为剪力锁死问题相当突出，而采用共轴转动裂缝模型时，锁死的剪力可以得到有效的释放，计算结果和试验

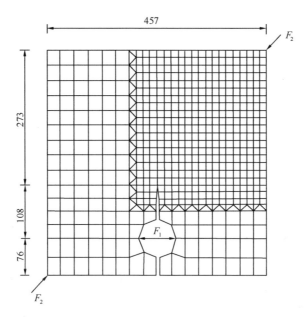

图 10-11　算例 2 的几何尺寸、有限单元网格和加载模式

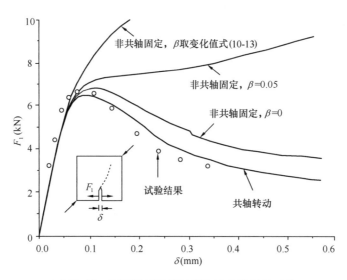

图 10-12　不同模型计算结果和试验结果的对比

结果有较好的吻合。

　　最后，我们总结一下 Rots 的工作，非共轴固定裂缝模型框架很好，但 **Rots** 计算效果**很差，原因是采用剪力传递系数的裂面剪切模型不准，在没有更准确的裂面剪切模型时，Rots 的解决方案是：用"转动"消掉剪应力，用"共轴"虚拟裂面剪切。**

10.4　修正压力场与软化桁架模型

　　1986 年，Vecchio 和 Collins[96] 提出了一种修正压力场理论 MCFT（Modified Compression – Field Theory）用于钢筋混凝土的剪切计算。如图 10-13 所示，垂直于裂缝方向 1 和平行于裂缝方向 2 恰好为两个主应变方向，裂缝开展方向跟随主应变方向转动而转动，因此 MCFT 是转动裂缝模型。Vecchio 和 Collins 又在论文中提到：尽管试验中主应变方向和主应力方向有所差别，但作为一种合理的简化，可以认为主应变方向和主应力方向共轴（原文为：*The directions of principal strains in the concrete deviated somewhat from the directions of principal stresses in the concrete. However, it remains a reasonable simplification to assume that the principal strain axes and the principal stress axes for the concrete coincide.*），因此 MCFT 其实就是共轴转动裂缝模型。

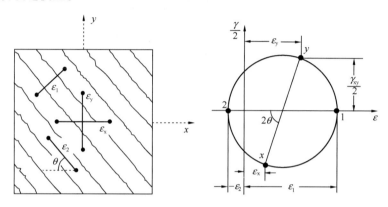

图 10-13　裂缝开展方向与应变分析

对于共轴转动裂缝模型，只需平行于裂面的受压单轴本构关系以及垂直于裂面的受拉单轴本构关系。在 MCFT 中，平行于裂面的受压单轴本构关系考虑拉压耦合效应，按照式（9-1）和式（9-2）计算，如图 9-6（a）所示，详见本书第 9.1 节。垂直于裂面的混凝土单轴本构关系采用考虑受拉刚化效应的平均应力-应变关系，Vecchio 和 Collins 根据试验结果，拟合如下式，如图 10-14（a）所示。

（1）当 $\varepsilon_1 \leqslant \varepsilon_t$ 时：

$$\sigma_1 = E_c \varepsilon_1 \tag{10-14}$$

（2）当 $\varepsilon_1 > \varepsilon_t$ 时：

$$\sigma_1 = \frac{f_t}{1 + \sqrt{200\,\varepsilon_1}}$$

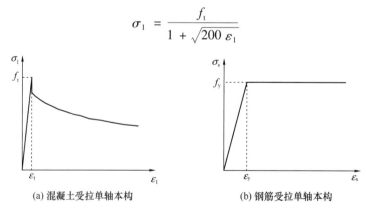

(a) 混凝土受拉单轴本构　　　　　　　(b) 钢筋受拉单轴本构

图 10-14　MCFT 中垂直于裂面的受拉单轴本构关系

式中：f_t 为开裂应力；ε_t 为开裂应力对应的应变。

然而，对于钢筋的应力-应变关系，Vecchio 和 Collins 并没有采用平均的应力-应变关系，而是采用了裸钢筋的理想弹塑性模型，如图 10-14（b）所示，根据本书第 6.3 节的讨论，如果钢筋不采用平均的应力-应变关系，即不对屈服点进行折减，则钢筋和混凝土本构叠加起来的承载力会超过裸钢筋单轴受拉的承载力（实际应该等于裸钢筋单轴受拉的承载力），从而不满足平衡条件。Vecchio 和 Collins 也发现了这个问题，于是在裂面上人为地施加了一个局部压应力 f_{ci}，如图 10-15 所示，其效果就如同对钢筋的屈服点进行了折减。

此外，Vecchio 和 Collins 还发现了一个问题，实际结构中骨料咬合对抗剪有重要作用，如图 10-16 所示，但在共轴转动模型中，裂面既没有剪应变又没有剪应力，因此无法模拟骨料咬合导致的裂面抗剪行为。于是，Vecchio 和 Collins 在裂面上人为地引入了局部剪应力 v_{ci} 如图 10-15 所示，并给出 v_{ci} 的计算公式如下：

$$v_{ci} = 0.18 v_{cimax} + 1.64 f_{ci} - 0.82 \frac{f_{ci}^2}{v_{cimax}} \tag{10-15}$$

$$v_{cimax} = \frac{\sqrt{-f'_c}}{0.31 + 24w/(a + 16)} \tag{10-16}$$

$$w = \varepsilon_1 \cdot s_\theta \tag{10-17}$$

式中：a 为最大骨料粒径；w 为裂缝宽度；s_θ 为平均裂缝间距。

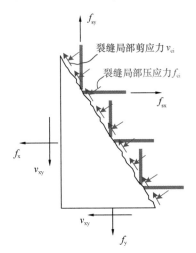
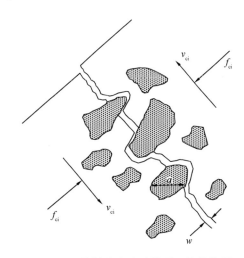

图 10-15　裂缝局部压应力和剪应力　　　　图 10-16　骨料咬合导致的裂面抗剪作用

总结起来，Vecchio 和 Collins 人为地引入裂缝局部压应力和裂缝局部剪应力，并开展裂缝检查，从而大大增加了计算复杂度，体现了 Collins 对受拉刚化和裂面剪切既重视，又有些无计可施，最终不惜打破材料力学的基本准则。

1988 年开始，Hsu 等人针对 MCFT 中的受拉刚化和裂面剪切这两个问题，分别提出了转角软化桁架模型 RA-STM（Rotating-Angle Softened Truss Model）和定角软化桁架模型 FA-STM（Fixed-Angle Softened Truss Model）。

首先，1988 年 Hsu[102] 提出的 RA-STM 和 MCFT 相同，都为共轴转动裂缝模型，只是在本构关系上比 MCFT 考虑得更细致，平行于裂面的受压单轴本构关系考虑拉压耦合效应，按照式（9-3）和式（9-4）计算，如图 9-6（b）所示，详细讨论见本书第 9.1 节。垂直于裂面的混凝土和钢筋单轴本构关系均采用考虑受拉刚化效应的平均应力-应变关系，如图 6-24 所示，和 MCFT 最显著的区别为将钢筋的屈服强度进行了折减，从而较好地解决了 MCFT 中受拉刚化效应的模拟问题。

而对于 MCFT 中骨料咬合导致的裂面剪切行为的模拟问题，模型框架中必须引入剪应变，因此必须采用固定裂缝模型。1996 年 Pang 和 Hsu[103] 提出的 FA-STM 就是固定裂缝模型，并且采用试验拟合的方式得到了裂面剪切本构关系，表达形式如下，因此是非共轴固定裂缝模型。

$$\tau = \tau_{\mathrm{m}}\left[1 - \left(1 - \frac{\gamma}{\gamma_0}\right)^6\right] \tag{10-18}$$

2001 年，Zhu 等人[99] 又将裂面剪切本构修改成了共轴条件，使 FA-STM 变为共轴固定裂缝模型，使用起来更简单。2005 年，Zhong[104] 将 FA-STM 共轴固定裂缝模型用于平面膜单元的抗震分析，由于需要分析往复滞回性能，选择固定裂缝模型就成为必然，同时在混凝土裂面往复剪切行为还不清楚的时候，选择共轴条件无疑是明智的选择。可以说，针对 MCFT 中的裂面剪切的模拟问题，Hsu 等人改变了模型框架（由转动裂缝变为固定裂缝），使得裂面剪切行为的模拟成为可能。

1998 年 12 月，ASCE 旗下期刊 Journal of Structural Engineering 以 ASCE-ACI 445 委员会名义刊登了一篇题为 "Recent approaches to shear design of structural concrete" 的长篇技术报告[105]，Collins 参与了撰写而 Hsu 未参与撰写。报告的第二章标题为：Compression Field Approach，详细介绍了修正压力场模型 MCFT，而 Hsu 的转角软化桁架模型 RA-STM 仅在 2.5 节中提到，而第三章标题为 Truss Approaches with Concrete Contribution，Hsu 的定角软化桁架模型 FA-STM 仅在 3.5 节中提到，整篇长篇技术报告给人的感觉是：Collins 的修正压力场模型被重点综述，让人印象深刻，而 Hsu 的模型只是对 Collins 模型的一些修正和补充。有趣的是，在和这篇长篇技术报告同一期的期刊上，Hsu 发表的一篇题为 "Stress and crack angle in concrete membrane elements" 的文章[106]，里面有一节的标题直接写道："修正压力场理论，错误的开裂角概念（Modified Compression Field Theory, Error in Concept of Crack Angle）"，直接对 MCFT 展开批评。Hsu 具体写道：首先，很难想象在主拉应力的方向上存在裂面压应力，第二，裂面剪应力错误地发生在开裂后的主方向，而是应该在非主方向（原文为：First, it is difficult to imagine how the crack compressive stress f_{ci} can exist in the direction of the principal tensile stress (r-axis). Second, the crack shear stress v_{ci} was wrongly oriented in the postcracking principal d-direction, rather than in a nonprincipal direction.）。在 Collins 和 Mitchell 后面发表的 MCFT 中，裂面压应力 f_{ci} 被删去了，尽管如此，第二个问题仍然存在，这是因为裂面剪应力被强加在沿主应力方向的混凝土压杆上违背了基本的力学原理（原文为：In the MCFT presented later by Collins and Mitchell (1991), the crack compressive stress f_{ci} was eliminated. In spite of deleting this crack compressive stress, the second problem remains. This is because the imposition of a crack shear stress v_{ci} on the concrete struts along the principal daxis vilates the basic principle of mechanics.）。

总结从 **Collins** 等人到 **Hsu** 等人的研究，转动裂缝又回归到了固定裂缝，这里面既有对裂面剪切行为模拟的需求，也有抗震分析的需求，薄膜单元试验推动了真实裂面剪切模型的建立，但仍然不成熟，因此最终还是转向了基于共轴条件的"虚拟"裂面剪切模型。这一系列研究最重要的贡献仍然是：拉压耦合效应。

10.5　Maekawa 等人的剪切有限元模型

日本学者 Maekawa 等人[35]经过多年的系统研究，提出了一套适用于钢筋混凝土剪切的有限元模型。Maekawa 等人提出的模型为非共轴固定裂缝模型，因此需要 3 个本构关系：（1）垂直于裂缝方向的单轴受拉本构关系；（2）平行于裂缝方向的单轴受压本构关系；（3）沿裂面剪切错动的裂面剪切本构关系。

首先，Maekawa 等人提出的垂直于裂缝方向的单轴受拉本构关系如图 10-17 所示。图 10-17（a）为受拉混凝土的单轴本构关系，考虑了受拉刚化效应，抬高了下降段曲线（详见本书第 6.3 节）。图 10-17（b）为钢筋的本构关系，同样考虑了受拉刚化效应，折减了钢筋的屈服强度（详见本书第 6.3 节），同时其滞回模型考虑了曲线式的包辛格效应（详见本书第 5.4 节）。

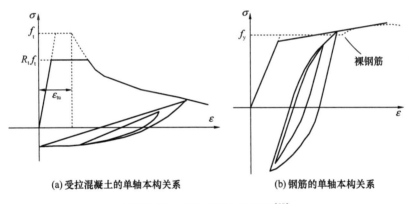

(a) 受拉混凝土的单轴本构关系　　　　(b) 钢筋的单轴本构关系

图 10-17　受拉单轴本构关系[35]

其次，Maekawa 等人采用的平行于裂缝方向的单轴受压本构关系如图 10-18 所示。混凝土的受压骨架线软化段并不陡峭，考虑了受压约束效应。混凝土的单轴受压承载力进行了折减，考虑了拉压耦合效应（详见本书第 9.1 节），强度折减系数采用了简化的三折线模型，尽管他们没有采用 Collins 等人建议的强度折减系数公式，但他们明确写道：尽管正交方向的拉应变不会影响受压塑性的发展，但会造成损伤使抗压强度和刚度变小，这个机制是由 Collins 和 Vecchio 发现并进行定量的描述，这一原创性的工作推动了 19 世纪 80 年代混凝土结构领域的进步（原文为：*Though tensile strain in the orthogonal direction does not affect the progress of compression plasticity, it causes damage that aggravates compression strength and stiffness. This mechanism was discovered by Collins and Vecchio and quantitatively formulated. This truly original work has contributed to the progress in structural concrete in the 1980s.*）。可见 Maekawa 等人对于 Collins 等人在拉压耦合方面的成果十分认可。

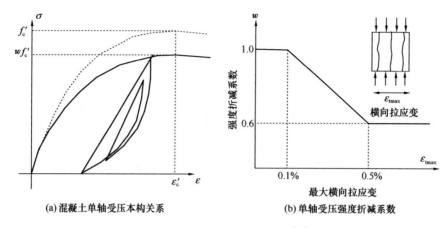

(a) 混凝土单轴受压本构关系   (b) 单轴受压强度折减系数

图 10-18 受压单轴本构关系[35]

最后,Maekawa 等人针对沿裂面剪切错动的裂面剪切本构关系,开发了一套裂面剪切试验装置,并建立了单调和滞回荷载作用下的本构方程,详见本书第 9.2 节,可以说,这是 Maekawa 等人在混凝土剪切领域里最具创新性的一部分工作,裂面剪切本构方程的建立使得非共轴固定裂缝模型能够真正用于实践,也为准确地模拟钢筋混凝土的剪切性能迈出了关键性的一步。

10.6 DIY:MSC. Marc 二次开发实现平面剪切壳单元 COMPONA-SHELL

MSC. Marc 中平面剪切壳单元通过用户自定义材料 hypela2 实现。为了尽量提高代码重用性,降低后期维护和更新难度,hypela2 程序采用模块化封装技术,主要模块和子程序列表详见表 10-1,核心模块的调用关系如图 10-19 所示,形成平面剪切壳单元程序COMPONA-SHELL。COMPONA-SHELL 主程序 hypela2. f 和 membrane. f 的源程序代码详见附录 4。

在核心程序混凝土膜单元 membrane. f 中,局部应力由局部总应变显式地计算得到。在程序的一个迭代步中,混凝土膜模型的应力更新计算过程如下:

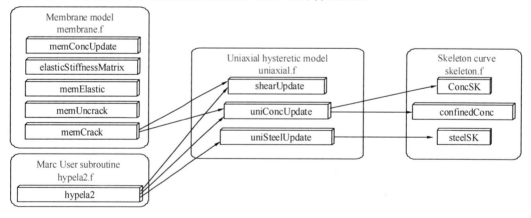

图 10-19 材料子程序的主要调用关系

模块和子程序列表　　　　　　　　　　　　　表 10-1

文件	模块	主要子程序	功能
skeleton. f	SKELETON	steelSK	计算钢材骨架曲线
		ConcSK	计算混凝土骨架曲线
		confinedConc	计算混凝土约束效应
uniaxial. f	UNI_ AXIAL	uniSteelUpdate	钢材单轴应力更新
		uniConcUpdate	混凝土单轴应力更新
		shearUpdate	裂面剪应力更新
membrane. f	MEMBRANE_ CONC	memConcUpdate	膜模型应力更新
		elasticStiffnessMatrix	计算二维弹性刚度
		memElastic	弹性膜模型的应力更新
		memUncrack	未开裂混凝土的应力更新
		memCrack	固定裂缝开裂模型
hypela2. f	Marc 子程序	hypela2	Marc 的 hypela2 接口

（1）整体坐标系（$x-y$ 坐标）→局部坐标系（1-2 坐标）

$$[\hat{\sigma}] = \mathbf{T}^\sigma(\theta)[\sigma] \tag{10-19}$$

$$[\hat{\varepsilon}] = \mathbf{T}^\varepsilon(\theta)[\varepsilon] \tag{10-20}$$

$$[\Delta\hat{\varepsilon}] = \mathbf{T}^\varepsilon(\theta)[\Delta\varepsilon] \tag{10-21}$$

式中：$[\sigma]$ 和 $[\varepsilon]$ 为整体坐标系下的应力和应变，$[\sigma]=[\sigma_x,\sigma_y,\tau_{xy}]^T$，$[\varepsilon]=[\varepsilon_x,\varepsilon_y,\gamma_{xy}]^T$，$\gamma_{xy}$ 为工程剪应变（张量剪应变的 2 倍）；$[\hat{\sigma}]$ 和 $[\hat{\varepsilon}]$ 为局部坐标系下的应力和应变，$[\hat{\sigma}]=[\hat{\sigma}_1,\hat{\sigma}_2,\hat{\tau}_{12}]^T$，$[\hat{\varepsilon}]=[\hat{\varepsilon}_1,\hat{\varepsilon}_2,\hat{\gamma}_{12}]^T$；$[\Delta\varepsilon]$ 和 $[\Delta\hat{\varepsilon}]$ 分别为整体和局部坐标系下的应变增量；$\mathbf{T}^\sigma(\theta)$ 和 $\mathbf{T}^\varepsilon(\theta)$ 分别为应力和应变的坐标转换矩阵，θ 为裂缝角度。若裂缝角 θ 在计算过程中不发生变化，则模型为固定裂缝模型，反之为转动裂缝模型。

（2）局部坐标系中的应力更新

正应力分量：

$$\hat{\sigma}_{1,\text{new}} = f_1(\hat{\sigma}_1,\hat{\varepsilon}_1,\Delta\hat{\varepsilon}_1\cdots)g_2(\hat{\sigma}_2,\hat{\varepsilon}_2,\Delta\hat{\varepsilon}_2\cdots) \tag{10-22}$$

$$\hat{\sigma}_{2,\text{new}} = f_2(\hat{\sigma}_2,\hat{\varepsilon}_2,\Delta\hat{\varepsilon}_2\cdots)g_1(\hat{\sigma}_1,\hat{\varepsilon}_1,\Delta\hat{\varepsilon}_1\cdots) \tag{10-23}$$

式中：$\hat{\sigma}_{i,\text{new}}$ 为更新后的正应力分量（局部坐标系 $i=1$, 2）；$f_i(\hat{\sigma}_i,\hat{\varepsilon}_i,\Delta\hat{\varepsilon}_i\cdots)$ 表示局部 i 轴的全量型单轴本构；$g_i(\hat{\sigma}_i,\hat{\varepsilon}_i,\Delta\hat{\varepsilon}_i\cdots)$ 表示拉压耦合效应。

剪应力分量（裂面的剪力-剪切本构）：

$$\hat{\tau}_{12,\text{new}} = h(\hat{\tau}_{12},\hat{\gamma}_{12},\Delta\hat{\gamma}_{12},\hat{\varepsilon}_1,\hat{\varepsilon}_2\cdots) \tag{10-24}$$

式中：$\hat{\tau}_{12,\text{new}}$ 为更新后的剪应力分量；$h(\hat{\tau}_{12},\hat{\gamma}_{12},\Delta\hat{\gamma}_{12},\hat{\varepsilon}_1,\hat{\varepsilon}_2\cdots)$ 表示裂面的剪力－剪切本构，也属于一种全量型单轴本构，式中包含 $\hat{\varepsilon}_1$、$\hat{\varepsilon}_2$ 是考虑裂缝宽度对剪应力的影响，即**拉剪耦合效应**。

刚度矩阵如下：

$$\left[\frac{\partial\hat{\sigma}}{\partial\hat{\varepsilon}}\right] = \begin{bmatrix} \dfrac{\partial\hat{\sigma}_1}{\partial\hat{\varepsilon}_1} & \dfrac{\partial\hat{\sigma}_1}{\partial\hat{\varepsilon}_2} & \\ \dfrac{\partial\hat{\sigma}_2}{\partial\hat{\varepsilon}_1} & \dfrac{\partial\hat{\sigma}_2}{\partial\hat{\varepsilon}_2} & \\ & & \dfrac{\partial\hat{\tau}_{12}}{\partial\hat{\gamma}_{12}} \end{bmatrix} \tag{10-25}$$

由上式可知，存在拉压耦合效应时，局部刚度矩阵一般不是对称矩阵。

（3）局部坐标系（1-2 坐标）→整体坐标系（x-y 坐标）

$$[\sigma_{new}] = \boldsymbol{T}^\sigma(-\theta)[\hat{\sigma}_{new}] = [T^\varepsilon(\theta)]^T[\hat{\sigma}_{new}] \tag{10-26}$$

$$\left[\frac{\partial\sigma}{\partial\varepsilon}\right] = [\boldsymbol{T}^\varepsilon(\theta)]^T\left[\frac{\partial\hat{\sigma}}{\partial\hat{\varepsilon}}\right]T^\varepsilon(\theta) \tag{10-27}$$

式中：$[\sigma_{new}]$ 为整体坐标系下的更新应力；$[\partial\sigma/\partial\varepsilon]$ 为整体坐标系下的刚度矩阵。

在以上三个步骤中，应力/应变旋转的计算并无特殊之处。然而，可以通过修改步骤 2 中的单轴本构关系，即局部坐标下的正应力和剪应力的两种单轴本构，实现 MSC. Marc 中平面剪切壳单元中的不同膜模型。

第11章 剪切篇总结

以剪切内力为主的钢筋混凝土构件，我们建议可以采用**非共轴固定裂缝模型**进行模拟。在该模型中，材料本构关系施加在裂缝坐标系上，裂缝方向不随主应变方向的改变而改变，因此裂面上既有剪应力又有剪应变。

图 11-1 所示为模型选用的材料本构关系，主要考虑以下几个要点：（1）混凝土受压骨架线要考虑约束效应，可采用 Rücsh、Hognestad、Mander 模型等，同时还要考虑法向的拉应变对受压方向的软化效应，即拉压耦合效应；（2）混凝土受拉骨架线要考虑受拉刚化效应的影响，可采用 Belarbi-Hsu 或 β-椭圆模型，若要预测裂缝宽度 w，还需单独额外计算平均裂缝间距 l_m；（3）裂面剪切本构采用 Maekawa 建议的本构模型，考虑法向拉应变对裂面剪切的软化效应，即拉剪耦合效应；（4）混凝土受压滞回准则可以采用最简单的按初始弹性模量加卸载的准则；（5）钢筋的滞回准则要采用考虑曲线式包辛格效应的 p 次曲线。

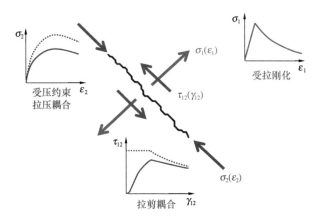

图 11-1 剪切计算所采用的本构关系

第 12 章　节点域的剪力计算

我们知道节点域的抗剪设计是钢筋混凝土框架抗震设计的一个必要环节，目的就是要避免框架在地震中发生节点域剪坏。节点域的抗剪设计包括两个步骤：第一，计算节点域承受的剪力（效应计算）；第二，计算节点域受剪承载力（抗力计算）。一直以来大家关注的焦点都集中在第二个步骤，也就是怎么样算好节点域的受剪承载力，但对于第一个步骤，也就是节点域承受的剪力，大家关注的非常少，我想原因就是第一个步骤看上去太简单，计算节点域承受的剪力只需用到力的平衡条件，而力的平衡条件应该算是最基本最简单的力学原理了，也是一切结构都应该遵守的准则，似乎没什么可讨论研究的了，但问题恰恰出在这些最基本的原理上。

《混凝土结构设计规范》GB 50010—2010（2015 年版）[1] 第 11.6.2 条给出了钢筋混凝土框架节点域水平剪力的计算公式，原文摘录如下：

1　顶层中间节点和端节点

1）一级抗震等级的框架结构和 9 度设防烈度的一级抗震等级框架：

$$V_{\mathrm{j}} = \frac{1.15 \sum M_{\mathrm{bua}}}{h_{\mathrm{b0}} - a'_{\mathrm{s}}} \tag{12-1}$$

2）其他情况：

$$V_{\mathrm{j}} = \frac{\eta_{\mathrm{b}} \sum M_{\mathrm{b}}}{h_{\mathrm{b0}} - a'_{\mathrm{s}}} \tag{12-2}$$

2　其他层中间节点和端节点

1）一级抗震等级的框架结构和 9 度设防烈度的一级抗震等级框架：

$$V_{\mathrm{j}} = \frac{1.15 \sum M_{\mathrm{bua}}}{h_{\mathrm{b0}} - a'_{\mathrm{s}}} \left(1 - \frac{h_{\mathrm{b0}} - a'_{\mathrm{s}}}{H_{\mathrm{c}} - h_{\mathrm{b}}} \right) \tag{12-3}$$

2）其他情况：

$$V_{\mathrm{j}} = \frac{\eta_{\mathrm{b}} \sum M_{\mathrm{b}}}{h_{\mathrm{b0}} - a'_{\mathrm{s}}} \left(1 - \frac{h_{\mathrm{b0}} - a'_{\mathrm{s}}}{H_{\mathrm{c}} - h_{\mathrm{b}}} \right) \tag{12-4}$$

上面这些公式中各参数的具体含义参见规范，总体思路是显而易见的，就是要分两类情况讨论：一类是顶层节点，一类是其他层节点，其他层节点由两项相减得到，而顶层节点只保留了第一项。下面我们就来讨论一下规范的这个公式是怎么得到的。

我们先来看最一般的情况，就是中间层的一个十字节点，如图 12-1（a）所示，在梁和柱的反弯点处截开，形成隔离体，为了推导方便，这里暂且假定上半段柱长和下半段柱长相等，左半段梁长和右半段梁长相等。柱顶和柱底的一对等大反向的剪力 V_c 形成逆时针转动的力偶，而左梁左端和右梁右端的一对等大反向的剪力 V_b 形成顺时针转动的力偶，这两对力偶平衡形成这个十字节点最基本的平衡条件为：

$$V_b H_b = V_c H_c \tag{12-5}$$

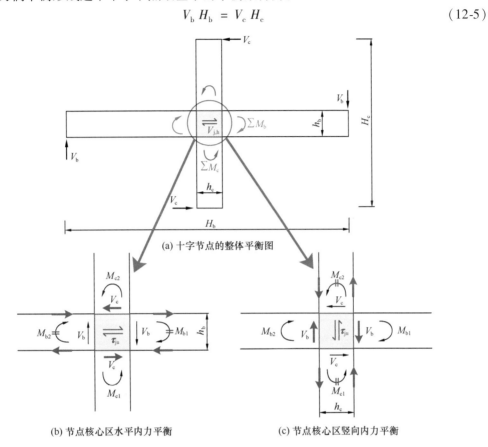

(a) 十字节点的整体平衡图

(b) 节点核心区水平内力平衡　　　　　(c) 节点核心区竖向内力平衡

图 12-1　中间层十字节点分析

根据简单的力学分析即可知节点域梁端弯矩之和 $\sum M_b$ 与柱端弯矩之和 $\sum M_c$ 分别如式 (12-6) 和式 (12-7) 所示。

$$\sum M_b = V_b(H_b - h_c) \tag{12-6}$$

$$\sum M_c = V_c(H_c - h_b) \tag{12-7}$$

根据式 (12-5)～式 (12-7) 可方便地推导出梁端弯矩之和 $\sum M_b$ 与柱端弯矩之和 $\sum M_c$ 之间的关系如式 (12-8) 所示。

$$\sum M_c = V_c H_c - V_c h_b = V_b H_b - V_c h_b = V_b H_b - V_b h_c + V_b h_c - V_c h_b = \sum M_b + V_b h_c - V_c h_b \tag{12-8}$$

式 (12-8) 的结果告诉我们：节点域梁端弯矩之和 $\sum M_b$ 与柱端弯矩之和 $\sum M_c$ 其实并不是严格相等的，那么什么时候可以认为近似相等呢？当节点域的尺度远小于梁柱长度的尺度，就可近似认为节点域梁端弯矩之和 $\sum M_b$ 等于柱端弯矩之和 $\sum M_c$，对于常规的普通框架，这个条件一般都是能够满足的。

下面我们就通过水平力平衡来推导节点域水平剪力的计算公式，以下的讨论读者可以

钢筋混凝土原理与分析

结合图 12-1（b）一起来阅读。首先，梁端的弯矩总能等效为一对大小相等的拉压力偶，而这对力偶即可引起节点域的水平剪力。对于钢筋混凝土梁，等效的拉压力偶之间的力臂长度应该等于受拉钢筋的形心位置到混凝土受压区合力的位置，严格来讲应该略小于梁高 h_b，这里为了推导方便就简单认为力臂长度等于 h_b，在后面中的推导中大家可以看到这个近似导致的误差并不会影响总的结论。此外，上下柱端传来的一对大小相等方向相反的剪力 V_c 也对节点域产生了剪切作用，引起节点域的水平剪力，只是和梁端弯矩引起的节点域水平剪力方向相反。因此，根据水平力平衡条件可知：节点域水平剪力 $V_{j,h}$ 由梁端弯矩和柱端剪力两部分贡献，而且这两部分剪力方向相反，写成数学表达式就是如式（12-9）所示两项相减的形式。

$$V_{j,h} = \frac{\sum M_b}{h_b} - V_c \tag{12-9}$$

将式（12-7）代入式（12-9），节点域水平剪力的计算公式可进一步写为：

$$V_{j,h} = \frac{\sum M_b}{h_b} - \frac{\sum M_c}{H_c - h_b} \tag{12-10}$$

当假定节点域梁端弯矩之和 $\sum M_b$ 等于柱端弯矩之和 $\sum M_c$ 时，式（12-10）就变成了规范建议的两项相减的公式［式（12-3）和式（12-4）］。

上述公式的推导看来是比较简单的，但笔者希望读者思考的是我们可以用什么方法来证明上面这个推导是正确的。过去无数的经验教训告诉我们：低级错误往往在不经意间犯下，当你决定发表你的结果前，必须进行严格的检查！

用试验来验证理论是大家最常用到的办法，这里笔者想说的是用理论同样可以验证理论，采用不同的理论路径得到的结果应该是一样的，所谓"殊途同归"，利用的正是理论的"自洽性"。具体到这个例子，我们用水平力平衡推导得到式（12-9），如果这个推导是正确的，我们用竖向力平衡来推导同样应该得到式（12-9）。所以下面我们就用竖向力平衡的思路来推导节点域水平剪力的计算公式。

如图 12-1（c）所示，和水平力平衡的推导完全类似，通过竖向力平衡我们可以得到：节点域竖向剪力 $V_{j,v}$ 由柱端弯矩和梁端剪力两部分贡献，而且这两部分剪力方向相反，写成数学表达式就是如式（12-11）所示两项相减的形式。

$$V_{j,v} = \frac{\sum M_c}{h_c} - V_b \tag{12-11}$$

那么我们怎么用竖向力平衡条件式（12-11）来得到节点域水平剪力 $V_{j,h}$ 的计算公式呢？可以应用剪应力互等原理。节点域水平剪力 $V_{j,h}$ 可以写成剪应力的表达形式，如式（12-12）所示，其中 τ_{ju} 就是节点域的平均水平剪应力，根据剪应力互等，它也是节点域的平均竖向剪应力，所以我们索性可以称它为节点域平均剪应力。

$$V_{j,h} = \tau_{ju} \cdot b_e \cdot h_c \tag{12-12}$$

所以节点域的竖向剪力 $V_{j,v}$ 同样可以写成类似的形式：

$$V_{j,v} = \tau_{ju} \cdot b_e \cdot h_b \tag{12-13}$$

由式（12-12）和式（12-13）就可以得到由节点域竖向剪力 $V_{j,v}$ 计算水平剪力 $V_{j,h}$ 的关系式：

$$V_{j,h} = V_{j,v} \cdot \frac{h_c}{h_b} \tag{12-14}$$

将式（12-11）代入式（12-14）可得：

$$V_{j,h} = \frac{\sum M_c}{h_c} \cdot \frac{h_c}{h_b} - V_b \cdot \frac{h_c}{h_b} = \frac{\sum M_c}{h_b} - V_b \cdot \frac{h_c}{h_b} \tag{12-15}$$

最后再将平衡条件式（12-8）代入式（12-15）就可得到由竖向力平衡条件得到的节点域水平剪力 $V_{j,h}$ 表达式：

$$V_{j,h} = \frac{\sum M_b + V_b h_c - V_c h_b}{h_b} - V_b \cdot \frac{h_c}{h_b} = \frac{\sum M_b}{h_b} - V_c \tag{12-16}$$

这个结果和用水平力平衡条件得到的结果式（12-9）一模一样！所以理论是自洽的，推导是正确的。

有了上面这些经验，下面我们不妨用相同的方法分析一下顶层中节点，读者可以结合图 12-2 来阅读。首先，我们用水平力平衡条件推导一下节点域水平剪力的计算公式，顶层中节点和中间层节点唯一的区别就是上半段柱及其上面的内力都没有了，如图 12-2（b）所示，那么梁端弯矩引起的节点域水平剪力仍然存在，但原来柱端传来的一对剪力只剩下节点域下端的那一个力了，似乎无法再对节点域产生剪切作用了，许多人看到这儿都会想当然地认为把式（12-9）中柱端剪力贡献的第二项去掉，只保留梁端弯矩贡献的第一项就行了，如式（12-17）那样简单，规范也是那样认为的，所以规范建议的顶层节点公式只有一项就是这么来的。而就在这种不经意间，我们已经犯下了错误。

$$V_{j,h} = \frac{\sum M_b}{h_b} \tag{12-17}$$

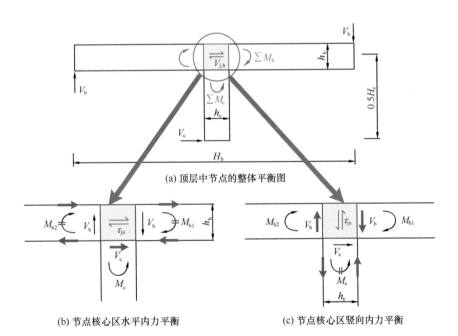

(a) 顶层中节点的整体平衡图

(b) 节点核心区水平内力平衡   (c) 节点核心区竖向内力平衡

图 12-2 顶层中节点分析

下面我们用竖向剪力平衡的思路也来推导一下节点域水平剪力的计算公式。如图 12-2（a）所示，由于没了上面半段柱子，式（12-5）、式（12-7）和式（12-8）这些基本平衡条件式应分别修改为以下三式：

$$V_{\mathrm{b}} H_{\mathrm{b}} = \frac{1}{2} V_{\mathrm{c}} H_{\mathrm{c}} \tag{12-18}$$

$$\sum M_{\mathrm{c}} = \frac{1}{2} V_{\mathrm{c}} (H_{\mathrm{c}} - h_{\mathrm{b}}) \tag{12-19}$$

$$\sum M_{\mathrm{c}} = \sum M_{\mathrm{b}} + V_{\mathrm{b}} h_{\mathrm{c}} - \frac{1}{2} V_{\mathrm{c}} h_{\mathrm{b}} \tag{12-20}$$

如图 12-2（c）所示，式(12-11)～式（12-15）对顶层中节点同样适用，所以不用修改，最后将式（12-20）代入式（12-15）就可以得到由竖向力平衡条件得到的节点域水平剪力 $V_{\mathrm{j,h}}$ 表达式：

$$V_{\mathrm{j,h}} = \frac{\sum M_{\mathrm{b}} + V_{\mathrm{b}} h_{\mathrm{c}} - \dfrac{1}{2} V_{\mathrm{c}} h_{\mathrm{b}}}{h_{\mathrm{b}}} - V_{\mathrm{b}} \cdot \frac{h_{\mathrm{c}}}{h_{\mathrm{b}}} = \frac{\sum M_{\mathrm{b}}}{h_{\mathrm{b}}} - \frac{1}{2} V_{\mathrm{c}} \tag{12-21}$$

结果是令人惊讶的！采用竖向力平衡条件得到的节点域水平剪力计算式（12-21）居然和用水平力平衡条件得到的公式（12-17）（也就是规范建议的公式）是不一样的！一个是由两项相减得到，一个只有一项。当你用不同的理论路径推导得到的结果如果是不一样的，这只能说明推导过程一定出现了错误。

我们仔细对比这两个公式，采用竖向力平衡条件得到的公式多出来的那一项是柱端剪力的一半，看到这里我首先想到的就是我们在采用水平力平衡条件推导式（12-17）丢弃的那部分柱端剪力的贡献，我们需要重新思考的是：如果节点域只在下侧受到柱子传来的一个水平剪力 V_{c}，节点域里会不会产生水平剪力？如果会产生，大小是多少？在我对这个问题百思不得其解的时候，突然想到了当年结构力学课老师教我们的"取半边结构简化计算"的惯用伎俩：一个力总能分解为一对大小相等方向相反的力以及一对大小相等方向相同的力，正因为有这样的分解，我们可以把一个左边受到侧向力作用的左右对称结构简化为半边结构计算。将这个分解应用到这里，问题就迎刃而解了，节点域下端的那个柱端剪力 V_{c} 可以分解为一对大小为 $0.5 V_{\mathrm{c}}$ 方向相反的力以及一对大小为 $0.5 V_{\mathrm{c}}$ 方向相同的力，那对方向相反的力会产生节点域的水平剪力，而那对方向相同的力则不会产生节点域的水平剪力，所以如果节点域只在下侧受到柱子传来的一个水平剪力 V_{c}，节点域里会产生水平剪力，大小等于柱端剪力的一半 $0.5 V_{\mathrm{c}}$。有了这样的认识，我们就知道原来根据水平力平衡条件得到的式（12-17）需要再减去 $0.5 V_{\mathrm{c}}$ 这一项才是正确的，而这正好和用竖向力平衡条件推导得到的结果式（12-21）是完全一样的。

所以，我们规范建议的顶层节点域水平剪力计算公式由于遗漏了柱端水平剪力对节点域水平剪力的贡献，不满足最基本的力学原理：力的平衡条件。更有意思的是，我们如果把式（12-19）代入式（12-21），结果和式（12-10）完全一样，也就是顶层节点和中间层节点的公式其实是统一的，看来规范把这两种情况分类讨论真是多此一举啊！

我从 2015 年就开始给研究生讲《钢筋混凝土原理与分析》，每年我都会和学生们讨论这个案例。我原以为我的分析已经无懈可击了，但记得 2018 年的那次课上，有同学听了我的讲解后就问我：顶层节点的上层柱水平剪力去掉后，只剩下层柱的一个水平剪力，这个水平剪力究竟和哪个力平衡？他指着图 12-2（a）对我说，这个图水平力貌似不平衡吧？这一问可把我怔住了，对呀，怎么会不平衡呢？这一问也促使我更深入地去思考这个问题。在清华给一群优秀的学生上课真是我的幸运，这个过程不仅仅是他们从我这里学到一些东西，他们的优秀也督促我不敢有任何的怠慢，我想这就是"教学相长"吧！

下了课后，我不得不重新去研究这样一个 T 字形的顶层中节点。为什么柱子中会有水平剪力？如果我们把它放到一个结构体系中考察，就不难回答这个问题了。如图 12-3 所示，一个框架结构中的柱子中之所以会存在水平剪力，是因为这个结构体系受到了侧向的外力作用，譬如地震力，由于一般来说质量主要集中在楼层，我们可以近似认为在每一个楼层的楼盖梁上都作用着地震力，而正是这些地震力导致了柱子中的水平剪力。所以我们把顶层中节点作为隔离体取出来分析时，我们除了去分析构件截断处的内力，也就是下层柱端存在一个水平剪力 V_c，还应该分析这个隔离体所受到的外力，也就是顶层楼盖梁受到的地震力，真正的力的平衡条件应该是内力和外力的平衡，所以下层柱端的水平剪力原来是和楼盖梁受到的地震力平衡，而我原来犯的错误就是在平衡条件中只考虑了内力却遗漏了外力。

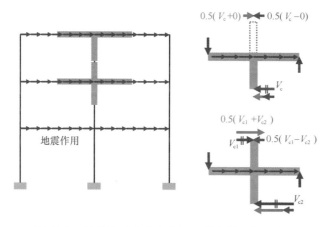

图 12-3　结构体系中十字和 T 字节点的隔离体分析

想到这里，我不得不重新研究中间层的十字形节点，由于没有考虑地震力，我之前关于十字节点的所有分析实际上也犯了同样的错误。如果把作用在楼盖梁处的水平地震力也纳入平衡条件，那么上柱端的水平剪力和下柱端的水平剪力就不等了，下柱端的水平剪力比上柱端的水平剪力大，两者的差值就是作用在这个楼层的地震力总和。如果上柱端剪力（记为 V_{c1}）和下柱端剪力（记为 V_{c2}）不等，那么上下柱端剪力导致的节点域水平剪力该等于多少？我们不妨采用类似的分解：第一部分，一对等大反向的剪力，大小为 $0.5(V_{c1} + V_{c2})$，也就是上下柱端的平均剪力 $\overline{V}_c$，根据之前的分析，这部分恰好和节点域水平剪力平衡；第二部分，一对等大同向的剪力，大小为 $0.5(V_{c2} - V_{c1})$，不会引起节点域的剪切，恰好和作用于楼层的水平地震力平衡。表 12-1 更清楚地列出了这个分解。因此，**柱端剪力对节点域水平剪力的贡献应该是上下柱端剪力的平均值 $\overline{V}_c$**，因此应该把式（12-9）中的代表柱端剪力贡献的第二项 V_c 修改为 $\overline{V}_c$，如式（12-22）所示。

$$V_{j,h} = \frac{\sum M_b}{h_b} - \overline{V}_c \qquad (12\text{-}22)$$

当我们把 V_c 修改为 $\overline{V}_c$ 后，式（12-22）就变得非常有一般性，对于顶层 T 形节点，由于上柱端剪力为 0，那么上下柱端剪力的平均值 $\overline{V}_c$ 就自动退化为下层柱端剪力的一半，也就是式（12-21）的结果，因此，顶层节点只是中间层节点的一个特例，已经完全包含在式（12-22）这个"统一"方程中。而更有意思的是，从式（12-5）~式（12-16）的所有方程，只需要将方程中的 V_c 替换为 $\bar{V}_c$，就可适用于所有位置的节点，严格满足内外力平衡条件，我想这套方程才是计算节点域水平剪力真正正确的"统一"方程。

上下柱端剪力的分解 表 12-1

	上下柱端剪力的分解	大小	相平衡的力
1	一对等大反向的剪力	$0.5(V_{c1} + V_{c2})$	与节点域水平剪力相平衡
2	一对等大同向的剪力	$0.5(V_{c2} - V_{c1})$	与楼层水平地震力相平衡

说到这里，不知道各位读者有没有一种豁然开朗的感觉。而我觉得，这个案例可以带给我们许多深刻的反思。平衡，这是力学中最基本的原理了，而写进我们国家标准的公式却连最基本的平衡条件都不满足。我们不禁要问，在我们的研究中究竟犯下过多少这样的低级错误？我们该如何发现低级错误？避免低级错误？就这个案例而言，当初如果能用不同的理论方法反复验证最初的推论，如果在最初的十字节点分析时再仔细地琢磨一下平衡条件，认识到地震作用导致的柱两端剪力的不均匀性，我想这个错误就不会发生。

在我结束这个话题前，我想再提三个问题供各位读者更深入地思考：

（1）地震力作用在每个楼层上，梁中是否存在轴力？为什么我们在设计中一般都不考虑梁中的轴力？由此进一步引申出来的问题是，如果我们做如图 12-4 所示的平面框架试验，不同的千斤顶加载方式各有什么特点？采用哪种方式最合理？

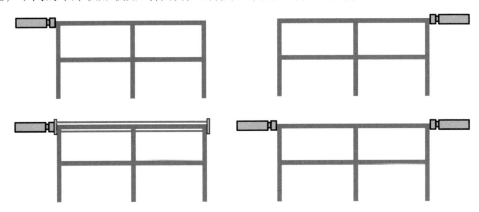

图 12-4 平面框架试验的不同侧力加载模式

（2）上面的推导都是假定上半段柱长和下半段柱长相等，如果上下半段柱长不等上述公式是否还适用？产生的误差会有多大？

（3）规范公式是假定节点域梁端弯矩之和 $\sum M_b$ 等于柱端弯矩之和 $\sum M_c$ 得到的，也就是假定节点域的尺度远小于梁柱长度的尺度，那如果节点域尺度相对于梁柱长度不能忽略，也就是短梁或短柱的情况，该如何办？

第13章 强 柱 弱 梁 控 制

姑且不论"强柱弱梁"是否还有保留的必要，不得不承认的是"强柱弱梁"仍然是控制合理的倒塌模式、实现大震不倒最简便有效的方法之一。"强柱弱梁"的概念其实非常简单，所谓的"强"和"弱"针对的是极限受弯承载力，也就是要让节点柱端的极限受弯承载力大于梁端的极限受弯承载力，好让梁端先出现塑性铰。虽然道理很简单，但2008年的汶川地震还是给人当头一棒，在那次地震的实际框架结构震害中，很少看到"强柱弱梁"型破坏[107]，大部分都是"强梁弱柱"，所以后面围绕汶川地震学界开展了大量的研讨和研究，其中"强柱弱梁"就成为一个很重要的议题。所以有些东西看似简单，但实际却大有学问，"强柱弱梁"就属于这样一个问题。

"强柱弱梁"规定的是梁和柱的相对强弱关系，而要实现这一关系，**两个基础很重要，一个就是要把梁端的极限受弯承载力算准，另一个就是要把柱端的极限受弯承载力算准**，那么下面我们就来分别讨论。

要算准梁端极限受弯承载力，主要问题就是如何考虑楼板的贡献，因为楼板和梁是浇筑在一起的，楼板会参与梁的受弯，提高梁的受弯承载力，如果低估了这种作用，就会算低梁端极限受弯承载力，这样就很容易出现算的时候"强柱弱梁"，地震来了却是"强梁弱柱"。所以有些人做一些如图13-1所示的没有楼板的节点试验，并满心欢喜地得到了他们希望的"强柱弱梁"，我常常开玩笑地嘲笑他们这是鸵鸟心态、自欺欺人。楼板对梁的受弯贡献问题其实是建筑结构中普遍存在的问题，不仅仅局限在混凝土结构这个范畴，譬如钢结构框架，总需要混凝土楼板，工程中的一种常用做法就是在钢梁上打栓钉，和混凝土楼板连在一起，这样楼板就可以帮助钢梁一起受弯了。那么这种"帮助"究竟有多大的副作用呢？2007年，在日本E-Defense振动台上就做过一个很有名的足尺4层钢框架振动台试验[108]，这个框架是按照日本当年的规范设计的（原文为：*It was constructed according to the current design specifications and practice.*），满足"强柱弱梁"的验算条件（原文为：*The strong column-weak beam philosophy is employed.*），混凝土板和钢梁通过栓钉连接从

(a) 试件制作　　　　　　　　　　**(b) 试件破坏时梁端出现塑性铰**

图 13-1　无楼板的节点试件发生"强柱弱梁"破坏

而达到充分的组合作用（原文为：*Fully composite action is expected between the steel beams and concrete slab.*），最后试验的结果是底层柱子端部率先出现塑性铰并局部屈曲（原文为：*Plastic hinging and local buckling occurred at both the top and base of the columns.*），然后在 P-Δ 效应下发生倒塌（图13-2），而梁似乎还在线性阶段，安然无恙（图13-3c），你看，这和汶川地震暴露出来的混凝土框架的问题真是一模一样！

(a) 低层的倒塌   (b) 节点区的"强梁弱柱"

图 13-2　某钢框架振动台试验的破坏形态

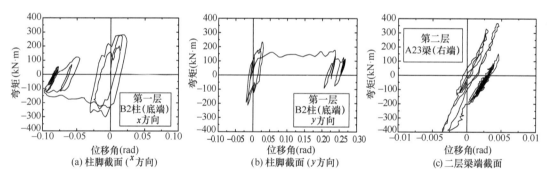

图 13-3　关键截面的弯矩-转角实测结果

说到这儿有人就要问，这么关键的一个问题，难道我们国家的规范就没有考虑吗？当然考虑了。首先我们来看一下《高层建筑混凝土结构技术规程》JGJ 3—2010[109] 的5.2.2 条：

在结构内力与位移计算中，现浇楼盖和装配整体式楼盖中，梁的刚度可考虑翼缘的作用予以增大。近似考虑时，楼面梁刚度增大系数可根据翼缘情况取 1.3～2.0。

在该条的条文说明中还对刚度增大系数的取值有更具体的解释。应该说这条规定只是反映了楼板对梁刚度的提高作用，但和我们关心的梁极限承载力的提高作用关系不大。相比之下，《混凝土结构设计规范》GB 50010 – 2010（2015 年版）[1] 5.2.4 条的规定可能更为具体且更有针对性：

对现浇楼盖和装配整体式楼盖，宜考虑楼板作为翼缘对梁刚度和承载力的影响。梁受压区有效翼缘计算宽度 b'_f 可按表 13-1 所列情况中的最小值取用；也可采用梁刚度增大系数法近似考虑，刚度增大系数应根据梁有效翼缘尺寸与梁截面尺寸的相对比例确定。

GB 50010—2010 规定受弯构件受压区有效翼缘计算宽度b'_f　　　表 13-1

情况		T 形、I 形截面		倒 L 形截面
		肋形梁（板）	独立梁	肋形梁（板）
1	按计算跨度 l_0 考虑	$l_0/3$	$l_0/3$	$l_0/6$
2	按梁（肋）净距 s_0 考虑	$b + s_0$	—	$b + s_0/2$
3	按翼缘高度 h'_f	$b + 12 h'_f$	b	$b + 5 h'_f$

注：表中 b 为梁的腹板厚度，其余补充说明详见规范，此处不再赘述。

感兴趣的读者不妨做一个如图 13-4 所示的数值试验，先建立一个如图 13-4（a）所示的能反映节点区真实构造的精细有限元模型，楼板用分层壳单元，梁柱用实体单元，当然为了剔除柱子对结果的影响，我们需要把柱子设得尽可能强，使梁端出现塑性铰，然后我们把柱子保留，将其他部分替换为一个 T 形截面的梁单元，其有效翼缘宽度就按照规范的建议确定，如图 13-4（b）所示，这也是我们在通常的设计中对框架梁的模拟方法，读者可以对比一下这两个模型所计算出来的结果。通过这个试验我只想让读者们体会"楼板对梁端性能的影响"这个问题其实是非常复杂的，楼板本身就是一个二维空间受力构件，在靠近梁端的节点区受到局部构造的影响受力状态会更加复杂，而我们设计时只用一个很简单的一维梁单元来模拟，当然是很有挑战的！

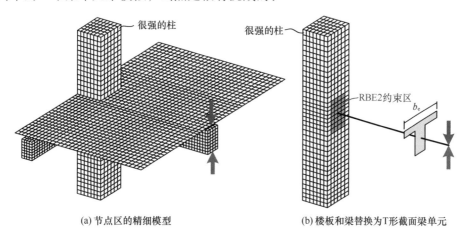

(a) 节点区的精细模型　　　　　　(b) 楼板和梁替换为T形截面梁单元

图 13-4　用梁单元模拟楼板组合效应的数值试验

2001 年，ACI Structural Journal 上发表了一篇题为"*Slab Participation in Practical Earthquake Design of Reinforced Concrete Frames*"的文章[110]，这篇文章摘要的前两句话在我第一次看这篇文章时就给我留下了很深刻的印象，我把它摘录如下和各位读者分享。其大概意思是说，这篇文章谈的是 ACI 318 – 99 规范关于楼板对梁端极限受弯承载力贡献的修订，这些修订代表了美国、加拿大、新西兰和日本长达 15 年在这个问题上的研究成果。这样一个看似很小的问题居然研究了 15 年啊！看来这真是一个挺复杂的问题。2001 年的这篇文章也说得很清楚了，主要是通过试验研究得到一些重要的结论，从那时到现在，也将近 20 年过去了，这期间非线性有限元的发展突飞猛进，也为我们更深刻地理解楼板参与框架受力的机理提供了更多的途径。

"*Recent amendments in the ACI* 318-99 *that affect the estimation of nominal beam flexural capacity in seismic design of frame connections were the motivation for this paper. These changes concern the width of slabs considered effective in beam flexure and represent the culmination of a 15-year long concerted research effort in the U.S., Canada, New Zealand, and Japan aimed at understanding and quantifying slab participation in the lateral load resistance of frames through observed experimental findings."*

关于这个话题，我还想特别补充一点，就是许多人认为楼板既然是加强了梁的受弯能力，那么我们设计时不考虑这种作用是偏于安全的，我觉得这种认识是有失偏颇的。如果仅仅从构件的角度去看，楼板能提高梁的刚度和强度，自然是有利的，忽略这种作用当然无碍。但如果从结构体系的角度来看，梁的刚度提高了，结构整体抗侧刚度也就提高了，自振周期缩短了，地震作用也随之放大了，这是对结构不利的，而梁的强度提高了，可能改变结构的破坏机制，使结构从"强柱弱梁"变为"强梁弱柱"，这对结构也是不利的，此时忽略楼板作用就会带来危险。所以，在整个结构体系的视角下，楼板的作用就是双刃剑，既有有利的一面，又有不利的一面，相互交织，我们唯一能做的就是要算准这种作用，既不能算少，也不能算多。行业标准《组合结构设计规范》JGJ 138—2016[111]中为了考虑楼板对框架梁刚度的放大作用，12.1.2条采用了我博士论文中提出的刚度放大系数公式，观察仔细的读者可能会发现，规范最终出版的这个公式和我博士论文中提出的这个公式是有差别的，就是规范强制规定了这个刚度放大系数公式要有个上限2.0，其实我并不同意增加这个上限值，因为当钢梁截面比较小时，楼板对钢梁刚度的放大倍数完全有可能超过2.0，而我的这个公式也是力求准确地反映这一现象，如果设置2.0的上限，就会在这种情况下低估组合框架梁的刚度，从而高估了结构周期，低估了地震作用。所以就有工程界的同行问我为什么这个刚度放大系数要取2.0的上限，我只能回答也许是为了保守吧，但我并不认为这是保守的，也并不认为需要这个上限，道理如上。

梁端的极限受弯承载力计算说得差不多了，下面我们来聊一聊"强柱弱梁"的另一个基础，也就是柱端的极限受弯承载力计算。这个问题的关键是双向地震，因为如果只是考虑单向地震的话，这个问题就变成了一个无比简单的压弯构件的计算问题，也就没什么可讨论的了。我们知道抗震设计都是要考虑双向地震作用的，那么具体到"强柱弱梁"，规范是如何操作的呢？如图13-5（a）所示为一个典型的空间节点，规范将其解耦为 x 和 y 两个正交方向的平面节点分别设计，对于 x 方向的平面节点，根据"强柱弱梁"条件由梁端弯矩承载力或设计值（主要取决于抗震等级）得到柱端 x 方向的弯矩设计值，如式（13-1）所示，然后根据这个弯矩设计值按照 x 方向的单向压弯构件对柱子进行配筋，如图13-5（b）所示，同样对于 y 方向的平面节点，按式（13-2）得到柱端 y 方向的弯矩设计值，然后据此按照 y 方向的单向压弯构件对柱子进行配筋，如图13-5（b）所示，因为单向压弯构件的配筋一般不考虑腰筋的影响，所以除了角部钢筋，其他钢筋在两个方向的压弯设计中都是独立的。整个设计过程就是一种按正交方向解耦的平面节点设计法，那么这个方法有什么问题呢？让我们暂时先放下这个疑问，先来看看我的一些很有意思的发现。

$$\sum M_{c,x} = \eta_c \sum M_{bu,x} \qquad (13\text{-}1)$$

式中：$\sum M_{bu,x}$ 为 x 方向平面节点梁端极限受弯承载力或弯矩设计值之和；η_c 为框架柱端弯

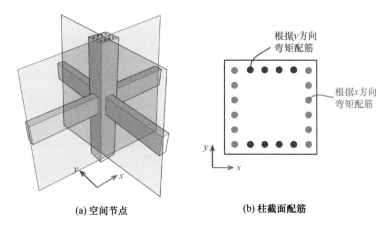

(a) 空间节点　　　　　　　　(b) 柱截面配筋

图 13-5　我国规范采用的平面节点解耦设计法

矩增大系数；$\sum M_{c,x}$ 为 x 方向柱端极限受弯承载力之和。

$$\sum M_{c,y} = \eta_c \sum M_{bu,y} \qquad (13\text{-}2)$$

式中：$\sum M_{bu,y}$ 为 y 方向平面节点梁端极限受弯承载力或弯矩设计值之和；$\sum M_{c,y}$ 为 y 方向柱端极限受弯承载力之和。

　　早在我做博士后的时候，就接触了一些复杂结构体系的地震模拟工作，在这个过程中，我就非常好奇一件事情，就是这些结构中的节点，当放在一个真实的结构体系中会是一种怎样的表现？会和我们传统上的认知有多大的差别？于是，对于图 13-6（a）中的这样一个双向地震输入下的空间结构体系，我就从里面找了一个空间节点 A，并画出了其层间位移角的发展路径，结果如图 13-6（b）所示，可以看到这是一种非常复杂、凌乱、随机的空间路径，于是我就有了这么几个想法：（1）我们平时做得最多的是平面节点的试验，对于为数不多的空间节点试验，加载路径也非常简单，似乎从来没有测试过一个空间节点在如图 13-6（b）所示如此复杂的加载路径下的行为；（2）以前一直不太理解为什么

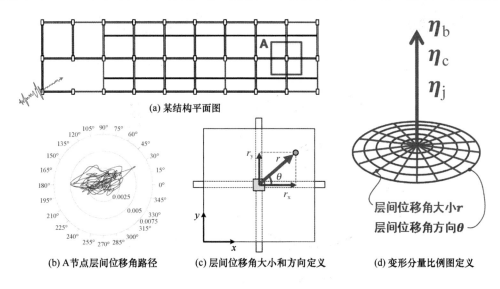

(a) 某结构平面图

(b) A 节点层间位移角路径　　　(c) 层间位移角大小和方向定义　　　(d) 变形分量比例图定义

图 13-6　我国规范采用的平面节点解耦设计法

有些柱子的试验要施加诸如"矩形轨道""椭圆轨道""圆形轨道"等一些奇怪的加载路径，现在看来这些路径并不是"太过复杂"，而是还"不够复杂"；（3）因为地震动的入射方向是随机的，一个空间节点可能在任意一个方向上达到最大层间位移角，就像图 13-6（b）所示在大约 30°的方向上层间位移角最大。所以"层间位移角"作为一个空间节点最重要最基本的性能指标，不仅要描述它的大小 r，还应该描述它的方向 θ，一个空间节点的性能状态应当用（r，θ）这一对层间位移角指标来描述才是完整的（图 13-6c）。

这时我又有了些新的想法，如果我们能画出一个空间节点在任意层间位移角的方向 θ 和大小 r 上对应的梁、柱、节点域各自变形占总变形的比例 η_b、η_c、η_j，如图 13-6（d）所示，这样就可以非常直观地展现一个空间节点在各个不同加载方向上的破坏形态，如果梁变形占比很大，而柱和节点域变形占比很小，那就是"强柱弱梁"，如果柱变形占比很大，而梁和节点域变形占比很小，那就是"强梁弱柱"，我把这样的图称作"变形分量比例图（Deformation Component Proportion Diagram）（简称 DCP 图）"[112]。照着这样的思路，我就画出了一个空间组合节点的 DCP 图如图 13-7 所示。我们可以看看，这个图非常直观，颜色越深就代表所占的变形比例越大，当层间位移方向角在 0°附近方向上时，相当于一个平面节点的加载模式，梁弯曲变形占比非常大（颜色很深），而柱弯曲变形占比非常小（颜色很浅），说明"强柱弱梁"满足得非常好！也就是说如果我们按规范建议的平面节点设计法验算"强柱弱梁"，这个节点是满足要求的。但让人遗憾的是，当层间位移

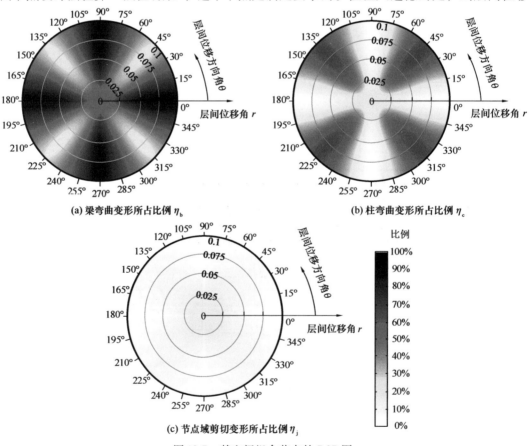

(a) 梁弯曲变形所占比例 η_b 　　　(b) 柱弯曲变形所占比例 η_c

(c) 节点域剪切变形所占比例 η_j

图 13-7　某空间组合节点的 DCP 图

方向角在 30°~60° 的范围内时，出现了截然不同的结果，梁弯曲变形占比非常小（颜色很浅），而柱弯曲变形占比非常大（颜色很深），典型的"强梁弱柱"！这个结果告诉我们一个很重要的结论：一个节点即使按照我国规范要求基于平面节点验算通过"强柱弱梁"，实际仍很有可能发生"强梁弱柱"，因为实际地震中的节点可能在任意方向上达到层间位移角最大而发生破坏，这充分说明了我们现行规范建议的"强柱弱梁"验算方法具有明显的隐患。

那么问题究竟出在哪里呢？我想对双向地震效应考虑不足是重要的原因。我们不妨作一些简单的分析。假如一个空间节点在 45° 方向上达到最大层间位移角，我想这是完全有可能的，那么柱端在 45° 方向上产生一对极限剪力 $V_{cu,45}$，由此产生柱端绕 45° 斜对角轴转动的极限柱端弯矩为 $M_{cu,45}$，我们可以思考一下，此时柱的内力 $V_{cu,45}$ 和 $M_{cu,45}$ 如何同梁的内力平衡？我想应该是将柱的内力 $V_{cu,45}$ 和 $M_{cu,45}$ 按矢量分解到两个正交方向，然后分别和这两个正交方向梁的内力平衡，所以可以写出这个空间节点的强柱弱梁条件为：

$$\sum M_{bu} < \sum M_{cu,45} \cdot \cos45° \tag{13-3}$$

注意，式（13-3）中 $\cos45°$ 就是代表柱子内力按矢量分解到两个正交方向，$\sum M_{bu}$ 就是一个正交方向的梁端极限弯矩之和。

那么如果按照规范的平面节点验算法，强柱弱梁条件可以写为：

$$\sum M_{bu} < \sum M_{cu} \tag{13-4}$$

我们可以对比一下式（13-3）和式（13-4），前一个是按空间节点来验算"强柱弱梁"，后一个是按"平面节点"来验算"强柱弱梁"，这两个公式的左端项，也就是梁端极限弯矩之和部分是完全一样的，差别主要在右端项，也就是柱端极限弯矩的计算部分，那么这两个式子究竟差多少呢？我们首先看看 $\sum M_{cu}$ 和 $\sum M_{cu,45}$ 哪个大，只要我们记住一个原则："材料离中和轴越远，抗弯效率就越高"，就很容易判断柱子的双向受弯承载力 $\sum M_{cu,45}$ 还没有单向受弯承载力 $\sum M_{cu}$ 大，这样我们不妨把式（13-3）和式（13-4）的右端项比一下：

$$\frac{\sum M_{cu}}{\sum M_{cu,45} \cdot \cos45°} > 1.4 \tag{13-5}$$

式（13-5）清清楚楚地告诉我们：按规范平面节点计算柱端极限弯矩比按空间节点计算结果要大至少 40%，换句话说，采用规范方法按平面节点验算"强柱弱梁"时，柱极限弯矩至少算高了 40%！这可是非常大的误差啊！难怪平面节点是"强柱弱梁"，到了空间节点就变成了"强梁弱柱"！

结构设计的基本方法大家应该非常熟悉，先计算"效应"，再配筋，使得"抗力"不小于"效应"，也可以用更时髦的话说，先计算"需求"，再配筋，使得"能力"不小于"需求"。规范的"强柱弱梁"验算也是这样一种方法，先分别根据两个正交方向平面节点的"强柱弱梁"条件得到两个正交方向柱端弯矩的设计值 $M_{c,x}$ 和 $M_{c,y}$，也就是对两个正交方向柱端弯矩的"分需求"，那么实际上我们对柱端弯矩真正的"总需求" M_c 应该采用"力的叠加原理"求它们的矢量和。然后，我们分别根据两个正交方向柱端弯矩的"分需求"对柱截面进行配筋，使得两个正交方向柱端弯矩的"分能力" $M_{cu,x}$ 和 $M_{cu,y}$ 分别满足各自方向的"分需求"，当然我们非常希望当两个正交方向柱端弯矩的"分能力"满足"分需求"的时候，柱端弯矩的"总能力"也能够满足"总需求"，因为这才是我们的终极目标，但很可惜，一个方形钢筋混凝土柱的承载力相关关系告诉我们，柱端弯矩的"总能力"不仅达不到我们预期的两个正交方向"分能力"的"矢量和"，甚至两个正交方向各自的"分能力"都达不到，"总能力"和"总需求"之间产生了巨大的差距。所以，这就是问题的根源，规范的设计方法误将"力的叠加原理"用到了"承载力的相关关系"上，这是两个截然不同的概念，而对于"强柱弱梁"问题，它的本质是"承载力"的相对强弱问题，所以我们需要的是"承载力的相关关系"，而不是"力的叠加原理"！那么最后一个问题留给读者，我们该如何改进规范的方法？

讲了这么多，我们不妨总结一下：为什么我们验算通过的"强柱弱梁"却无法真正实现？一方面，我们低估了楼板对梁端极限受弯承载力的贡献，从而算低了梁端极限受弯承载力；另一方面，我们对双向地震效应考虑不足，将"承载力的相关关系"误认为"力的叠加原理"，从而算高了柱端极限受弯承载力，一进一出，导致了巨大的隐患。

附　　录

附录 1：MSC. Marc 二次开发实现基于位移的纤维模型 COMPONA-FIBER 源程序代码

附录 2：复杂混凝土滞回准则的源程序代码

附录 3：钢筋（材）滞回模型的源程序代码

附录 4：MSC. Marc 二次开发分层壳模型 COMPONA-SHELL 主程序代码

（数字资源）

参 考 文 献

[1] 中华人民共和国住房和城乡建设部. 混凝土结构设计规范：GB 50010—2010(2015 年版)[S]. 北京：中国建筑工业出版社, 2015.

[2] ACI Committee 318. Building code requirements for structural concrete (ACI 318-14) and commentary (ACI 318R-14)[S]. American Concrete Institute, Farmington Hills, 2014.

[3] Nie J G, Tao M X, Cai C S, Li S J. Analytical and numerical modeling of prestressed continuous steel-concrete composite beams[J]. ASCE Journal of Structural Engineering, 2011, 137(12)：1405-1418.

[4] 陶慕轩, 聂建国. 预应力钢-混凝土连续组合梁的非线性有限元分析[J]. 土木工程学报, 2011, 44(2)：8-20.

[5] Vecchio F J, Collins M P. Investigating the collapse of a warehouse[J]. ACI Concrete International：Design & Construction. 1990, 12(3).

[6] Vecchio F J, Tang K. Membrane action in reinforced concrete slabs[J]. Canadian Journal of Civil Engineering, 1990, 17：686-697.

[7] 李国强, 张娜思. 组合楼板受火薄膜效应试验研究[J]. 土木工程学报, 2010, 43(3)：24-31.

[8] Taucer F F, Spacone E, Filippou F C. A fiber beam-column element for seismic response analysis of reinforced concrete structures (EERC Report 91/17)[R]. California：Earthquake Engineering Research Center, University of California, Berkeley, 1991.

[9] Giberson M. The response of nonlinear multi-story structures subjected to earthquake excitations[R]. Earthquake Engineering Research Laboratory, Pasadena, 1967.

[10] Lai S, Will G, Otani S. Model for Inelastic Biaxial Bending of Concrete Members[J]. Journal of Structural Engineering, ASCE, 1984, 110(ST11)：2563-2584.

[11] Takayanagi T, Schnobrich W. Nonlinear Analysis of Coupled Wall Systems[J]. Earthquake Engineering and Structural Dynamics, 1979, 7：1-22.

[12] Tao M X, Nie J G. Element mesh, section discretization and material hysteretic laws for fiber beam-column elements of composite structural members[J]. Materials and Structures, 2015, 48(8)：2521-2544.

[13] 陶慕轩, 聂建国. 组合构件纤维模型的建模策略——单元划分和截面离散[J]. 工程力学, 2016, 33(2)：96-103.

[14] Neuenhofer A, Filippou F C. Evaluation of nonlinear frame finite-element models[J]. Journal of Structural Engineering, ASCE, 1997, 123(7)：958-966.

[15] 过镇海. 钢筋混凝土原理[M]. 3 版. 北京：清华大学出版社, 2013.

[16] 陈肇元, 朱金铨, 吴佩刚. 高强混凝土及其应用[M]. 北京：清华大学出版社, 1992.

[17] Rüsch H. Research toward a general flexural theory for structural concrete[J]. ACI Structural Journal, 1960, 7：1-28.

[18] Hognestad E, Hanson N W, McHenry D. Concrete stress distribution in ultimate strength design[J]. ACI Journal Proceedings, 1955, 52(12)：455-480.

[19] Kotsovos M D. A fundamental explanation of the behaviour of reinforced concrete beams in flexure based on the properties of concrete under multiaxial stress[J]. Materials and Structures, 1982, 15：529-537.

［20］ Mander J B, Priestly M J N, Park R. Theoretical stress-strain model for confined concrete［J］. Journal of Structural Engineering, ASCE, 1988, 114(8): 1804-1826.

［21］ Popovics S. A numerical approach to the complete stress-strain curves for concrete［J］. Cement and Concrete Research, 1973. 3(5): 583-599.

［22］ Sheikh S A, Uzumeri S M. Strength and ductility of tied concrete columns［J］. Journal of Structural Division, ASCE, 1980, 106(5): 1079-1102.

［23］ William K J, Warnke E P. Constitutive model for the triaxial behavior of concrete［C］//. Proceeding of International Association for Bridge and Structural Engineering, 1975, 19: 1-30.

［24］ Schickert G, Winkler H. Results of tests concerning strength and strain of concrete subjected to multiaxial compressive stresses［R］. Deutscher Ausschuss fur Stahlbeton, Heft 277, Berlin, West Germany, 1979.

［25］ Elwi A A, Murray D W. A 3D hypoelastic concrete constitutive relationship［J］. Journal of Engineering Mechanical Division, ASCE, 1979, 105(4): 623-641.

［26］ 韩林海. 钢管混凝土结构: 理论与实践［M］. 2 版. 北京: 科学出版社, 2007.

［27］ Richart F E, Brandtzaeg A, Brown R L. The failure of plain and spirally reinforced concrete in compression［R］. Bulletin 190, University of Illinois Engineering Experimental Station, Champaign, 111, 1929.

［28］ 蔡绍怀. 现代钢管混凝土结构［M］. 北京: 人民交通出版社, 2007.

［29］ 聂建国, 叶列平, 刘明. 钢-混凝土组合结构［M］. 北京: 中国建筑工业出版社, 2005.

［30］ 中华人民共和国住房和城乡建设部. 钢管混凝土结构技术规范: GB 50936—2014［S］. 北京: 中国建筑工业出版社, 2014.

［31］ 易伟建. 混凝土结构试验与理论研究［M］. 北京: 科学出版社, 2012.

［32］ Kupfer H, Hilsdorf H K, Rusch. Behavior of concrete under biaxial stress［J］. ACI Journal, Proceedings, 1969, 66(8): 656-666.

［33］ Legeron F, Paultre P. Uniaxial confinement model for normal-and high-strength concrete columns［J］. Journal of Structural Engineering, ASCE, 2003, 129(2): 241-252.

［34］ Yu L, Teng J G, Wong Y L, Dong S L. Finite element modeling of confined concrete-I: Drucker – Prager type plasticity model［J］. Engineering Structures, 2010, 32: 665-679.

［35］ Maekawa K, Pimanmas A, Okamura H. Nonlinear mechanics of reinforced concrete［M］. Spon Press, London and New York, 2003.

［36］ Xu L Y, Tao M X, Zhou M. Analytical model and design formulae of circular CFSTs under axial tension［J］. Journal of Constructional Steel Research, 2017, 133: 214-230.

［37］ Zhou M, Xu L Y, Tao M X, et al. Experimental study on confining-strengthening, confining-stiffening, and fractal cracking of circular concrete filled steel tubes under axial tension［J］. Engineering Structures, 2017, 133: 186-199.

［38］ Zhou M, Fan J S, Tao M X, et al. Experimental study on the tensile behaviour of square concrete-filled steel tubes［J］. Journal of Constructional Steel Research, 2016, 121: 202-215.

［39］ 王中强, 余志武. 基于能量损失的混凝土损伤模型［J］. 建筑材料学报, 2004, 7(4): 365-369.

［40］ Sima J F, Roca P, Molins C. Cyclic constitutive model for concrete［J］. Engineering Structures, 2008, 30: 695-706.

［41］ Palermo D, Vecchio F J. Compression field modeling of reinforced concrete subjected to reverse loading: formulation［J］. ACI Structural Journal, 2003, 100(5): 616-625.

［42］ 陶慕轩. 钢-混凝土组合框架结构体系的楼板空间组合效应［D］. 北京: 清华大学, 2012.

［43］ Sakai J, Kawashima K. Unloading and reloading stress-strain model for confined concrete［J］. Journal of Structural Engineering, ASCE, 2006, 132(1): 112-122.

[44] Martinez-Rueda J E, Elnashai A S. Confined concrete model under cyclic load[J]. Materials and Structures, 1997, 30: 139-147.

[45] Kawashima K, Watanabe G, Hayakawa R. Seismic performance of RC bridge columns subjected to bilateral excitation[J]. Journal of Earthquake engineering, 2004, 8(4): 107-132.

[46] Xue W C, Li K, Li L, et al. Seismic behavior of steel-concrete composite beams[C]// Proceedings of the Institution of Civil Engineers-Structures and Buildings, 2009, 162(SB6): 419-427.

[47] Fujinaga T, Matsui C, Tsuda K, et al. Limiting axial compressive force and structural performance of concrete filled steel circular tubular beam-columns[C]// Proceedings of the Fifth Pacific Structural Steel Conference, Seoul, 1998: 979-984.

[48] 叶列平. 混凝土结构(上)[M]. 北京: 清华大学出版社, 2005.

[49] 国家市场监督管理总局, 国家标准化管理委员会. 金属材料 拉伸试验 第 1 部分: 室温试验方法: GB/T 228.1—2021[S]. 北京: 中国标准出版社, 2021.

[50] Esmaeily A, Xiao Y. Behavior of reinforced concrete columns under variable axial loads: analysis[J]. ACI Structural Journal, 2005, 102(5): 736-744.

[51] 汪训流. 配置高强钢绞线无粘结筋混凝土柱复位性能的研究[D]. 北京: 清华大学, 2007.

[52] Ramberg W, Osgood W R. Description of stress-strain curves by three parameters[R]. Technical Note No. 902, National Advisory Committee For Aeronautics, Washington DC, 1943.

[53] 黄成若, 李引擎, 等. 配置无屈服台阶钢筋的预应力混凝土受弯构件强度计算[G]// 中国建筑科学研究院. 钢筋混凝土结构设计与构造——1985 年设计规范北京资料汇编. 北京, 1985: 105-111.

[54] Holmquist J L, Nadai A. A theoretical and experimental approach to the problem of collapse of deep-well casing[C]// Paper presented at 20th Annual Meeting, Am. Petroleum Inst., Chicago, Nov. 1939.

[55] Dodd L L, Cooke N. The dynamic behaviour of reinforced-concrete bridge piers subjected to New Zealand seismicity[R]. Research Rep. No. 92-04, Department of Civil Engineering, University of Canterbury, Christchurch, New Zealand, 1994.

[56] 刘晓刚. 组合式消能减震墩柱的受力性能及理论模型研究[D]. 北京: 清华大学, 2015.

[57] Légeron F, Paultre P, Mazars J. Damage mechanics modeling of nonlinear seismic behavior of concrete structures[J]. Journal of Structural Engineering, ASCE, 2005, 131(6): 946-955.

[58] 周慧. 空间组合节点抗震性能试验研究与理论分析[D]. 北京: 清华大学, 2011.

[59] 王强, 朱丽丽, 李哲, 等. ABAQUS 显式分析梁单元的混凝土、钢筋本构模型[J]. 沈阳建筑大学学报(自然科学版), 2013, 29(1): 56-64.

[60] Wittmann F H, Slowik V, Alvaredo A M. Probabilistic aspects of fracture energy of concrete[J]. Materials and Structures, 1994, 27(9), 499-504.

[61] Wittmann F H. Crack formation and fracture energy of normal and high strength concrete[J]. Sadhana, 2002, 27(4), 413-423.

[62] Comite Euro-International du Beton-International Federation for Prestressing (CEB-FIP). Model Code 1990-Chapter 2 Material Properties[S]. Bulletins, CEB, Lausanne, Switzerland, 1991.

[63] Bazant Z P, Oh B H. Crack band theory for fracture of concrete[J]. Materials and Structures, 1983, 16(3): 155-177.

[64] Cornelissen H A W, Hordijk D A, Reinhardt H W. Experimental determination of crack softening characteristics of normalweight and lightweight concrete[J]. Heron, 1986, 31(2): 45-56.

[65] 过镇海, 张秀琴. 混凝土受拉应力-变形全曲线的试验研究[J]. 建筑结构学报, 1988, 9(4): 45-53.

[66] van Mier J G M, Schlangen E, Vervuurt A. Tensile cracking in concrete and sandstone: Part2-Effect of boundary rotations[J]. Material and Structures, 1996, 29(3): 87-96.

[67] Hurbut B. Experimental and computational investigation of strain-softening in concrete[D]. Boulder: University of Colorado, 1985.

[68] Sun Q L, Yang Y, Fan J S, et al. Effect of longitudinal reinforcement and prestressing on stiffness of composite beams under hogging moments[J]. Journal of Constructional Steel Research, 2014, 100: 1-11.

[69] Ding R, Tao M X, Zhou M, et al. Seismic behavior of RC structures with absence of floor slab constraints and large mass turbine as a non-conventional TMD: a case study[J]. Bulletin of Earthquake Engineering, 2015, 13(11): 3401-3422.

[70] 聂建国, 陶慕轩, 徐升桥, 等. 斜拉桥塔梁弹性连接拉索锚固块局部受力性能分析[J]. 铁道科学与工程学报, 2010, 7(S): 144-148.

[71] Lee G Y, Kim W. Cracking and tension stiffening behavior of high-strength concrete tension members subjected to axial load[J]. Advances of Structural Engineering, 2008, 11(5): 127-136.

[72] MSC. Marc Version 2012[CP]. MSC. Software Corp., Santa Ana, CA.

[73] Lin W, Yoda T, Taniguchi N, et al. Mechanical performance of steel-concrete composite beams subjected to a hogging moment[J]. Journal of Structural Engineering, ASCE 2014, 140(1): 04013031.

[74] Nie J G, Li F X, Fan J S, et al. Experimental study on flexural behavior of composite beams with different concrete flange construction[J]. Journal of Highway Transportation Research Development, 2011, 5(1): 30-35.

[75] 樊健生, 聂建国, 张彦玲. 钢-混凝土组合梁抗裂性能的试验研究[J]. 土木工程学报, 2011, 44(2): 1-7.

[76] 聂建国, 李法雄, 樊健生, 等. 不同翼板形式组合梁受弯性能试验研究[J]. 公路交通科技, 2009, 26(10): 53-58.

[77] Belarbi A, Hsu T T C. Constitutive laws of concrete in tension and reinforcing bars stiffened by concrete[J]. ACI Structural Journal, 1994, 91(4): 465-474.

[78] Xu L Y, Nie X, Zhou M, Tao M X. Whole-process crack width prediction of reinforced concrete structures considering bonding deterioration[J]. Engineering Structures, 2017, 142: 240-254.

[79] Wang J J, Tao M X, Nie X. Fracture energy-based model for average crack spacing of reinforced concrete considering size effect and concrete strength variation[J]. Construction and Building Materials, 2017, 148: 398-410.

[80] European Committee for Standardization. Eurocode2: Design of concrete structures - Part 1-1: general rules and rules for buildings[S]. Final Draft, prEN 1992-1-1, Brussels, 2003.

[81] Broms B B. Crack width and average crack spacing in reinforced concrete members[J]. Journal of the American Concrete Institute, 1965, 62(10): 1237-1256.

[82] Oh B H, Kang Y J. New formulas for maximum crack width and average crack spacing in reinforced concrete flexural members[J], ACI Structural Journal, 1987, 84(2): 103-112.

[83] Ryu H K, Chang S P, Kim Y J, et al. Crack control of a steel and concrete composite plate girder with prefabricated slabs under hogging moments[J]. Engineering Structures, 2005, 27(11): 1613-1624.

[84] Lebet J P, Navarro M G. Influence of concrete cracking on composite bridge behavior[C]// Proceedings of the 5th International Conference of Composite Construction in Steel and Concrete, 2006: 77-86.

[85] Reineck K H, Bentz E C, Fitik B, et al. ACI-DAfStb database of shear tests on slender reinforced concrete beams without stirrups[J]. ACI Structural Journal, 2013, 110(5): 867-876.

[86] Reineck K, Todisco L. Database of shear tests for non-slender reinforced concrete beams without stirrups

[J]. ACI Structural Journal, 2014, 111(6): 1363-1371.

[87] Reineck K H, Bentz E C, Fitik B, et al. ACI-DAfStb databases for shear tests on slender reinforced concrete beams with stirrups[J]. ACI Structural Journal, 2014, 111(5): 1147-1156.

[88] Todisco L, Reineck K H, Bayrak O. Database with shear tests on non-slender reinforced concrete beams with vertical stirrups[J]. ACI Structural Journal, 2015, 112(6): 761-769.

[89] Bresler B, Scordelis A C. Shear strength of reinforced concrete beams[J]. Journal of American Concrete Institution, 1963, 60(1): 51-72.

[90] Vecchio F J, Shim W. Experimental and analytical reexamination of classic concrete beam tests[J]. Journal of Structural Engineering, ASCE, 2004, 130(3): 460-469.

[91] Kani G N J. Basic facts concerning shear failure[J]. ACI Journal, Proceedings, 1966, 63(6): 675-692.

[92] Kani G N J. The riddle of shear failure and its solution[J]. ACI Journal, Proceedings, 1964, 61(4): 441-468.

[93] Applied Technology Council (ATC). Evaluation of earthquake damaged concrete and masonry wall buildings-Basic procedures manual[M]. Federal Emergency Management Agency (FEMA) 306, Washington DC, 1999.

[94] Priestley M J N, Verma R, Xiao Y. Seismic shear strength of reinforced concrete columns[J]. Journal of Structural Engineering, ASCE, 1994, 120(8): 2310-2329.

[95] Sezen H, Moehle J P. Shear strength model for lightly reinforced concrete columns[J]. Journal of Structural Engineering, ASCE, 2004, 130(11): 1692-1703.

[96] Vecchio F J, Collins M P. The modified compression-field theory for reinforced concrete elements subjected to shear[J]. ACI Structural Journal, 1986, March-April: 219-231.

[97] Belarbi A, Hsu T T C. Constitutive laws of softened concrete in biaxial tension-compression[J]. ACI Structural Journal, 1995, 92(5): 562-573.

[98] Bazant Z P. Comment on orthotropic models for concrete and geomaterials[J]. Journal of Engineering Mechanics, ASCE, 1983, 109(3): 849-865.

[99] Zhu R R H, Hsu T T C, Lee J Y. Rational shear modulus for smeared-crack analysis of reinforced concrete[J]. ACI Structural Journal, 2001, 98(4): 443-450.

[100] Rots J G. Computational modeling of concrete fracture[D]. Delft: Delft University of Technology, 1988.

[101] Kobayashi A S, Hawkins M N, Barker D B, et al. Fracture process zone of concrete[C]// Shah S. P. Application of Fracture Mechanics to Cementitious Composites. Marrinus Nijhoff Publ., Dordrecht, 1985: 25-50.

[102] Hsu T T C. Softened truss model theory for shear and torsion[J]. ACI Structural Journal, 1988, November-December: 624-635.

[103] Pang X B, Hsu T T C. Fixed angle softened truss model for reinforced concrete[J]. ACI Structural Journal, 1996, 93(2), 197-207.

[104] Zhong J X. Model-based simulation of reinforced concrete plane stress structures[D]. Houston: University of Houston, 2005.

[105] ASCE-ACI Committee 445 on Shear and Torsion. Recent approaches to shear design of structural concrete [J]. Journal of Structural Engineering, ASCE, 124(12): 1375-1417.

[106] Hsu T T C. Stresses and crack angles in concrete membrane elements[J]. Journal of Structural Engineering, ASCE, 124(12): 1476-1484.

[107] 清华大学、西南交通大学、北京交通大学土木工程结构专家组. 汶川地震建筑震害分析[J]. 建筑结构学报, 2008, 29(4): 1-9.

[108] Suita K, Yamada S, Tada M, et al. Results of recent E-defense tests on full-scale steel buildings: Part 1-collapse experiments on 4-story moment frames[C]// Structures Congress, Vancouver, British Columbia, Canada, 2008.

[109] 中华人民共和国住房和城乡建设部. 高层混凝土结构技术规程: JGJ 3—2010[S]. 北京: 中国建筑工业出版社, 2010.

[110] Pantazopoulou S J, French C W. Slab participation in practical earthquake design of reinforced concrete frames[J]. ACI Structural Journal, 2001, 98(4): 479-489.

[111] 中华人民共和国住房和城乡建设部. 组合结构设计规范: JGJ 138—2016[S]. 北京: 中国建筑工业出版社, 2016.

[112] Tao M X, Nie J G. Multi-scale modeling for deformation mechanism analysis of composite joint substructures[J]. Engineering Structures, 2016, 118: 55-73.